果树施肥技术手册

张洪昌 段继贤 王顺利 主编

U0380929

中国农业出版社

主　　编：张洪昌　段继贤　王顺利

副 主 编：丁云梅　巩春霞　闫柳芳　刘自新

编写人员：张洪昌　段继贤　王顺利　李星林

　　　　　丁云梅　巩春霞　闫柳芳　刘自新

　　　　　王　校　李　菡　殷成燕　赵春山

前　言

　　果树是重要的经济作物，水果产业在国民经济中占有重要地位。目前，我国果树种植面积已超过 6 700 公顷，果品产量居世界第一位。果品已成为人们生活中的重要食物之一，其食用安全性对人类身体健康至关重要。近年来随着人们生活水平和食品质量安全意识的提高，果品的质量安全已成为社会普遍关注的热点之一，果品的质量安全已引起高度重视。在果品的生产中，科学合理安全施肥是生产高品质果品的重要内容之一，随着现代化农业的发展，我国果树施肥已进入一个新阶段，由长期只注重施肥数量进入到注重施肥安全的时期。

　　施肥与果品质量的关系已成为人们关注的热点，其中果品质量和食用安全问题最受关注。果品食用的安全性，主要是指果品中那些可能危及人体健康的有害残留物质，如硝酸盐、重金属和农药残留以及过量激素等在果品中的残留量。多年的试验结果表明，健康的果树个体才能生产出质量安全的果品，果树营养不足或营养过剩，都会导致果树不健康，致使果品质量下降。肥料的安全施用能使果树健壮生长，增加产量，提高品质，生产出安全的果品，保障人们健康，同时对降低生产成本，提高肥料利用率，保护农业生态环境具有重要作用。为此，应中国农业出版社之邀，我们编写了这本《果树施肥技术手册》。

本书从生产实际出发，根据施肥与农产品质量安全的关系，介绍了果树安全施肥的基本知识、果树常用肥料的种类及安全施用技术、主要果树安全施肥技术和专用肥料配方等。本书内容全面，重点突出，可供广大农民、农业技术推广人员、农资经销商和有关肥料厂家、有关农业院校及有关政府部门参考。

本书由张洪昌（北京泽农生化科技有限公司总工程师）、王顺利（国家林业局管理干部学院助理研究员、农业推广硕士）、段继贤（原农业部土肥总站站长）主编并统稿。

本书在编写过程中引用了许多文献资料，在此谨向其作者表示感谢。有些参考文献未能一一列入书中，敬请见谅。

由于我们水平有限，书中疏漏和错误之处在所难免，恳请专家、同行和广大读者批评指正。

编　者

2014 年 2 月

目　录

目　录

第一章

果树施肥基础知识

第一节　我国果树种植概况

一、主要水果产量

目前我国水果产量已达 1.13 亿吨以上，位居世界第一。我国的水果种类主要有苹果、柑橘、香蕉、梨、葡萄、菠萝等，其产量占水果总产量的 80% 左右。我国的第一大水果种类是苹果，约占水果总产量的 27.5%；柑橘占 18%；梨占 13%；香蕉占 8.0%；葡萄占 7%；热带水果约占 9.2%。2005 年我国水果主产区产量状况见表1-1。

表1-1　2005 年我国水果主产区产量状况（万吨）

水果种类	主产区排序							
	1	2	3	4	5	6	7	8
苹果	山东 671.7	陕西 560.1	河南 300.6	河北 220.2	山西 164.8	辽宁 130.0	甘肃 101.2	江苏 55.3
梨	河北 324.6	山东 106.1	辽宁 69	四川 68.5	河南 65.5	安徽 63.8	陕西 62.1	浙江 55.6
柑橘类	福建 215.5	四川 213.7	湖南 212.2	广西 187.7	广东 182.7	浙江 148.1	重庆 90.9	云南 21.1

（续）

水果种类	主产区排序							
	1	2	3	4	5	6	7	8
热带、亚热带水果	广东 535.7	广西 233.2	福建 154.7	海南 142.5	云南 33.9	四川 4.3	贵州 1.0	重庆 0.4
桃	山东 201.1	河北 124.9	河南 60.1	湖北 46.9	辽宁 34.7	四川 31.9	江苏 31.9	浙江 28.6
葡萄	新疆 128.8	河北 86.4	山东 83.1	辽宁 58.2	河南 41.3	安徽 22.0	四川 16.1	江苏 15.3
红枣	河北 80.8	山东 68.7	河南 26.8	山西 19.7	陕西 18.8	甘肃 7.6	辽宁 7.2	新疆 2.9
柿子	广西 44.1	河北 33.3	河南 25.9	陕西 17.4	福建 16.1	山东 13.9	江苏 12.1	广东 11.5

世界人均水果消费量 76 千克，2002 年我国人均水果消费量 58.1 千克，占世界人均水果消费量的 77.5%。随着我国经济的发展，生活水平的提高，人们生活质量提高，2002 年后农产品中水果的变化特别显著，人均水果量大幅度上升。

二、果树种植面积

我国是世界果树大国，栽培历史悠久，20 世纪 50 年代以来，我国水果业发展较快，在 80 年代中后期进入了迅猛发展时期。我国各主要树种栽培面积状况见表 1-2。

表 1-2　2005 年我国各主要树种栽培面积状况（千公顷）

种类	主产区排序							
	1	2	3	4	5	6	7	8
苹果	陕西 426.3	山东 342.5	河北 263.9	甘肃 183.8	河南 165.8	山西 151.4		

（续）

种类	主产区排序							
	1	2	3	4	5	6	7	8
梨	河北 215.0	辽宁 91.6	四川 83.0	山东 69.9	新疆 66.8	陕西 59.6	甘肃 49.5	江苏 47.3
柑橘	湖南 296.2	江西 215.1	四川 206.9	广东 195.5	福建 170.3	湖北 143.2	广西 141.3	浙江 123.0
桃	山东 126.6	河北 99.0	河南 60.2	湖北 43.5	四川 34.2	江苏 32.8	福建 25.7	陕西 25.4
葡萄	新疆 96.2	河北 54.2	山东 46.5	辽宁 28.1	河南 26.2	陕西 13.9	山西 13.2	湖南 12.4
猕猴桃	陕西 16.1	湖南 7.2	河南 6.9	四川 6.7	贵州 5.5	浙江 3.0	江西 2.4	湖北 2.1
香蕉	广东 128.4	广西 54.7	海南 37.3	福建 29.8	云南 22.4	贵州 2.2	四川 1.3	重庆 0.2
菠萝	广东 27.1	海南 11.8	广西 5.2	福建 4.0	云南 3.4			
荔枝	广东 278.1	广西 221.7	福建 39.0	海南 31.5	云南 5.2	重庆 2.7	四川 2.0	贵州 0.6

2007 年，我国果树种植面积 847 万公顷，2009 年已达 1 000万公顷，居世界第一位，我国水果产业的发展进入一个新时期。

第二节　我国设施果树概况

一、设施果树的概念

设施果树栽培是指在自然环境条件不适宜果树生长的季节或地区，利用温室、塑料薄膜大棚或其他保护措施，通过改变或控制果树生长发育的环境条件，包括光照、温度、水分、二氧化碳、土壤条件和养分供应等，对果树的生长和结果进行人工调控，改变果树生产的物候期，调节水果上市时间，达到优质高产高效益的一种果树栽培方法。

二、我国设施果树概况

我国果树设施栽培始于 20 世纪 50 年代初期，但发展迅猛。据报道，我国果树设施栽培面积已达 8 万公顷以上，位居世界第一位，已形成了山东、辽宁、河北、宁夏、甘肃、湖南、广西、上海、江苏、北京、天津、内蒙古和新疆等较为集中的果树设施栽培产区，有一定规模的树种主要有葡萄、桃、樱桃、草莓、柑橘、杏、李、枣、猕猴桃、石榴、杧果、菠萝、枇杷、无花果等。随着果树设施栽培的发展和市场的需求，我国已开始着眼于南果北移，在我国北方进行热带果树设施栽培，既丰富了北方设施果树品种结构，满足北方果品市场需求，还能增加经济效益。

为了解决我国鲜果周年供应问题，大力发展果树设施栽培已势在必行，应形成具有一定规模、各具特色的区域性设施果树生产基地，实行集约化栽培和规模化经营，使果树设施栽培沿着优质高产高效益的方向发展。

三、设施果树发展应注意的问题

①设施果树栽培技术性强，风险较大，各级政府、有关部门在引导或果农自发进行果树设施栽培时，应加强技术培训，不可盲目发展。

②设施果树栽培应结合当地条件，在有关技术人员指导下选准树种、品种和栽培形式。

③要充分考虑设施果树结果季节和果实储运。

④要清醒认识水果的价格定位。

⑤应进行规模化发展，搞产业化经营。

第三节　我国水果主产区土壤养分概况

一、我国各类土壤基本养分

土壤是人类耕作种植的基本生产资料，土壤的基本养分是肥力，土壤肥力的高低是影响果树的生长、结构、布局和效益等重要因素。

我国果树栽培的土壤基本养分总的概况可归纳为普遍缺氮，大部分缺磷，部分缺钾和中量及微量营养元素。近年来由于磷肥的投入超过作物吸收的数量，土壤中磷素有明显积累，缺磷的面积缩小；钾素投入不足，水果产出带走的钾大于投入，消耗了土壤中的钾，造成缺钾的面积扩大。中、微量营养元素也是消耗多，投入少，缺乏的面积有扩大的趋势。土壤中氮素的含量有95%以上是有机氮。一般认为，土壤中有机质>2.5%为高，1%~2.5%为中等，<1%为低。我国耕地有机质的含量状况以华北平原、黄土高原和黄淮地区土壤有机质和含氮量为最低，东北地区含量最高，华南、长江流域次之。据报道，我国耕地土壤中有机质<1%的面积占25.9%，1%~2%的占38.25%。上述数据表明，土壤氮素含量普遍较低，施用氮肥一般都有明显的增产效果。施用磷肥的效果与土壤中速效磷含量的高低有密切关系。根据土壤普查资料，我国耕地土壤速效磷（P）<5毫克/千克的严重缺磷面积占50.5%，速效磷5~10毫克/千克需要施用磷肥的面积占31.0%。其中又以黄淮海平原和西北地区土壤缺磷比较严重，施用磷肥有良好的效果。我国土壤钾素含量有南低北高、东低西高的明显分布规律。土壤中速效钾（K）<100毫克/千克的耕地面积占47.1%，但华南地区占83.5%，而西北地区只占7.7%，因此在南方施用钾肥的效果好于北方。我国缺锌、锰、铁的土壤主要为北方的石灰性土壤。缺硼的土壤有两大

片。一片在东部和南部，包括砖红壤、赤红壤、红壤、黄壤和黄潮土；另一片为黄土母质和黄河冲积物发育的土壤。黑龙江的草甸土、白浆土也往往缺硼。缺钼的土壤也有两大片：一片在南方的赤红壤和红壤地区，因土壤酸性，有效钼含量低；另一片为北方的黄土母质发育的黄绵土、塿土和褐土，缺钼的原因是母质含钼量低。我国多数土壤含铜丰富，只有长期淹水的水稻土和草炭土可能缺铜。我国南方高温多雨，土壤中的硫、钙、镁容易淋失，含量较北方低，是容易发生缺乏中量营养元素的地区。

二、南方水果主产区土壤及肥力

我国南方果树主要分布区域以各种红色和黄色酸性土壤为主。这一区域由于气温高，雨量充沛，自然条件优越，是我国热带和亚热带果树的生产基地。

1. 红壤　红壤是我国分布面积最大的土壤，总面积5 690万公顷，主要分布在长江以南的广阔低山丘陵地区，包括：江西、湖南两省的大部分，滇南、湖北的东南部，广东、福建北部及贵州、四川、浙江、安徽、江苏等的一部分，以及西藏南部等地。

红壤是种植柑橘的良好土壤，红壤呈酸性－强酸性反应。丘陵红壤一般氮、磷、钾供应不足，有效态钙、镁的含量也少，硼、钼也很贫乏，并常因缺乏微量元素硼、锌而产生柑橘黄叶和"花叶"现象。红壤土的酸性强，土质黏重，可通过多施有机肥，适量施用石灰和补充磷肥，红壤有机质含量很低，应多施有机肥，以提高红壤的有机质含量和氮素肥力。红壤速效磷普遍缺乏，应增施磷肥，并提高其利用率。红壤土施用石灰，一般均能收到良好的效果。

2. 砖红壤　砖红壤是我国最南端热带雨林或季雨林地区的地带性土壤。我国的砖红壤主要分布在海南岛和雷州半岛海康、钦州湾北岸、遂溪、廉江、徐闻以及湛江市郊、云南南部低丘谷地（如西双版纳热带区）和台湾省最南部的热带雨林和季雨林。

砖红壤土体深厚，质地偏沙，耕作容易，宜种性广，但灌溉水源不足，常有干旱威胁，养分含量亦很低，特别缺磷、缺钾，果树生长欠佳，产量不高。由于土壤缺肥，应增施有机肥，分次多施钾肥及因土配施磷肥，提高土壤供肥力。砖红壤地区的主要果树是亚热带的荔枝、香蕉等，并可种植其他南方果树。

3. 赤红壤 赤红壤主要分布在南岭以南至雷州半岛北段，即福建、台湾、广东、广西和云南南部。赤红壤黏粒含量很高，质地黏重，土壤呈较强酸性，pH5.0 左右，有机质含量低，矿质养分较贫乏，植物养分贫瘠。

重点发展以热带、亚热带水果为主，并根据不同的生态环境及土壤条件，建立各种优质水果商品基地。土壤改良的重点是解决干旱和瘦瘠两大问题。赤红壤性土往往侵蚀严重，土体薄，果树立地条件差，生物积累量较前两亚类少，肥力较低。局部土体深厚的地段，可垦殖果园，发展杨梅、余甘、菠萝、龙眼、荔枝、甘蔗、杨桃、香蕉、芒果等水果，但应加强水土保持工程建设，防止果园水土流失，增施有机肥及矿质肥，调节土壤养分平衡。

4. 黄壤 黄壤主要分布在以四川、贵州、重庆为主，以及云南、福建、广西、广东、湖南、湖北、浙江、安徽、台湾等地，是我国南方山区的主要土壤类型之一。

黄壤的有机质随植被类型而异。在自然土中，有机质由于腐殖质层存在，可高达 5% 以上，氮、钾含量均属中等。绝大部分黄壤速效磷低于 10 毫克/千克，是典型的缺磷土壤之一。对分布于高原丘陵地区的黄壤，在丘陵中、上部可以发展南方的多种果树。在果树种植的土壤中应多施有机肥料和种植绿肥，并适量施用石灰和磷肥。

5. 黄棕壤 黄棕壤总面积 1 803 万公顷，主要分布于苏、皖、鄂北、陕南及浙北的丘陵。

黄棕壤地区的自然肥力较高，很适宜多种南方果树的生长。

这类土壤的果树地一般采取逐年加深耕层，重施有机肥，增施磷肥，使土壤逐渐熟化，或施用煤渣、炉灰，从而改善土壤通气透水状况和耕作性能。

三、北方水果主产区土壤及肥力

1. 棕壤土 地处暖温带湿润地区，纵跨辽东半岛、山东半岛，也出现在半湿润、半干旱地区的山地中，在秦岭、燕山、伏牛山、吕梁山、太行山等一些山脉的垂直中有棕壤的分布。

目前，在棕壤土的果树地基本养分状况大致是普遍缺氮和有机质，大部分缺钾，部分缺磷和中、微量元素。多已开垦种植的是落叶果树（苹果、梨等北方果树）。棕壤是我国重要的北方果树土壤之一，也是重要的农业土壤，适合种植各种果树，如苹果、梨、桃、李等。

2. 褐壤土 褐壤土分布在我国即北起燕山、太行山山前地带，东抵泰山、沂山山地的西北部和西南部的山前低丘，西至晋东南和陕西关中盆地，南抵秦岭北麓及黄河一线。

一般耕地的褐土，0～20 厘米有机质含量 10～20 克/千克，非耕种的自然土壤可达 30 克/千克以上，特别是淋溶褐土与潮褐土等亚类更是如此。石灰性褐土与受侵蚀的褐土有机质含量均较低。与土壤肥力相关的是土壤养分情况。褐土的有效氮含量为 0.7～1.3 克/千克，碱解氮 60～100 毫克/千克，供氮能力属中等水平；磷的有效形态低，一般水溶性磷 10 毫克/千克左右，但无效形态的铝—磷、铁—磷居高，而石灰性褐土的钙—磷居高。褐土有效钾均在 100 毫克/千克以上，比较丰富。中量和微量元素则与土壤 pH 和母质关系较大。

褐土所分布的暖温带半干湿润季风区具有较好的光热条件，由于土体深厚，土壤质地适中，适宜种植苹果、梨、桃等北方果树。褐土种植果树，应合理施肥，提高土壤肥力水平，首先要增加土壤的有机质，因为褐土区温暖而干旱的时期长，土壤有机质分解快，保证一定量的有机肥源是保证土壤肥力结构的重要基础。其次是合理施用磷肥，因为褐土的活性铁及碳酸钙（$CaCO_3$）均容易促使磷固结，形成铁质和钙质以及闭蓄态磷而使磷肥固结失效。还要合理施用中量和微量元素肥料，因为褐土大多有石灰反应，它往往减弱锌（Zn）、钼（Mo）、锰（Mn）、铁（Fe）等的有效性。在淋溶褐土及沙性土壤中硼（B）、铜（Cu）的含量较低，要充分注意微量元素肥料的合理应用。

四、果园土壤改良方法

1. 深翻熟化

（1）作用　在有效土层浅的果园，对土壤进行深翻改良非常重要。深翻结合增施有机肥可改善根系分布层土壤的通透性和保水性，且对于改善根系生长和吸收环境、促进地上部生长、提高果树的产量和品质都有明显的作用。

（2）时期　土壤深翻在一年四季都可以进行，但通常以秋季深翻效果最好，秋季深翻一般结合秋施基肥进行。

（3）深度　深翻的深度应略深于果树根系分布区，一般深度要达到80厘米左右。山地、黏性土壤、土层浅的果园宜深；沙质土壤、土层厚的果园宜浅。

（4）方式　根据树龄、栽培方式等具体情况应采取不同的方式：①深翻扩穴。多用于幼树、稀植树和庭院果树，幼树定植年沿树冠外围逐年向外深翻扩穴，直至树冠下方和株间全部深翻完为止。②隔行深翻。用于成行栽植、密植和等梯田式果园，每年沿树冠外围隔行成条逐年向外深翻，直至行间全部翻晚为止。

2. 不同类型果园的土壤改良方法

（1）黏性土果园　此类土壤的物理性状差，施用作物秸秆、糠壳等有机肥，或培土掺砂。

（2）沙性土　保水保肥性能差，改良重点是增加土壤有机质，改善保水和保肥能力。通常采用填淤结合增施秸秆等有机肥，以及掺入塘泥、河泥等。

（3）水田转化果园 这类果园的土壤排水性能差，在进行土壤改良时，深翻、深沟排水及抬高栽植通常可以取得预期的效果。

（4）盐碱地 在盐碱地上种植果树，应采用引淡水排碱洗盐后再加强地面维护覆盖的方法，增施有机肥、种植绿肥作物、施用酸性肥料等，以减少地面的过度蒸发，防止盐碱上升或中和土壤碱性。

（5）沙荒及荒漠地 我国黄河故道地区和西北地区有大面积的沙漠地和荒漠化土壤，这些地域的土壤有机质极为缺乏、有效矿质营养元素奇缺，无保水保肥能力。黄河中下游的沙荒地域有些是碱地，应按照盐碱地的情况治理，其他沙荒和荒漠应按沙性土壤对待，采取培土填淤、增施细腻的有机肥等措施进行治理。对于大面积的沙荒与荒漠地来说，防风固沙、发掘灌溉水源、设置防风林网、地表种植绿肥作物、加强覆盖等措施是土壤改良的基础。

第四节 果树与肥料

一、水果质量的含义

施肥与水果质量安全，是目前人们关心的热点问题之一，其中最受关注的是食用水果的质量和安全。果品质量的基本内涵，主要有以下内容：

1. 水果的直感品质 包括外观（如水果的色泽和光泽等）、口感（如适口性）等。

2. 水果的营养价值 水果营养素含量和质量，包括蛋白质、氨基酸、脂肪、糖类、维生素、纤维素、有益矿物质等。

3. 食用水果安全性 主要指果品中危害人体健康的成分，

如硝酸盐、重金属等有毒物质、农药残留、激素、添加剂等含量不得超过国家规定的标准。

4. 水果的贮运和加工品质 如新鲜水果的贮存、运输与货架期的保鲜性能等。

5. 人们食用水果的影响 如长期食用的水果，对不同人群的积累性影响。

二、施肥与果树产量和质量的关系

从植物营养的基本原理来说，只有生长健康的植（作）物个体才能生产出健康而品质优良的水果产品。营养不足或过盛，都会导致作物不健康和降低水果品质。水果的质量与施肥的关系密切。安全合理施肥会促进果树健康生长，从而使水果品质得到改善。例如，提高水果中蛋白质、氨基酸、维生素、矿物元素等营养成分含量，可提高水果的适口性、外观色泽及耐贮性，同时降低水果的硝酸盐和重金属等有害物质含量。

低施肥量使果树表现为营养不良，树体不健康。此时增施肥料，水果的产量和品质就可同时提高；施肥过量达到产量增加的潜力限度时，果树过多吸收的养分就成了奢侈吸收，既造成养分浪费，还会对水果质量产生负面影响。例如，氮肥施用过量，造成水果口感不佳；磷、钾肥施用过量后，果树营养期缩短，产量下降，水果品质变坏。

在水果生产中，一般在低施肥量阶段产量和品质大都随着施肥量增加而提高。当施肥量达到一定水平，继续增加施肥量，谋求更高产量时，其水果质量的增长曲线开始下降，如图 1-1 所示。

现代水果生产中，为获得较高的产量和良好的水果品质，已开始重视安全合理施肥。这里以单施氮肥与施配方肥为例加以说明。如图 1-2 所示，在施用多元肥的条件下，可在较高的产量与质量时达到平衡；而在单施氮肥的条件下，则在较低产量时达

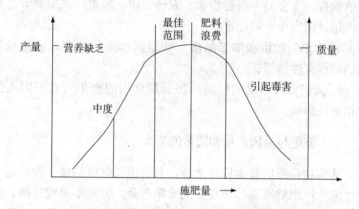

图 1-1　施肥量与水果产量和质量的关系

到平衡。图中 A 和 B 两个平衡点表示了不同肥料品种施肥量对农产品产量和品质的影响。A 点表示施用氮磷钾复合肥（或氮、磷、钾合理使用）其果树产量和水果质量优于单施氮肥。

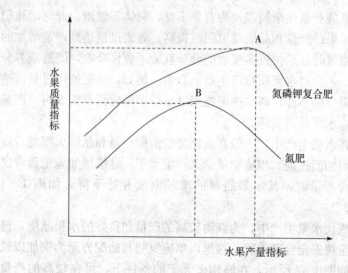

图 1-2　不同肥料品种施肥量对果树产量和水果质量的影响示意图

三、果树的营养特性

果树是多年生作物，具有营养以下特点：

1. 需要养分数量大　尤其是成年果树养分吸收量更大，施肥量也很多。

2. 持续消耗养分　果树有位置固定，具有连续吸收养分的特点，使土壤中某些养分消耗过量，尤其是微量元素养分，必须通过施肥及时给予补充，否则容易缺乏某些微量元素养分而影响果品的产量和品质。

3. 冬前需要供应储备养分　果树树体大，在其根、枝、干内可以贮藏大量营养物质。果树早春萌芽、开花和生长，主要消耗树体贮存的养分。

4. 吸收深层养分能力强　果树根系发达，入土很深可达50～80厘米，且吸肥能力强。尤其是成年果树，可从下层土壤中吸收某些养分，以补充上层土壤中养分的不足。果树施肥时不仅要考虑表层土壤，更要考虑根系大量分布层的土壤养分状况，把肥料施到一定深度，特别是移动性小的磷、钾肥料更应深施，以利于根系吸收和提高肥料的增产效率。

5. 树体营养差异大　果树一般是利用嫁接方式繁殖的，由于砧木不同，常使树体吸收营养元素的能力产生差异；接穗品种不同，需肥情况也不同。

6. 有年周期的营养特点　在供肥时不能只考虑果树某一短期的需要，应根据周年吸肥特点补充养分。

四、设施果树安全施肥要点

设施果树要秋施有机肥，施肥量较露地栽培增加30%，以利改土和营养树根，增加果树养分储备量；适当减少和控制化肥的施用量，化肥的施用量为露地栽培的1/3～1/2；应重视二氧化碳（CO_2）施肥和叶面喷施肥；根据土壤养分情况及时补充中量和微量元素肥料，以喷施为佳。在花期应喷施 0.3% 硼砂水溶液，加 0.2% 尿素或 0.2% 磷酸二氢钾水溶液，也可喷施氨基酸复合微肥，可显著提高坐果率。

五、果树合理施肥

果树的施肥要点是，前期以施用氮肥为主，中后期以钾肥为主，磷肥随基肥施入，保证磷肥的全年供应。具体的技术要点是：

1. 基肥 果树施基肥一般在果实采收后进行，基肥中有机肥的用量，一般是水果产量的相等数量，即"斤果斤肥"，还应适当加入速效性氮、磷、钾肥，以促进果树形成庞大根系，同时有利于花芽分化，为优质高产打好基础。

2. 追肥 开花前后追施氮肥，配合适量磷肥，追肥时间宜早不宜晚。适当增加追肥次数，以促进果实膨大和花芽分化。追肥应以灌根、喷施、灌注等方式相结合为好。

果树不仅对大量营养元素有较多的需要，而且对某些中量和微量营养元素也有较高的要求。由于果树立地生长时间很长，容易造成某些营养元素过多消耗，特别是在有机肥料用量较少的果园，中量和微量元素得不到补充就会出现缺素症状，如缺铁引起黄化病，缺锌引起小叶病，缺钙引起水腐病等，这种现象在果园中比较普遍。因此，必须适时喷施含微量元素的叶面肥 2~4 次，以补充缺乏的营养元素养分。叶面喷施肥料应该是果树施肥的重要组成部分。

3. 果树施肥应注意的事项

（1）应根据果树生长和营养特点合理施肥，才能实现优质、高产、稳产。

（2）果树施肥的特点与大田作物不同，但相同的是都应实行合理施肥。

（3）灌根、灌注（钻孔）和叶面喷施液体微肥对果树优质高产十分重要。

六、果树对主要养分的吸收量

对于成龄果树而言，果树对养分的吸收量主要指果树形成单位产量的养分吸收量。该参数不仅与果树的品种、树龄有关，同时也与果树的管理方式、产量水平有密切关系。中国肥料信息网公布的几种果树单位产量的养分吸收量见表1-3。

表1-3 主要果树形成100千克经济产量所吸收的养分量

作物	形成100千克经济产量所吸收的养分量（千克）		
	氮（N）	五氧化二磷（P_2O_5）	氧化钾（K_2O）
柑橘（温州蜜橘）	0.60	0.11	0.40
苹果（国光）	0.30	0.08	0.32
梨（20世纪）	0.47	0.23	0.48
柿（富有）	0.59	0.14	0.54
葡萄（玫瑰露）	0.60	0.30	0.72
桃（白凤）	0.48	0.20	0.76
香蕉	0.54	0.11	2.00
芒果	0.14	0.05	0.23
菠萝	0.38	0.11	0.74

七、果树常用肥料的种类

1. 化学肥料

（1）单质化学肥料 氮肥、磷肥、钾肥为大量元素肥料；钙、镁、硫为中量元素肥料；锌、硼、锰、铜、铁、钼为微量元素肥料。

（2）复混肥料 含有两种或两种以上大量元素的肥料称为复混肥料。

2. 有机肥料

（1）传统有机肥料　包括人粪尿、禽畜粪尿、堆肥、沤肥、沼气肥、秸秆肥、饼肥、绿肥和泥炭肥等。

（2）商品有机肥　将有机肥源通过工厂化处理加工而成的肥料，产品需达到国家有关标准。

3. 新型肥料

（1）生物肥料　又称菌肥，果树常用的是复合生物有机肥料。

（2）缓（控）释肥料　果树常用的是含有包裹尿素的复混肥料。

（3）多功能肥料　是指增强作物生理功能和改善制约作物高产因素的肥料。具有保水、抗旱、抗寒、杀虫、防病、促根、抗早衰、提高养分利用率、改善土壤理化性质、降低土壤污染毒物等功效。果树常用的有氨基酸多功能肥料、腐植酸多功能肥料。

八、有机肥在水果生产中的作用

有机肥是生产优质水果的主要肥源之一，有机肥与化肥混合施用，可为果树提供果树必需的全部养分，改善果园土壤理化性状，改善果树的根际营养，降低水果生产成本，促进果园生态系统中营养物质的良性循环，改善果品品质。

九、化肥在水果生产中的作用

当自然环境中的营养条件不能满足果树生长发育的需要时，就应通过施肥来补充和调节某些营养元素，为果品生产创造适宜条件。化肥具有果树所必需的营养元素含量高、速效、施用方便等特点，科学合理安全施用化肥是获取高产优质果品的基础。化肥与有机肥混配施用，可使果树达到稳定、持续的高产和优质。

十、果树必需营养元素的生理功能

1. 氮（N）　氮是构成蛋白质和核酸的成分。蛋白质中氮的含量占 16％～18％，蛋白质是构成果树体内细胞原生质的基本物质，蛋白质和核酸都是植物生长发育和生命活动的基础。氮还是组成叶绿素、酶和多种维生素以及卵磷脂的主要成分。氮不仅是营养元素，而且还起到调节激素的作用，在维持生命活动和提高果树产量、改善果品品质方面具有极其重要的作用。

2. 磷（P）　磷是果树体内的核酸、核蛋白、磷脂、植素、磷酸腺苷和多种酶的组成成分。核酸和核蛋白是细胞核与原生质的组成成分，在植物生命活动与遗传变异中具有重要功能；植素是磷脂类化合物组成成分之一，磷脂是细胞原生质不可缺少的成分；磷酸腺苷对能量的贮藏和供应起着非常重要的作用；多种含磷酶具有催化作用；磷是糖类、含氮化合物、脂肪等代谢过程的调节剂，在能量转换、呼吸及光合作用中都起着关键作用，光合作用的产物要先转变成磷酸化的糖，才能向果实和根部输送。磷肥能增强果树的抗旱、抗寒能力，促进果树提早开花，提前成熟。

3. 钾（K）　钾是果树多种酶的活化剂。钾能增强果树的光合作用和促进碳水化合物的代谢和合成。钾对氮素的代谢、蛋白质合成有很大的促进作用。钾能显著增强果树的抗逆性，主要以可溶性的无机盐存在于分生组织和新陈代谢较活跃的芽、幼叶及根尖部分，与细胞分化、透性和原生质的作用密切相关，果树生长或形成器官时，都需要钾的存在。

钾在树体内比较容易运转，可以被重复利用。缺钾表现叶片小，枝梢细长，而对花芽形成影响较大，即使轻度缺钾，也会造成减产。

4. 钙（Ca）　钙在果树体内以果胶酸钙的形态存在，是组成细胞壁胞间层的重要元素，是果树生长必需元素之一。钙能中和代谢过程中产生的有机酸，使草酸转为草酸钙而解毒，钙还能与钾、钠、镁、铁离子产生拮抗作用，以降低或消除这些过多离子的毒害作用，有调节树体内 pH 的功效。钙能中和土壤的酸度，对于硝化细菌、固氮菌及其他土壤微生物有很好的影响。钙是某些酶促作用的辅助因素，可增强与碳水化合物代谢有关酶的活性，有利于果树的正常代谢。

5. 镁（Mg） 镁是叶绿素的重要组成成分，也存在于植素和果胶物质中，还是多种酶的成分和活化剂，它能加速酶促反应，促进糖类的转化及其代谢过程，对果树呼吸有重要作用。镁能促进脂肪和蛋白质的合成，促进磷的吸收和运输，可以消除钙过剩的毒害，使磷酸转移酶活化，还能促进维生素 A 和维生素 C 的形成，提高果品品质。镁在维持核糖、核蛋白的结构和决定原生质的物理化学性状方面，都是不可缺少的。镁在树体内可以迅速流入新生器官，幼叶比老叶含镁量更高，果实成熟时，镁流入种子。

6. 硫（S） 硫是构成蛋白质和酶不可缺少的成分，参与树体内的氧化还原反应过程，是多种酶和辅酶及许多生理活性物质的重要成分。硫影响呼吸作用、脂肪代谢、氮代谢、光合作用以及淀粉的合成，维生素 B_1 分子中的硫对促进果树根系的生长有良好的作用。

7. 铁（Fe） 铁主要集中于叶绿体中，直接或间接参与叶绿体蛋白质的形成，是叶绿素形成和光合作用不可缺少的元素，树体内有氧呼吸不可缺少的细胞色素氧化酶、过氧化氢酶、过氧化物酶等都是含铁酶。铁能促进果树呼吸，加速生理氧化。铁在树体内含量很少，多以高分子化合物存在，它在果树体内不易转移。

8. 锌（Zn） 锌是树体内碳酸酐酶的成分，能促进碳酸分解过程，与果树的光合作用、呼吸作用以及碳水化合物合成、运转等过程有关，在果树体内物质水解、氧化还原过程和蛋白质合成中起作用，对果树体内某些酶具有一定的活化作用，参与叶绿素的形成，也参与生长素（吲哚乙酸）的合成。

9. 铜（Cu）　　铜是果树体内氧化酶的组成成分，在催化氧化还原反应方面起着重要作用，影响呼吸作用。铜与蛋白质合成有关，铜对叶绿素有稳定作用，并可以防止叶绿素破坏；含铜黄素蛋白在脂肪代谢中起催化作用，还能提高对真菌性病害的抵抗力，对防治果树病害有一定作用。

10. 锰（Mn）　　锰是许多酶的活化剂，影响呼吸过程，适当浓度的锰能促进种子萌发和幼苗生长。锰也是吲哚乙酸氧化酶的辅基成分，大多数与酶结合的锰和镁有同样作用。锰直接参与光合作用，是叶绿素的组成物质，在叶绿素合成中起催化作用。锰促进氮素代谢，促进果树生长发育，提高树体抗病性。锰对果树体内的氧化还原有重要作用。

11. 硼（B）　　硼不是树体内含物的结构成分，但硼对果树根、枝条等器官的生长、幼小分生组织的发育及果树开花结实均有重要作用。硼影响细胞壁果胶物质的形成，加速树体内碳水化合物的运输，促进树体分生组织细胞的分化，促进蛋白质和脂肪的合成，增强光合作用，改善树体内有机物的供应和分配，提高果树抗寒、抗旱、抗病能力，防止果树发生生理病害。硼素在树体组织中不能贮存，也不能由老组织转入新生组织中去。

12. 钼（Mo）　　钼对果树体内氮素代谢有着重要的作用，它是硝酸还原酶的组成成分，参与硝酸态氮的还原过程。缺钼时，果树体内硝酸盐积累，阻碍氨基酸的合成，使产品品质降低。钼还能减少土壤中锰、铜、锌、镍、钴过多所引起的缺绿症。

十一、果树施肥不当所产生的负作用

果树施肥不当，不仅会危害果树，影响水果产品品质，浪费资源，而且还严重污染土壤和地下水源，威胁生态平衡和人类身体健康。主要表现在以下几个方面：

（1）过量施用氮肥和磷肥，会使氮、磷养分进入水体，导致水中藻类等水生物过量繁殖，当藻类等水生物死亡后，其有机物的分解使水体中溶解氧大量被消耗，水体呈现缺氧状态，使水质恶化，造成鱼、虾死亡等严重后果。

（2）氮肥的不合理施用，由于反硝化作用，形成氮气和氧化亚氮气体，从土壤中逸散出来进入大气。氧化亚氮气体到达地球的臭氧层后与臭氧发生反应，生成一氧化氮，使臭氧减少，地球臭氧层遭受破坏而减弱阻止紫外线透过大气层，强烈的紫外线照射对生物有很大的危害，如皮肤癌等。

（3）由于土壤中的硝态氮向下淋失，会造成地下水和湖泊及河流的富营养化，当地下水含硝酸盐量达 50 毫克/升以上时，即为严重超标，使饮水质量变差，如果人们长期饮用这种超标的地下水，硝酸盐转化为亚硝酸盐后，可能生成强致癌物质——亚硝胺，对人类健康构成很大威胁。

（4）如果不能安全施用氮肥，会使水果产品硝酸盐含量超标，长期食用对身体健康造成危害。

（5）有些肥料品种可能含有重金属、氰等有害物质，造成水果产品的有害残留物超标。

第五节　果树安全施肥

一、果树安全施肥的含义

果树安全施肥，是指通过肥料科学合理施用，保护果树和生态环境的安全，从而确保水果食用安全。水果的食用安全，是指水果产品中危害人体健康的成分如硝酸盐、重金属等毒性物质和农药残留含量不得超过国家有关规定的指标。

施肥对水果产品质量的影响是一个较为复杂的问题。一般来说，通过肥料的科学合理施用，可以提高水果产量，改善水果产品品质，培肥土地，提高产量水平。

果树安全施肥是一项技术性很强的增产措施，其基本内容包括：①选用的肥料种类或品种；②果树需肥特点；③目标产量；④施肥量；⑤养分配比；⑥施肥时间；⑦施肥方式、方法；⑧施肥位置。每一项内容都与施肥效果有着密切关系，如图1-3所示。

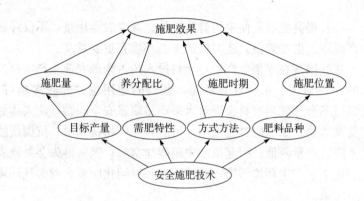

图1-3　安全施肥技术与施肥效果关系示意图

肥料的种类很多，选择肥料时应了解肥料的性质和功能、特点、施用方法，同时考虑土壤肥力、各种果树的需肥特性，做到因土壤、作物、气候等因素进行安全合理施用，以获得优质、高产、高效，防止水果产品污染和生态环境污染。

二、果树安全施肥的意义

肥料是果树的"粮食"，是果树栽培的重要生产资料，在水果生产中起着重要的作用。

（1）提高果树产量。据调查统计资料显示，肥料的平均增产效果为40%～60%。

（2）改善水果品质。通过科学合理安全施肥，可以有效改善水果品质，如适量施用钾肥，可明显提高水果糖分和维生素含量，降低硝酸盐含量；适量施用钙肥，可以防治水果水心病、脐腐病等。

（3）保障耕地肥力。通过科学合理安全施肥，补充土壤被作物吸收带走的养分，保护耕地生产力。

（4）使果树生长茂盛，提高地面覆盖率，减缓或防止水土流失，维护地表水域、水体不受污染，起到保护环境的作用。

（5）提高肥效，使果树健壮生长。减少农药用量，不仅降低生产成本、增加效益，还对保护生态环境有重要意义。

在我国现在水果生产中，肥料投入约占全部农业生产资料投入的50%以上。值得注意的是，肥料的施用也并非越多越好，过量或不合理施用肥料会导致水果产品质量安全问题，使人体健康受到威胁。如氮肥过量施用，可能导致作物抗病虫、抗倒伏能力下降，产量降低；引起果品中硝酸盐富集；氮素淋失会对地表水和地下水产生环境污染；氨的挥发和反硝化脱氮会对大气环境产生污染。

三、无公害果品及质量标准

无公害果品是果品中有毒有害物质含量控制在有关标准规定限量范围内的商品果品。

无公害果品产品标准是衡量无公害果品最终产品质量安全的指标尺度，无公害果品的安全标准有关规定见表1-4和表1-5。

1. 重金属及其他有害物质限量，见表1-4。

表1-4　重金属及其他有害物质限量

项　目	指标（毫克/千克）	项目	指标（毫克/千克）
砷（以 As 计）	≤0.5	镉（以 Cd 计）	≤0.03
汞（以 Hg 计）	≤0.01	氟（以 F 计）	≤0.5
铅（以 Pb 计）	≤0.2	亚硝酸盐（以 $NaNO_2$ 计）	≤4.0
铬（以 Cr 计）	≤0.5	硝酸盐（以 $NaNO_3$ 计）	≤400

注：引自 GB 18406.2—2001。

2. 农药最大残留限量，见表 1-5。

表 1-5　农药最大残留限量（毫克/千克）

项目	指标	项目	指标	项目	指标
马拉硫磷	不得检出	氯氰菊酯	≤2.0	甲萘威	≤2.5
对硫磷	不得检出	溴氰菊酯	≤0.1	除虫脲	≤1.0
甲拌磷	不得检出	氰戊菊酯	≤0.2	三唑锡	≤2.0
甲胺磷	不得检出	三氟氯氰菊酯	≤0.2	四螨嗪	≤1.0
久效磷	不得检出	二氯苯醚菊酯	≤2.0	噻螨酮	≤0.5
氧化乐果	不得检出	氟氰戊菊酯	≤0.5	双甲脒	≤0.5
甲基对硫磷	不得检出	苄菊酯	≤0.5	苯丁锡	≤5.0
克百威	不得检出	敌百虫	≤0.1	克螨特	≤5.0
水胺硫磷	≤0.02	乙酰甲胺磷	≤0.5	溴螨酯	≤5.0
六六六	≤0.2	喹硫磷	≤0.5	代森锰锌	≤1.0
滴滴梯	≤0.1	亚胺硫磷	≤0.5	甲霜灵	≤1.0
敌敌畏	≤0.2	二嗪磷	≤0.5	异菌脲	≤10
乐果	≤1.0	杀扑磷	≤2.0	克菌丹	≤15
杀螟硫磷	≤0.4	杀螟丹	≤1.0	氟苯唑	≤2.0
倍硫磷	≤0.05	毒死蜱	≤1.0	戊唑醇	≤0.2
辛硫磷	≤0.05	灭多威	≤1.0	三唑酮	≤0.2
百菌清	≤1.0	丁硫克百威	≤2.0	草甘膦	≤0.1
多菌灵	≤0.5	抗蚜威	≤0.5	百草枯	≤0.2

注：根据 GB 18406.2—2001、GB/T 8321.1-8 整理。

四、果树安全施肥的基本原则

果树安全施肥的基本原则是：根据果树的需肥特点和果树土地供肥状况及肥料效应，以有机肥为主，化肥为辅，充分满足果树对各种营养元素的需求，保持或增加土壤肥力及土壤微生物活性，所施的肥料不应对果园环境和果实品质产生不良影响，使用符合国家有关标准的农家肥、化肥、微生物肥料和新型肥料及叶面肥等。

禁止施用的肥料类别有：①未经无害化处理的城市垃圾，含有金属、橡胶和有毒物质的垃圾、污泥，医院的粪便、垃圾和工业垃圾；②硝态氮肥和未腐熟的人粪尿；③未获国家有关部门批准登记生产的肥料等。

五、果树安全施肥的措施

目前在水果生产中，一般肥料的投入占生产资料总投入的 1/2 左右，由于肥料本身的特性和生产工艺技术的限制以及肥料安全施用技术等问题，果树施肥在一定程度上构成了水果质量不安全因素。究其原因，主要是施用有害物质超标的肥料或不合理施肥造成的。如有机肥料中含有害微生物、寄生虫、病原体、杂草种子、有害重金属、化学农药残留、对作物有害的物质等，化肥也可能含有重金属和其他有害物质。因此，施用有害物质超标的肥料或没按肥料安全施用要求进行施肥，都可能造成水果质量不安全和环境的污染。

为防止肥害，做到安全合理施肥，国家对现有的各种肥料（包括商品性肥料和农家肥料）制定了有关标准，尽量把施肥污染降到最低水平，控制在环境保护和农产品安全质量允许的指标范围以内。在果树安全施肥过程中，对有机肥无害化处理、肥料的选择、施用技术，都必须提高安全意识。安全合理施肥、严格控制氮肥的过量施用。商品肥料要选择符合有关标准的产品，要严格掌握施用量和施肥方法，需深施的肥料不可表施，确保施肥对果树和水果质量的安全。

农家肥（包括作物秸秆、农副产品下脚料、动物粪尿等）必须充分发酵腐熟，使物料在高温发酵过程中内部温度达到 70～

75℃，持续 10～15 天，既能杀灭农家肥中的病原菌、虫卵、杂草种子等，并对其所含的有害物质有降解作用。应注意的是，草木灰应单独贮存（避免潮湿），单独施用，否则会使所含的钾元素大量损失，降低肥效。

六、常见果树施肥误区与安全施肥要点

1. 果树施肥误区　目前果树施肥存在以下几个误区：

（1）"施肥点离树干越近越好"。施肥时如果离树干过近，会导致伤根烧根现象，效果不好。同时施肥点距根尖越远，也不利于根系吸收养分。

（2）"施肥量越多越好"。为了追求产量，盲目多施肥，不是根据肥料的种类、树势强弱、树体大小、产量多少、地力条件等因素综合确定施肥量，结果是树体营养供需不平衡，造成肥害重者烧根死树，轻者病虫害滋生，营养生长和生殖生长失调，只长树叶，而果实较少。

（3）"施肥时间按忙闲而定"。果树需肥时期是有一定规律的，根据劳动力忙闲施肥的做法是不科学的。如果错过了果树需肥时期施肥，往往收不到预期的效果。

（4）"施肥种类随意定"。秋季施基肥，有些果农随意用化肥代替有机肥，或者用未经腐熟的作物秸秆代替厩肥等农家肥，如果每年如此，结果是果园土壤肥力下降、树势衰弱、产量降低、果品品质变劣。正确的做法是坚决贯彻有机肥与化肥配合施用的原则，这样不仅有利于果园培肥改土，提高土壤肥力，而且对果树优质高产提供了物质保证。

（5）"重地下土壤施肥，轻地上叶面施肥"。有些果农习惯于地下土壤施肥，对地上叶面喷肥的作用轻视或认识不够，不能做到地上地下施肥相结合，结果导致黄叶病、小叶病、缩果病、早期落叶病等生理性病害严重发生，叶片光合功能降低，最终导致产量降低，品质变劣。

2. 正确施肥技术要点 为了果树优质高产应掌握以下几个施肥技术要点：

(1) 施肥离树远近深浅要适宜。实际上，一般果树水平根的分布是树冠直径的 2～4 倍。实践证明，苹果、梨、桃、杏等果树开沟或挖穴离树干的距离在树冠垂直投影线的外缘为宜，深度 30～40 厘米。此位置是果树根的集中分布区，养分利用率高。

(2) 施肥量因树因地因肥而定。无论是基肥还是追肥、迟效性肥还是速效性肥，其施肥量确定的一般原则是：幼龄小树低于成年大树；未结果或初结果期的树低于盛果期的树；肥力差的果树地应多于较肥沃的果树地。秋施基肥时，厩肥等有机肥的施入量一般每亩①不应低于 5 000 千克，同时配施适量的磷、钾化肥或复混肥、专用肥。

(3) 施肥时期要按树体需求而定。要根据果树不同的生长发育阶段、树种、品种等因素确定。要按时施肥，不能影响树体营养的供应。北方落叶果树基肥一般宜在果实采收后或采果前施入。有些地方的果农有在封冻前或春节化冻后施基肥的习惯，这种做法很不科学。实践证明，采果后或果实成熟后期施入基肥，对改善果树叶片光合功能，提高树体营养的贮存水平，增强树体抗逆能力以及提高花芽分化的数量和质量都具有十分重要的意义。

(4) 施肥种类要根据果树的需肥特点、肥料的性质而定。果树既需要氮、磷、钾等大量元素肥料，有的也需要钙、镁、硫等中量元素，还需要硼、铁、锌等微量元素肥料。要做到有机肥与化肥配合施用，大量元素肥料与中、微量元素配合施用，才能满足相同果树不同时期的生长发育需要。要改变水果生产中"重视氮磷肥，轻视钾肥，忽视有机肥和微肥"的不科

---

① 亩为非法定计量单位。15 亩＝1 公顷。——编者注

学做法。

（5）土壤施肥应与叶面施肥相结合。通过根系吸收的土壤施肥是施肥的主渠道，叶面喷肥直接喷布于树体，具有节本省工、养分吸收快、利用率高的优点。特别对防治缺铁引起的黄叶病、缺硼引起的缩果病、缺锌引起的小叶病等生理性病害效果明显。

七、果树现代施肥技术的含义

随着我国水果的生产发展，果树施肥技术有了新的发展，在概念上有了新的更新，明确了平衡施肥的新概念，同时也发展了测土配方施肥新技术。如水肥一体化的灌溉施肥技术（滴灌、喷灌、微灌、冲施）和设施果树（大棚、温室）的节水调肥、水肥混用、CO_2 气肥等，这些新概念和新技术的推广应用，对提高水果产量和改善水果品质，增加果农收益具有很重要的作用。

八、果树安全施肥量的确定

果树栽培是一个庞大的生态体系，确定果树的安全施肥量是一个较复杂的技术问题。由于影响施肥量的因素是多方面的，从而使施肥量有较大的变化幅度和明显的地域差异。鉴于我国目前的水果生产实际情况，并考虑到方法的可操作性，本书只介绍养分平衡法来确定果树的安全施肥量。

养分平衡法是国内外施肥中最基本、最重要的方法，是根据果树需肥量与土壤供肥量之差来计算达到目标产量（也称计划产量）的施肥量，其计算公式为：

$$\text{某养分元素肥料的合理用量（千克/公顷）} = \frac{\text{果树养分吸收量（千克/公顷）} - \text{土壤养分供应量（千克/公顷）}}{\text{肥料中的该养分含量（\%）} \times \text{肥料当季利用率（\%）}}$$

1. 果树的养分吸收量

$$\text{果树的养分吸收量}\atop\text{（千克/公顷）} = {\text{果品单位产量的养分吸收量}\atop\text{（千克/公顷）}} \times {\text{目标产量}\atop\text{（千克/公顷）}}$$

（1）果品单位产量的养分吸收量，就是每生产1千克果品需要吸收某营养元素的量。该值可通过田间试验取得，一般做法是：把一定区域内果树一个生产周期生长的地上部分收获起来，对枝、叶、果等分别称重，并测定它们的养分含量，求出某养分的吸收总量，再除以该区域内一个周期的果品产量，所得的商就是果品单位产量对某养分的吸收量。在实际生产中，可查阅相关资料，参考前人对该项参数的研究结果。表1-6列出了几种果品单位产量对氮、磷、钾的吸收量。

表1-6 几种果品单位产量对氮、磷、钾的吸收量（千克/吨鲜果）

果品类别	收获物	养分吸收量		
		N	P_2O_5	K_2O
苹果	果实	2.0～3.0	0.2～0.8	2.3～3.2
梨	果实	3.0～4.7	1.5～2.3	3.0～4.8
桃	果实	2.5～4.8	1.0～2.0	3.0～7.6
李	果实	1.5～1.8	0.2～0.3	3.2～3.5
枣	果实	15.0	10.0	13.0
板栗	果实	14.7	7.0	12.5
葡萄	果实	6.0	3.0	6.0～7.2
柑橘	果实	6.0	1.1	4.0
香蕉	果实	4.8～5.9	1.0～1.1	18.0～22.0

（2）目标产量，也称为计划产量。确定该项指标是养分平衡法计算施肥量的关键。目标产量决不能凭主观意志决定，必须从客观实际出发，统筹考虑果树的产量构成因素和生产条件

（如地力基础、水浇条件、气候因素），若目标产量定得太低，难以发挥果园的生产潜力；若定得太高，施肥量必然较大，如果实产量达不到目标值，就会供肥过量，造成浪费，甚至污染环境。从近十年来我国各地实验研究结果和生产实践得知，果园目标产量首先取决于树相与群体结构，管理水平、地力基础、水源条件及气候因素等也是影响目标产量的重要条件。拟定和调整目标产量也应参考当地果园上季的实际产量和同类区域果园的产量情况。

2. 土壤养分供应量　土壤养分供应量的计算，是根据地力均匀的同一果园不施肥区的果品产量，乘以果品单位产量的养分吸收量。计算公式为：

$$\frac{土壤养分供应量}{（千克/公顷）} = \frac{果品单位产量的养}{分吸收量（千克/千克）} \times \frac{不施肥区果品产量}{（千克/公顷）}$$

式中，果品单位产量的养分吸收量与前文中的取值相同。

3. 肥料中的养分含量　商品肥料（化肥、复混肥、精制有机肥、溶面肥等）都是按照国家规定或行业标准生产的，其所含有效养分的类别与含量都标明在肥料包装或容器标签上，一般可直接用其标定值。果农积造的各类有机肥（堆沤肥、秸秆肥、圈肥、饼肥等）的养分类别与含量，可采集肥料样品到农业测试部门化验取得，也可通过田间试验法测得。

4. 肥料的当季利用率　肥料的当季利用率是指当季果树从所施肥料中吸收的养分量占所施肥料养分总量的百分数。它不是恒定值，在很大程度上取决于肥料用量、用法和施肥时期，且受土壤特性、果树生长状况、气候条件和农艺措施等因素的影响而变化。一般有机肥的当季利用率较低，速效化肥的当季利用率较高，有些迟效化肥（如磷矿粉）的当季利用率很低。

根据前人实验结果和多方面统计资料，现将几种肥料的主要养分利用率及肥效速度汇总列于表 1-7，供参考。

表 1 - 7 几种肥料的主要养分利用率与肥效速度

(河北省保定地区)

肥料种类	主要养分含量（%）			利用率（%）	肥效速度（%）		
	N	P_2O_5	K_2O		第一年	第二年	第三年
圈 肥	0.3～0.5	0.09～0.11	0.5	20～30	34	33	33
人粪尿	0.5～0.8	0.10～0.15	0.20～0.25	40～50	75	15	10
草木灰	—	0.25～0.40	2.0～3.0	30～40	75	15	10
氨 水	16.0			50	100	0	0
硫酸铵	21.0			70	100	0	0
碳酸氢铵	17.0			50	100	0	0
尿 素	46.0	—		50～70	100	0	0
过磷酸钙		14.0～20.0		20～30	45	35	20

肥料利用率的高低直接关系到投肥量的大小和经济收入的多少，国内外都在积极探索提高肥料利用率的途径。下面介绍田间差减法。

用田间差减法测定肥料利用率较为简便，其基本原理与养分平衡法测定土壤供肥量的原理相似，即利用施肥区果树吸收养分量减去不施肥区果树吸收的养分量，其差值视为肥料供应的养分量，再除以肥料养分总量，所得的商就是肥料的利用率。计算公式为：

$$肥料利用率 = \frac{施肥区果树吸收养分量（千克/公顷） - 不施肥区果树吸收养分量（千克/公顷）}{肥料施用量（千克/公顷） \times 肥料中的养分含量（%）} \times 100\%$$

例如：某果园不施肥区苹果产量为 9 000 千克/公顷，施用有机质 80 000 千克/公顷小区苹果产量为 30 000 千克/公顷，已测得该有机肥氮、磷、钾养分含量为：N 0.5%、P_2O_5 0.15%、K_2O 0.4%；苹果单位产量（1 千克）的养分吸收量为 N 0.003 千克、P_2O_5 0.000 8 千克、K_2O 0.003 2 千克。试求出该有机肥中氮、磷、钾的利用率。

将产量数据和氮素数据代入算式，即可计算出有机肥中氮的利用率：

$$有机肥中氮素利用率 = \frac{30\,000 \times 0.003 - 900\,0 \times 0.003}{80\,000 \times 0.5\%} \times 100\% = 15.75\%$$

同理，可求出磷、钾的利用率：

$$有机肥中磷素利用率 = \frac{30\,000 \times 0.000\,8 - 9\,000 \times 0.000\,8}{80\,000 \times 0.15\%} \times 100\% = 14.00\%$$

$$有机肥中钾素利用率 = \frac{30\,000 \times 0.003\,2 - 9\,000 \times 0.003\,2}{80\,000 \times 0.4\%} \times 100\% = 21.00\%$$

九、果树安全施肥的时期

1. 基肥 基肥是较长时期供给果树养分的基础肥料。作基肥施用的主要是有机肥和迟效化肥，也可根据果树种类和其长相，配施适量的速效肥料。基肥施入土壤后，逐渐分解，不断供给果树需要的常量元素和微量元素。基肥于果实采摘后尽早施入效果最好，采果后果树根系生长仍较旺盛，因施基肥造成的伤根容易愈合，切断一些细小根可促发新根。施基肥可提高树体营养水平和细胞液浓度，有利于来年萌芽开花和新梢早期生长。

2. 追肥 当果树需肥量增大或对养分的吸收强度猛增时，基肥释放的有效养分不能满足需要，就必须及时追肥。追肥既是当季壮树和增产的肥料，也为果树来年的生长结果打下基础。追肥数量、次数和时期与树龄、树相、土质及气候等因素有关。一般幼树追肥宜少，随着结果的增多，追肥次数也要增加，以协调长树与结果的矛盾。一般成年结果树每年追肥 2～4 次，依果树种类和果园具体情况酌情增减。

（1）花前追肥 果树萌芽开花需消耗大量营养物质，若树体营养水平较低，而氮素供应不足时，易导致将来大量落花落果，并影响树体生长。一般果树花期正值养分供应高峰期，对氮肥敏感，只有及时追肥才能满足其需要。对弱树、老树和结果量大的树，应加大追肥量，促萌芽开花整齐，提高坐果率，并加强营养生长。若树势强，施基肥充足，花前肥应推迟至开花后再追。春季干旱少雨地区，追肥须结合灌水，才能充分发挥肥效。

（2）花后追肥　落花后是坐果期，也是果树需肥较多的时期。幼果生长迅速，新梢生长加快，都需要较多氮素营养。追肥可促新梢生长，扩大叶面积，提高其光和效能，利于碳水化合物和蛋白质形成，减少生理落果。

（3）果实膨大与花芽分化期追肥　此期花芽开始分化，部分新梢停止生长，追肥可提高果树的光合效能，促进养分积累，提高细胞浓度，有利于果实肥大和花芽分化。这次追肥既保证了当年产量，又为来年结果打下基础，对克服结果大小年现象也有效。一些果树的花芽分化期是氮肥的最大效率期，追肥后增产明显。结果不多的大树或新梢尚未停长的初结果树，也应追施适量氮肥，否则易引起二次生长，影响花芽分化。此期追肥还要注意氮、磷、钾适当配合。

（4）果实生长后期追肥　这次追肥主要解决大量结果造成树体营养物质亏缺和花芽分化的矛盾。尤其晚熟品种后期追肥十分必要。据研究，树体内含氮化合物一般以 8 月含量最高，若前期氮肥不足，则秋季逐渐减少，落叶前减至最少。因此，后期必须追施氮肥，适量配施磷、钾肥可提高果实品质，改善着色效果。这对盛果期大树尤为重要。在实际生产中，有些地区将这次追肥与施基肥相结合。

因地域不同、果树类别不同或物候期的差异，各地施肥的时期和次数也有所不同。如柑橘产区每年追肥 4～5 次，分为萌芽肥、稳果肥、壮果肥和采果肥等，对尚未结果的幼树，施肥时期应重点考虑春、夏、秋树梢生长对营养的需求，但一般 9～10 月不宜追氮肥，以防促发晚秋梢。若计划幼树下一年开始结果，其生长后期要适当增加磷、钾肥的施用比例。

十、果树安全施肥的方法

1. 土壤施肥　土壤施肥是将肥料施在根系生长分布范围内，便于根系吸收，最大限度地发挥肥料效能。土壤施肥应注意与灌水的结合，特别是干旱条件下，施肥后尽量及时灌水。果树常用的施肥方法有以下几种：

（1）环状沟施　在树冠外围稍远处即根系集中区外围，挖环状沟施肥，然后覆土。环状沟施肥一般多用于幼树。

（2）放射状沟施　以树干基部为中心，呈放射状向四周挖多条（4～6 条或更多）沟。沟外端略超出树冠投影的外缘，沟宽 30～70 厘米，沟深一般达根系集中层，树干端深 30 厘米，外端深 60 厘米，施肥覆土。隔年或隔次更换施肥沟位置，扩大施肥面积。

（3）条状沟施　在果树行间、株间或隔行挖沟施肥后覆土，也可结合深翻土地进行。挖施肥沟的方向和深度尽量与根系分布变化趋势相吻合。

（4）全园撒施　将肥料均匀地撒在土壤表面，再翻入深 20 厘米的土中，也有的撒施后立即浇水或锄划地表。成年果树或密植果园，根系几乎布满全园时多用此法。该法施肥深度较浅，有可能导致根系上翻，降低果树抗逆性。若将此法与放射状沟施法隔年交替应用，可互补不足。各地还有围绕树盘多点穴施等施肥形式，作为撒施和沟施的补充方法。

（5）灌溉施肥　结合漫灌、冲施或喷灌、滴灌、渗灌等设施灌溉。其特点是可控、节水，肥随水走，供肥较快，肥力均匀，对根系损伤小，肥料利用率高，节省劳动力，增产增效。

（6）灌根施肥　灌根施肥是将肥料配制成水溶液，也可加入防治果树病虫害的农药，直接灌于果树根的分布区域。此法具有节省肥料、速效、不伤根，可与部分农药混用等特点。

（7）果园绿肥种植与施用　果园种植绿肥可充分利用土地、

光能等自然资源。绿肥还可用作养殖饲草，过腹还田，实现经济效益与生态效益双丰收。

2. 根外施肥

（1）叶面喷施　此法用肥量小，发挥作用快，而且几乎不受树体养分分配重点的影响，可直接针对树冠不同部位分别施用，满足养分急需，也避免了养分被土壤固定。一般喷施后 15 分钟至 2 小时即可吸收。根外追肥可提高叶片光合强度。喷后 8～15 天，叶片对肥料元素反应最明显，以后逐渐降低，20～30 天后基本消失。根外追肥不能完全替代土壤施肥，两者相互补充，可发挥施肥的最佳效果。

（2）树干注入法　有些地区采用对树干压力注射法，将肥料水溶液送入树体；还有的用树干输液法，即在树干上打孔，然后插上特制的针头，用胶管连通肥料溶液桶。这些方法在改善高产大树的营养状况和快速除治果树缺素症等方面具有特效。

第六节　果树营养失调症诊断

一、果树营养诊断的一般方法

1. 形态诊断　也称为树相诊断，是根据树体生长表现来诊断果树体营养状况的方法。新梢的长度与粗度，叶片的大小与厚薄，叶片的扭曲与皱缩，叶色的深浅，是否黄化，落花落果，果实的形状、大小与品质等，都可以作为树相诊断的指标。营养失调是引起树相（形态）异常的主要原因之一，果树缺乏某种元素时，一般都在形态上表现特有的症状，即所谓的缺素症，如失绿、斑块、斑点、畸形等。由于营养元素不同、生理功能不同，症状出现的部位和形态常有不同的特点和规律。

例如，由于元素在果树体内移动有难有易，失绿开始的部位不同，一些容易移动的元素如氮、磷、钾及镁等，当果树体内呈现不足时，就会从老组织移向新生组织，因此缺乏症最初总是在老组织上先出现。

2. 组织分析诊断　以植物组织中营养元素含量和产量的关系为理论依据，以生产最高产量和品质的最适营养水平为标准，借助分析仪器，对果树叶片等组织进行各种营养元素的全量分析，与预先拟订的含量标准比较，或就正常与异常标本进行直接的比较，判断果树营养丰缺。组织分析诊断的方法有以下两种：

（1）叶片分析诊断　以叶片的常规（全量）分析结果为依据判断营养元素的丰缺。

（2）组织速测诊断　组织速测诊断是以简易方法测定果树某一组织鲜样的成分含量来反映养分状况，属于半定量性质的分析测定。被测定的一般是尚未被同化的或大分子的游离养分，叶柄（叶鞘）常成为组织速测的样本，这一方法常用于田间现场诊断。从果树营养诊断技术体系运用于生产实践来看，目前一般限于氮、磷、钾三要素范围内。

3. 土壤分析诊断　土壤分析结果与果树营养状况一般也有密切的关系，但土壤分析诊断与果树营养状况的相关程度没有植株分析诊断结果更好直接判断。开展果园土壤肥力动态监测，及时了解土壤肥力状况及其变化趋势，为指导果园培肥地力和科学施肥提供重要依据。

4. 施肥诊断

（1）根外施肥法　采用叶面喷、涂、切口浸渍、枝干注射等方法，有针对性地使用某种元素，通过果树吸收后观察其反应，看症状是否得到改善再做出确切判断。这类方法主要用于微量元素缺乏症的应急诊断。

（2）抽减试验法　在验证或预测土壤缺乏某种或几种元素时可采用此法。

5. 指示植物诊断　利用某些植物对某种元素比栽培果树等更敏感的特点，在果园中种植这种些植物，用于预测或验证土壤某种元素是否缺乏。此法应用得不多。

二、果树缺素症分类与诊断

1. 果树缺素症状检索表 见表1-8。

表1-8 果树缺素症状检索表

症 状	缺乏元素
老叶症状	
症状常遍布整株，基部叶片干焦和死亡	
植株浅绿，基部叶片黄色，干燥时呈褐色，茎短而细	缺氮
植株深绿，常呈红或紫色，基部叶片黄色，干燥时暗褐，茎短而细	缺磷
症状常限于局部，杂色或缺绿，叶缘杯状卷起或卷皱	
叶杂色或缺绿，有时呈红色，有坏死斑点，茎细	缺镁
叶杂色或缺绿，叶尖和叶缘有坏死斑点	缺钾
坏死斑点大而普遍出现于叶脉间，最后出现于叶脉，叶厚	缺锌
嫩叶症状	
顶芽死亡，嫩叶变形和坏死	
嫩叶初呈钩状，后从叶尖和叶缘向内死亡	缺钙
嫩叶基部浅绿，从叶基部枯死，叶扭曲	缺硼
顶芽仍活但缺绿或萎蔫	
嫩叶萎蔫，无失绿，茎尖弱	缺铜
嫩叶不萎蔫，有失绿	
坏斑点小，叶脉仍绿	缺锰
有或无坏死斑点	
叶脉仍绿	缺铁
叶脉失绿	缺硫

2. 果树缺素症状分类 各种类型的缺素或营养失调症，一般均首先表现在叶片上，失绿黄化，或呈暗绿、暗褐色，或叶脉间失绿，或出现坏死斑。这种共同的表征主要因为每种元素都不是各自独立地被植物吸收，且又多与几种代谢功能有关，而功能之间则是相互联系的，如大多数代谢失调导致蛋白质合成受破坏或一些酶功能不正常，叶中氨基酸或其他物质（如丁二胺）累积而造成中毒症状等。不过，在供应短缺的情况下，首先表现出来

的症状又往往与此元素最主要的功能有关，这是缺素症特异性的一面。

3. 果树缺素症状诊断　在观察果树营养失调症时，有的营养元素缺乏症状很相似，容易混淆。例如缺锌、缺锰、缺铁、缺镁，主要症状都是叶脉间失绿，有相似之处，但又不完全相同，可以根据各元素缺乏症的特点来辨识。辨识微量元素缺乏症状有三个要点：

（1）叶片大小和形状　缺锌的叶片小而窄，在枝条的顶端向上直立呈簇生状，缺乏其他微量元素时，叶片大小正常，没有小叶出现。

（2）失绿部位　缺锌、缺锰、缺镁的叶片，只有叶脉间失绿，叶脉本身和叶脉附近部位仍然保持绿色，而缺铁叶片只有叶脉本身保持绿色，叶脉间和叶脉附近全部失绿，因而叶脉形成了细网状，严重缺铁时，较细的侧脉也会失绿；缺镁的叶片，有时在叶尖和叶基部仍保持绿色，这是与缺乏微量元素显著不同的。

（3）叶片颜色的反差　缺锌、缺镁时，失绿部分呈浅绿、黄绿以至灰绿，中脉或叶脉附近仍保持原有绿色。绿色部分与失绿部分相比较时，颜色深浅相差很大。缺铁时叶片几乎呈灰白色，反差更强。缺锰时反差很小，是深绿或浅绿的差异。

元素缺乏症不仅表现在叶或新梢上，根、茎、芽、花、果实均可能出现症状，判断时需全面查验。果树缺钙现象比较普遍，且主要表现在果实上。果实缺钙症状主要集中在果实膨大期和成熟期。微量元素的缺乏与土壤类型有关：缺锰或缺铁一般发生在石灰性土壤中，缺镁只出现在酸性土壤中，只有缺锌会出现在石灰性土壤和酸性土壤中。

三、果树营养失调的一般原因

果树缺乏任何一种必需元素时，其生理代谢就会发生障碍，从而在外形上表现出一定的症状。引起缺素症的原因很多，常见的有以下几种。

1. 土壤营养元素缺乏　土壤中营养元素不足是引起缺素症的主要原因。一般当土壤中某种元素含量低到一定程度时就会引起果树缺素症。

2. 不良土壤理化性质等因素影响营养元素的有效性　干旱、土壤酸碱度不适、吸附固定、元素间不协调、土壤理化性质不良等，使其营养元素有效性降低，从而导致果树不能正常吸收。

3. 不良气候条件的影响　主要是低温。低温一方面减缓土壤养分转化，另一方面削弱果树对养分的吸收能力，故低温容易引发缺素症发生。通常寒冷的春天容易发生各种缺素症。此外，雨量多少和日照等对缺素症的发生也有明显影响。

4. 施肥不合理　主要是不能根据果树的需肥规律、土壤供肥特点、肥料种类性质及其配比进行安全施肥，导致土地供肥不足或者过多，带来负面影响。

5. 果园土壤管理不善　主要有三种情况，土壤紧实、土壤水分调节不当、改土不当，使土壤养分成为不可给状态或影响根系的正常吸收，导致某些元素的缺乏。

6. 没能适地种树　主要是没按土壤性质安排果树种植，从而造成缺素症。

7. 病虫害等因素的影响　苹果腐烂病、烂根病可导致缺氮、缺磷、缺硼和缺锌；地下害虫如线虫、金针虫、蛴螬和地老虎可导致草莓缺氮、缺磷和苹果苗木缺锌、缺铁；土壤存在真菌等病原体，易导致缺铁；根系严重创伤或犁伤也可导致缺氮、缺磷；圆叶海棠和三叶海棠砧木嫁接带退绿叶斑病黑痘病毒的接穗，可导致缺硼症。

8. 栽培技术不当　果树回缩修剪过重、剥皮过重、负载量太大、砧木选择和砧穗结合不当等，也会引起果树缺素症。

第二章

有机肥料与果树安全施用

第一节 有 机 肥

一、有机肥的特点

有机肥料种类繁多、性质各异，但有共同的特点：资源丰富、种类多、数量大、来源广；有机质含量高；养分齐全、营养全面；肥效稳而长、有后劲；肥田养地；有利于保护生态环境。

二、有机肥的作用

1. 营养作用 有机肥料富含作物生长所需的养分，能源源不断地供给作物生长。有机质在土壤中分解产生二氧化碳，可作为作物光合作用的原料，有利于果树产量提高。提供养分是有机肥料主要的作用。

有机肥养分全面，不仅含有果树生长必需的营养元素，还含有其他有益于果树生长的物质，能全面促进生长。

有机肥料所含的养分多以有机态形式存在，通过微生物分解转变成植物可利用的形态，可缓慢释放，长久供应作物养分。

2. 有机肥料能改良土壤 有机肥料能提高土壤有机质含量，更新土壤腐殖质成分，改善土壤物理性状，增加土壤保肥、保水能力，增肥土壤。

土壤有机质是土壤肥力的重要指标，是形成良好土壤环境的物质基础，土壤有机质由土壤中未分解的、半分解的有机物质残体和腐殖质组成，施入土壤中的新鲜有机肥料在微生物作用下分解转化成简单的化合物，同时经过生物化学的作用，又重新组合成新的、更为复杂的、比较稳定的土壤特有的大分子高聚有机化合物，为黑色或棕色的有机胶体，即腐殖质。腐殖质是土壤中稳定的有机质，对土壤肥力有重要影响。

有机肥料在腐解过程中产生羟基类配位体，与土壤黏粒表面或氢氧聚合物表面的多价金属离子相结合，形成团聚体，加上有机肥料的密度一般比土壤小，施入土壤的有机肥料能降低土壤容重，改善土壤通气状况，减少土壤栽插阻力，使耕性变好。有机质保水能力强，比热容较大，导热性小，颜色又深，较易吸热，调温性好。

有机肥料在土壤溶液中离解出氢离子，具有很强的阳离子交换能力，施用有机肥料可增强土壤的保肥性能。土壤矿物质颗粒的吸水量最高为 $50\%\sim60\%$，腐殖质的吸水量为 $400\%\sim600\%$，施用有机肥料，可增加土壤持水量，一般提高 10 倍左右。有机肥料既具有良好的保水性，又有不错的排水性，因此能缓和土壤干湿差，使作物根部土壤环境不至于水分过多或过少。

3. 有机肥料能刺激作物生长 有机肥料是土壤中微生物取得能量和养分的主要来源，施用有机肥料有利于土壤微生物活动，从而促进作物生长发育。微生物在活动中的分泌物或死亡后的物质，不只是氮、磷、钾等有机养分，还能产生谷酰氨基酸、脯氨酸等多种氨基酸、多种维生素，还有细胞分裂素、植物生长素、赤霉素等植物激素。少量的维生素与植物激素可促进果树的生长发育。

4. 有机肥料能净化土壤环境 增施鸡粪或羊粪等有机肥料后，土壤中有毒物质对作物的毒害可大大减轻或消失。有机肥料的解毒原因在于有机肥料能提高土壤阳离子代换量，增加对镉的吸附；同时，有机质分解的中间物与镉发生螯合作用，形成稳定性络合物而解毒，有毒的可溶性络合物可随水下渗或排出农田，提高了土壤自净能力；有机肥料还能减少铅毒害，增加砷的固定。

三、有机肥安全施用原则

1. 对有机肥的质量要求 果树安全施肥所用的有机肥必须符合以下要求：

①有机肥料质量必须符合有关标准的规定。

②有机肥料中不得含有对果树品质和土壤环境有害的成分，或者有害成分严格控制在标准规定的范围之内。

③商品有机肥料必须获得国家农业部或省级农业部门的登记证（免于登记的产品除外）。

④农家自积自用的有机肥料必须经高温腐熟发酵，以杀灭各种寄生虫卵和病原菌、杂草种子，使之达到无害化卫生标准。

2. 科学施用 有机肥料一般使用量较大，一般每亩施用量1 000～3 000千克，且主要用作基肥一次施入土壤。部分粗制有机肥料（如粪尿肥、沼气肥等）因速效养分含量相对较高，释放也较快，亦可作追肥施用。绿肥和秸秆还田一般应注意施用方法和分解条件。

有机肥料和化肥配合施用，是提高化肥和有机肥肥效的重要途径。在有机、无机肥料配合施用时应注意二者的比例以及搭配方式。许多研究表明，以有机肥料氮量与氮肥氮量比1∶1增产效果最好。除了与氮素化肥配合外，有机肥料还可与磷、钾及中量元素、微量元素肥料配合施用，也可与复混肥配合施用。

四、商品有机肥料的技术标准

有机肥又称农家肥，主要来自农村和城市可用做肥料的有机物，包括人畜禽粪尿、作物秸秆、绿肥等，经微生物发酵腐熟分解后制成。有机肥来源广泛、品种多，几乎一切含有有机物质并能提供多种养分的物料都可作为有机肥。有机肥料能提供作物养分、维持地力、改善作物品质，实行有机肥料与化肥相结合的施肥制度十分必要。随着农业的发展，工厂化生产有机肥的企业大量涌现，有机肥已超出农家肥的局限向商品化方向发展。

国家已经发布了农业行业标准 NY 525—2002。商品有机肥料必须按肥料登记管理办法办理肥料登记，并取得登记证号，方可在农资市场上流通销售。有机肥料技术指标见表 2-1。

表 2-1 有机肥料的技术指标（NY 525—2002）

项　　目		指　　标
有机质（以干基计），%	≥	30
总养分（N+P$_2$O$_5$+K$_2$O），%	≥	4.0
水分（游离水），%	≤	20
酸碱度，pH 值		5.5～8.0

有机肥料中的重金属含量、蛔虫卵死亡率和大肠杆菌值指标均应符合 GB 8172 的要求。

第二节　秸　秆　肥

一、资源与养分含量

秸秆是农作物的副产品，含有较多的营养元素，既可作商品有机肥料或堆沤肥的原料，也可直接还田施用。

据报道，我国农作物秸秆年总产量达 7 亿多吨，其中稻草2.3 亿吨、玉米秸 2.2 亿吨、小麦秸 1.2 亿吨、豆类和秋杂粮作物秸秆约 1 亿吨，花生、薯类藤蔓、甜菜叶、甜菜糖渣和甘蔗糖渣约 1 亿吨。秸秆中含有大量的有机质和氮、磷、钾、钙、镁、硫、硅、铜、锰、锌、铁、钼等营养元素，主要作物秸秆的营养元素含量见表2-2。

表2-2　主要作物秸秆的营养元素含量（烘干物）

种类	大量及中量元素（克/千克）							微量元素（毫克/千克）					
	N	P	K	Ca	Mg	S	Si	Cu	Zn	Fe	Mn	B	Mo
稻　草	9.1	1.3	18.9	6.1	2.2	1.4	94.5	15.6	55.6	1 134	800	6.1	0.88
小麦秸	6.5	0.8	10.5	5.2	1.7	1.0	31.5	15.1	18.0	355	62.5	3.4	0.42
玉米秸	9.2	1.5	11.8	5.4	2.2	0.9	29.8	11.8	32.2	493	73.8	6.4	0.51
高粱秸	12.5	1.5	14.2	4.6	1.9	1.9	143	46.6	254	127	7.2	0.19	
甘薯藤	23.7	2.8	30.5	21.1	4.6	3.0	17.6	12.6	26.5	1 023	119	31.2	0.67
大豆秸	18.1	2.0	11.7	17.1	4.8	2.1	15.8	11.9	27.8	536	70.1	24.4	1.09
油菜秸	8.7	1.4	19.4	15.2	2.5	4.4	5.8	8.5	38.1	442	42.7	18.5	1.03
花生秸	18.2	1.6	10.9	17.6	5.6	1.4	27.9	9.7	34.1	994	164	26.1	0.60
棉　秆	12.4	1.5	10.2	8.5	2.8	1.7		14.2	39.1	1 463	54.3		

二、主要农作物秸秆品质

碳氮比（C/N）小的秸秆，提供速效养分较好，但有机质残留少；C/N大的秸秆，养分释放缓慢，但腐殖系数高，有机质残留多，对改善土壤的物理性状有利。一般认为，C/N20～25的秸秆，增产、肥田和改土效应都能兼顾。各种豆秸、花生秸C/N25～30，含氮量比较高，是秸秆中品质最好的一种。但豆秸、花生秸、薯类藤等C/N小的秸秆应粉碎后作饲料，或经处理后做有机肥原料，经济效果会更好。

各种农作物秸秆按有机肥料品质分级见表2-3。表中甘薯藤以及大豆、绿豆、花生等作物的秸秆品质为二级，其余均属三级。

表2-3　主要农作物秸秆品质评价

秸秆种类	粗有机物		N		P		K		评价	
	克/千克	分数	克/千克	分数	克/千克	分数	克/千克	分数	总分	级别
稻草	813	25	9.1	24	1.3	6	18.9	12	67	3
小麦秸	830	25	6.5	24	0.8	3	10.5	12	64	3
大麦	925	25	5.6	24	0.9	3	13.7	12	64	3
玉米秸	871	25	9.2	24	1.5	6	11.8	12	67	3
豆秸	896	25	18.1	32	2.0	6	11.7	12	75	2
油菜秸	850	25	8.7	24	1.4	6	19.4	12	67	3
花生秸	886	25	18.2	32	1.6	6	10.9	12	75	2
向日葵	920	25	8.2	24	1.1	6	17.7	12	67	3
甘薯藤	834	25	23.7	32	2.8	6	30.5	12	79	2
绿豆秸	854	25	15.8	32	2.4	6	10.7	12	75	2
高粱	796	20	12.5	24	1.5	6	14.2	12	62	3
谷子	933	25	8.2	24	1.0	6	17.5	12	67	3

三、秸秆生产商品有机肥料的方法

(一)原料预处理

1. 铡碎　将秸秆用铡草机切为3~5厘米的碎段。

2. 润湿　将铡碎的秸秆用水润湿,加水量为原料湿重的60%~75%。

3. 调碳氮比　将湿润后的秸秆碎段加尿素,调碳氮比为25:1为宜。

4. 调酸碱度　在上述物料中用石灰或草木灰,调pH=6.5~8,一般用石灰2%~3%或草木灰3%~5%。

5. 加入菌剂　将生物菌剂与物料混合均匀,进行发酵腐熟处理,使秸秆中的纤维素等物质分解,制成质量较好的有机肥。加菌量按施用的菌种说明书中规定的量添加。

6. 发酵处理秸秆 可选用堆放式或槽式、塔式等发酵设施。目前，采用自走式多功能翻抛机（兼有喷菌、粉碎、混料功能）进行秸秆发酵处理，具有易操作、功效高等特点。在发酵过程中需进行通气供氧、翻堆、加液、温控、湿控等工作。

（二）生产工艺

1. 小型有机肥料厂一般生产工艺示意图 如图 2-1。

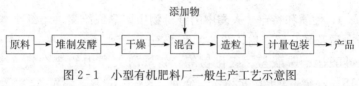

图 2-1 小型有机肥料厂一般生产工艺示意图

2. 大中型有机复混肥料厂一般生产工艺示意图 如图 2-2。

图 2-2 大中型有机复混肥料厂的一般生产工艺示意图

3. 产品质量标准 产品的质量标准执行农业行业标准 NY 525—2002。

四、果树安全施用秸秆肥料技术

秸秆肥料中含有作物所需的各种营养元素，是补充耕地有机质的主要来源，对改善土壤理化性状、提高土壤有机质含量、提高土壤肥力作用显著。适用于各种土壤、各种作物。肥效持久，宜做基肥施用，结合深耕翻土，有利于土壤相融，提高肥效。一般每亩施用商品秸秆有机肥 200～300 千克；与化肥配合施用，可缓急相济，互为补充。

如果将秸秆粉碎后直接还田，一般每亩施用鲜秸秆 1 500～2 000 千克或干秸秆 300～500 千克。施用时应与商品有机肥等肥料混合开沟施用，沟深 20～40 厘米，因上层土壤中微生物数量较多，有利秸秆腐熟分解。秸秆肥施用后应加强土壤水分管理。

第三节 粪 尿 肥

一、人粪尿

1. 性质和特点 人粪中的有机物主要是纤维素、半纤维素、蛋白质及其分解产物，此外，人粪还含有 5％左右的灰分，主要是硅酸盐、磷酸盐、氯化物等。新鲜的人粪中约含全氮（N）1.16％，全磷（P）0.26％，全钾（K）0.30％。新鲜人粪一般呈中性反应。人尿中含水 95％，其余 5％为水溶性有机物和无机盐类。人尿中的有机物以尿素最多，其余为少量的尿酸、马尿酸，所含的无机盐中以食盐为最多。人尿约含全氮 0.52％（主要是尿素），全磷（P）0.04％，全钾（K）0.14％。鲜尿呈微碱性，pH8.1 左右。

2. 人粪尿的积存与处理 人粪尿中的有机态氮，特别是尿素很容易分解为碳酸铵，进一步分解成铵而挥发损失。人粪尿中还含有大量的病菌、虫卵和其他有害物质，直接施于田地会污染土壤、空气、水源和农作物，给人和禽畜带来危害，必须对其进行无害化处理。处理的方法：

（1）密闭沤制 人粪尿在贮存过程中会产生较多的碳酸铵，容易挥发损失，密闭沤制可以减少肥分损失。在密闭嫌气条件下经过 30 天左右，大部分虫卵、病菌被杀死。常用的密闭沤制方式有加盖密闭的粪缸、密封的化粪池以及沼气发酵池等。

（2）堆制腐熟 将人粪尿和碎土按一定比例分层堆积成大粪土堆，或按一定比例加入作物秸秆、土和家畜尿制作高温堆肥。在堆制过程中用泥浆封堆，既可以防止水分、养分溢出，又可保持一定高温，杀死虫卵和病菌。在腐熟过程中不能与草木灰、石灰等碱性物质混合，以防氨挥发损失。

（3）加石灰氮处理粪便　前两种处理方法所需时间较长，在急需肥料施用时，人粪尿可以添加药物杀灭病菌、寄生虫卵。在100千克人粪尿中加入20～30克石灰氮，密封保存3～5天后就可杀灭虫卵。

3. 安全施用技术　人粪尿是速效性肥料，可作基肥和追肥，较常见的是用作追肥。人粪尿一般先制成堆肥，再用作基肥，最好是与厩肥等有机肥和磷、钾肥配合施用。单独积存的人粪尿可加3～5倍的水或加适量的化肥追施。我国南方果农习惯泼浇水肥，北方果农习惯随水灌施，效果均好。

人粪尿积制和施用中应注意以下几个问题：不要将人粪尿晒制成粪干，因为在晒制粪干的过程中，约40%以上的氮素损失掉，同时也污染环境，有碍卫生；不要将人粪尿与草木灰、石灰等碱性物质混合贮存，因为碱性物质与人粪尿中的铵反应，加速氮的挥发损失；人粪尿中的盐分和氯离子含量较高，不宜在干旱、排水不畅的盐碱地果园一次性大量施用。

二、家畜粪尿肥和厩肥

1. 家畜粪尿的成分　家畜粪尿含有丰富的有机质和各种营养元素，经堆沤熟化后的肥料称为圈肥（厩肥），是良好的有机肥，是我国农村的主要有机肥源之一。家畜粪尿的成分因家畜种类、饲料成分和收集方法等因素不同而有差异（表2-4、表2-5）。

表2-4　各种新鲜家畜粪尿中主要养分的大致含量（%）

种类	水分	有机质	氮（N）	磷（P_2O_5）	钾（K_2O）	钙（CaO）	镁（MgO）	硫（S）
猪粪	80.7	17.0	0.58	0.43	0.44	0.09	0.22	0.10
猪尿	96.7	1.5	0.34	0.11	0.92	微量	0.10	0.07
马粪	76.5	21.0	0.51	0.30	0.27	0.21	0.132	0.10

（续）

种类	水分	有机质	氮（N）	磷（P_2O_5）	钾（K_2O）	钙（CaO）	镁（MgO）	硫（S）
马尿	89.6	8.0	1.25	0.01	1.45	0.45	0.31	0.93
牛粪	81.7	13.9	0.30	0.22	0.17	0.41	0.11	0.07
牛尿	86.8	4.8	0.46	微量	1.06	0.01	0.05	0.04
羊粪	61.9	33.1	0.68	0.51	0.27	0.46	0.25	0.15
羊尿	86.3	9.3	1.44	0.04	2.03	0.16		

表 2-5　家畜鲜粪尿中微量元素含量（毫克/千克）

种　类	铜（Cu）	锌（Zn）	铁（Fe）	锰（Mn）	硼（B）	钼（Mo）
猪粪尿	6.97	20.08	700.21	72.81	1.42	0.20
马　粪	9.77	52.81	1 622.14	132.2	3.00	0.35
牛　粪	5.70	22.61	942.69	139.31	3.17	0.26
羊　粪	14.24	51.74	2 581.28	268.36	10.33	0.59

2. 家畜粪尿沤制熟化　家畜粪尿和各种垫圈材料混合沤制熟化的肥料称为厩肥（圈肥）。厩肥平均含有机质 25%、氮 0.5%、五氧化二磷 0.25%、氧化钾 0.6%。新鲜畜粪尿含难分解的纤维素、木质素等化合物，碳氮比（C/N）较大，氮大部分呈有机态，当季作物利用率低，只有 10%，最高也只有 30%。如果直接用新鲜畜粪尿，由于微生物分解厩肥过程中会吸收土壤养分和水分，与幼苗争水争肥，而且在厌气条件下分解还会产生反硝化作用，促使肥料中氮的损失，所以新鲜畜粪尿需积制腐熟。

农村沤制是将畜粪尿放入猪圈里经猪不断踏踩、压紧，使粪尿与垫料充分混合，并在紧密缺氧条件下就地分解腐熟，经 3～5 个月满圈时，圈内的肥料可达腐熟程度，即可施用，上层的肥料如没完全腐熟，需再腐熟一段时间方可施用。家畜粪尿也可用坑圈、堆腐等方法进行腐熟，然后施用。圈（厩）肥一般养分含量见表 2 - 6。

表 2 - 6　圈（厩）肥养分含量

圈（厩）肥	N（%）	P_2O_5（%）	K_2O（%）
猪圈（厩）肥	0.4～0.5	0.19～0.21	0.5～0.7
牛圈（厩）肥	0.34～0.4	0.16～0.18	0.3～0.4
羊圈（厩）肥	0.7～0.9	0.23～0.25	0.6～0.7
马圈（厩）肥	0.5～0.7	0.28～0.31	0.5～0.6

家畜粪尿还可采用发酵法加工成商品有机肥料，其发酵工艺类似秸秆发酵方法。

3. 家畜粪尿厩肥在果树上的安全施用技术　厩肥含有丰富腐植质，肥效较迟缓但持久，具有保肥改土作用。腐熟好的畜粪尿厩肥可做基肥和追肥，施用时应因土壤状况与其他有机肥料和化肥配合施用，对质地粗重、排水不良的土壤应浅施，用量大一些；对沙质土壤应深施，用量不宜太大。一般每亩施用量 1 000～1 600 千克，施后盖土。应注意配入的氮肥和磷肥要适量，还应配入少量钾肥。因为厩肥中的氮素利用率一般 30% 左右，磷利用率不超过 50%，钾的利用率 70% 左右。

三、禽粪肥

1. 性质与资源　禽粪是指鸡、鸭、鹅、鸽粪便，养分含量高，易腐熟，属热性肥料，是良好的有机肥料。一只鸡的年排粪量约 25.9 千克、鸭 48.2 千克、鹅 70.8 千克、鸽 2～3 千克，是不可忽视的有机肥源。家禽粪主要养分含量见表 2 - 7。据报道，目前全国家禽饲养数量近 80 万只，按年平均排粪 26 千克计算，年产粪量达 20 800 万吨，含精有机物 9 852.7 万吨、氮（N）465.96 万吨、磷（P_2O_5）178.5 万吨、钾（K_2O）307.08 万吨。

表 2-7　家禽粪主要养分含量（%）

种类	有机物	N	P_2O_5	K_2O	$N : P_2O_5 : K_2O$
鸡粪	25.5	1.63	1.54	0.85	1 : 0.94 : 0.25
鸭粪	26.2	1.10	1.40	0.62	1 : 1.27 : 0.56
鹅粪	23.4	0.55	0.5	0.95	1 : 0.91 : 1.73
鸽粪	30.8	1.76	1.78	1.00	1 : 1.01 : 0.57

2. 禽粪的利用方式

（1）沤制圈肥　沤制是农户的传统方法，即将禽粪作沤制熟化，以提高肥效，在我国已有悠久的历史。

（2）发酵生产有机肥料　禽粪便发酵腐熟后，施用方便，无臭味，由于有机质的好氧发酵，堆内温度持续 15～30 天，达 50～70℃，可杀灭绝大部分病原微生物、寄生虫卵和杂草种子；禽粪经过腐熟后，许多作物难利用形态的养分可转变为作物可利用的形态。

传统的自然堆腐发酵，占用较大场地，发酵周期长，而且养分损失量大。生产有机肥料的发酵工艺可加速发酵进程，减少养分损失。发酵的技术要点：向家禽粪便中添加锯末、砻糠、作物秸秆等原料，以调整水分和碳氮比；在禽粪内添加过磷酸钙、沸石等原料，吸附发酵过程中产生的臭气，还能改善理化状况。在堆肥原料中接入专用微生物发酵菌剂，可缩短畜禽粪便发酵的周期；在接菌种时加入适量糖、豆饼等，以及有利于微生物生长的培养物质，促进发酵菌剂快速形成优势菌群。在发酵过程通过翻堆或直接向堆中鼓气，补充氧气，促进发酵进程。

发酵方法有条垛式堆腐、栅式发酵、滚筒发酵、塔式发酵等，可根据原料来源量而定。

（3）以禽粪为原料的商品有机肥生产工艺流程　将发酵后的物料进行粉碎，还可添加其他养分物料，经混合后造粒，经筛分、计量、包装得产品。其生产工艺流程见图 2-3。

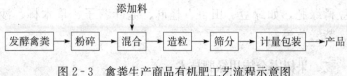

图 2-3　禽粪生产商品有机肥工艺流程示意图

3. 果树安全施禽肥技术　禽粪肥养分含量高，肥效快，一般视为"细肥"，不仅能增加果树产量，还可提高水果品质，适用于各种土壤，可做基肥和追肥，也可作为有机—无机复混肥或生物有机肥的原料。做基肥或追肥施用时注意施入土壤后立即覆土，并结合适时浇水。禽粪肥施用量一般每亩不超过 2 000 千克；精制为商品有机肥的施用量为每亩 330～660 千克。以沟（条）施或穴施等集中施用效果较好。

第四节　绿　　肥

一、绿肥的概念与意义

栽培和野生的绿色植物体作肥料施用时均称为绿肥。用作绿肥而栽培的作物叫做绿肥作物。果园种植绿肥作物能够增加土壤有机质，改良果园土壤，提高果树营养水平，促进果品优质、高产。新鲜绿肥中一般有机质含量 11％～15％，每亩施用 1 000～2 000 千克绿肥鲜草，土壤有机质含量可提高 0.10％～0.15％。在有机质分解过程中，产生一种带有负电荷的胡敏酸，它能够促进土壤团粒结构形成，改善土壤理化性状。各种豆科绿肥根上都有根瘤菌，能有效固定空气中的氮素。绿肥根系多数分布在深 1 米以上的土层内，可以吸收深层土壤中的磷、钾等大量元素和微量元素，埋压绿肥后可供果树吸收利用。绿肥还有防止水土流失、增加果园覆盖、减少水分蒸发、防治杂草丛生、改善果园小气候等作用。据研究，每施 5～8 千克绿肥，可增产 1 千克苹果，百果重增加 1～1.8 千克。适宜果园种植的绿肥品种很多，主要是豆科绿肥，如绿豆、田菁、檉麻、毛叶苕子、草木樨、沙打旺、紫云英等。

二、果树安全施用绿肥技术

1. 树下压青　在树冠外开 20～40 厘米深的环状沟或条状沟，将刈割下的绿肥与土一层一层相间压入沟内，最后覆土、踏实，施用量可依据绿肥的种类、肥分高低、土壤肥力和需肥情况等而定，一般每亩用鲜草 1 000～2 000 千克，每 100 千克绿肥中混入过磷酸钙 1～2 千克，以调节氮、磷、钾等元素相对平衡。

2. 挖坑沤制　在离水源较近的地方挖坑沤制。根据绿肥数量挖一定容积的坑，将绿肥粉碎成小段，先在坑底铺 30～40 厘米厚，撒 10% 的人粪尿或牛马粪，加过磷酸钙 1%，再加土 6 厘米，适量浇水，依次层层堆积至 3～4 层，最上层用土封严踏实，夏季经过 20 天左右，冬季经过 60～70 天，即可腐烂施用。收割翻压绿肥的时间，以花期或花荚期最好。这时肥分含量高，植株柔软，容易腐烂，鲜草产量也较高。

第五节　堆　沤　肥

厩肥、堆肥、沤肥统称为堆沤肥，是我国农业生产中施用量最多的农家有机肥料。

一、厩肥

厩肥是畜禽粪尿与垫料或有机添加料混合堆沤腐熟而成的有机肥料。在北方农村称为"圈粪"，南方农村称为"栏粪"。厩肥的积制方法有两种，圈内堆沤腐解法和圈外堆沤腐解法。一般堆沤 3 个月左右可达半腐熟状态，6 个月左右可完全腐熟。厩肥腐熟的标志是黑、烂、臭。腐熟程度较差的厩肥可作基肥，不宜作种肥、追肥；完全腐熟的厩肥基本是速效的，可用作种肥、追肥；半腐熟的厩肥深施用于沙壤土，腐熟好的厩肥宜施于黏质土壤。厩肥是非常好的有机肥料，一般优先用于果树、蔬菜等经济价值较高的农作物。

二、堆肥

堆肥是利用作物秸秆、落叶、杂草、泥土及人粪尿、家畜粪尿等各种有机物混合堆积腐熟而成的有机肥料。堆肥的积制方法主要有两种：普通堆肥和高温堆肥。普通堆肥是在常温条件下通过嫌气分解积制而成的肥料，用该法堆制，有机质分解缓慢，腐熟时间需 6 个月左右。高温堆肥是在通气良好、水分适宜、高温（50～70℃）条件下好热性微生物对纤维素进行分解积制，有机质分解快，腐熟效果好。堆肥的性质与厩肥相近，属热性肥料。

三、沤肥

沤肥是以作物秸秆、青草、树叶、绿肥等植物残体为主要原料，混合人畜粪尿、泥土，在常温、淹水条件下沤制而成的肥料。由于沤肥在嫌气条件下进行，养分不易挥发，形成的速效养分多被泥土吸附而不易流失，肥效长而稳。沤肥在南方多雨地区较为普遍，北方也有利用雨季或水源便利的地方进行沤制。沤肥适宜用作基肥，果树施用量一般为每亩 2 000～3 000 千克，施用时还应配以适量的氮肥和磷肥。

四、果树安全施用堆沤肥技术

堆沤肥料含腐殖质丰富，肥效较迟缓，但肥效长久，除供给养分外，还有改良土壤的作用，是良好的有机肥料，施用时应因地、因肥料养分等因素确定施用量。堆沤肥适用于各种土壤和各种果树，一般多用作基肥，可环状沟施或放射沟施，施后覆土压实，适时浇水。一般每亩施用量 1 500～4 000 千克。施用时应与适量的氮肥和磷肥配合施用。

第六节 饼 肥

一、饼肥的种类与性质

1. 种类 饼肥是含油的种子经提取油分后的渣粕，作肥料用时称为饼肥。饼肥含有丰富的营养成分，这类资源一般提倡过腹还田或综合利用，但需注意的是有些饼粕含有毒素，如棉籽饼含有棉酚、茶籽饼含皂素、桐籽饼含有桐酸和皂素等，不易作饲料。

我国饼肥种类较多，主要有大豆饼粕、花生饼、芝麻饼、菜籽饼、棉籽饼、茶籽饼等。农民一般将其作为优质有机肥施于果树、花卉等经济价值较高的作物。

2. 性质 饼肥富含有机质和氮素，并含有一定数量的磷、钾及各种微量元素。饼肥中养分含量，有机质 $75\%\sim85\%$，氮 $1.11\%\sim7.00\%$，五氧化二磷 $0.37\%\sim3.00\%$，氧化钾 $0.85\%\sim2.13\%$，还含有蛋白质及氨基酸、微量元素等。菜籽饼和大豆饼中还含有粗纤维 $6\%\sim10.7\%$，钙 $0.8\%\sim11\%$，胆碱 $0.27\%\sim0.70\%$。此外，还有一定数量的烟酸及其他维生素类物质等。

主要饼肥的养分含量见表 2-8。

表 2-8 常见饼肥养分含量参考值（%）

种类	N	P_2O_5	K_2O	种类	N	P_2O_5	K_2O
大豆饼	7.00	1.32	2.13	大麻饼	5.05	2.40	1.35
芝麻饼	5.80	3.00	1.30	柏籽饼	5.16	1.89	1.19
花生饼	6.32	1.17	1.34	苍耳籽饼	4.47	2.50	1.47
棉籽饼	3.41	1.63	0.97	葵花籽饼	5.40	2.70	——

（续）

种类	N	P_2O_5	K_2O	种类	N	P_2O_5	K_2O
棉仁饼	5.32	2.50	1.77	大米糠饼	2.33	3.01	1.76
菜籽饼	4.60	2.48	1.40	茶籽饼	1.11	0.37	1.23
杏仁饼	4.56	1.35	0.85	桐籽饼	3.60	1.30	1.30
蓖麻籽饼	5.00	2.00	1.90	花椒籽饼	2.06	0.71	2.50
胡麻饼	5.79	2.81	1.27	苏籽饼	5.84	2.04	1.17
椰籽饼	3.74	1.30	1.96	椿树籽饼	2.70	1.21	1.78

饼肥中的氮以蛋白质形态存在，磷以植酸及其衍生物和卵磷脂等形态存在，钾大都是水溶性的。饼肥是一种迟效性有机肥，必须经微生物分解后才能发挥肥效。

饼肥含氮较多，碳氮比（C/N）较低，易于矿质化。由于含有一定量的油脂，影响油饼的分解速度。不同油饼在嫌气条件下的分解速度不同，如芝麻饼分解较快，茶籽饼分解较慢。

土壤质地也影响饼肥分解及氮素保存。沙土有利于分解，但保氮较差；黏土前期分解较慢，但有利于氮素保存。

二、果树安全施用饼肥技术

饼肥是优质有机肥料，具有养分完全、肥效高、肥效持久、优化作物根际生态环境等优点，适用于各种土壤和多种作物，用于果树能显著提高产量，改善品质。

饼肥可作基肥、追肥。施用时应先发酵再施用，深度在10厘米以下，施后覆土。饼肥腐熟后施用，有利于果树吸收利用。饼肥发酵一般采用与堆肥或厩肥混合堆积的方法，或用水浸泡数天。施用时用量一般为每亩50~150千克。饼肥含有抗生物质，施用后可减轻果树病害。

饼肥直接施用时应拌入适量杀虫剂，以防招引地下害虫。

第七节 泥 炭

一、泥炭的性质

泥炭又叫草炭、泥煤等,是古代低温地带生长的植物残体在淹水嫌气条件下形成的堆积物。泥炭的干物质中主要含纤维素、半纤维素、木质素、沥青、脂肪酸和腐植酸等有机物,还含有氮、磷、钾、钙等营养元素,一般有机物含量 40%～70%,腐植酸 20%～40%,碳氮比 10～20,灰分 31.5%～59.8%,pH4～6.5。养分含量,全氮(N)0.75%～2.39%,全磷(P_2O_5)0.1%～0.49%,全钾(K_2O)0.2%～1.5%。自然状况下泥炭含水 50%以上。目前,我国出产的泥炭大部分是富营养型的泥炭。

二、果树安全施用泥炭技术

1. 作基肥或追肥 泥炭一般无污染,养分含量齐全,非常适合果树施用。施用时应选择分解程度高、养分含量高、酸度较小的泥炭,挖出后经适当晾晒,使其还原性物质得以氧化,粉碎后直接作基肥施用。一般每亩施用 3 000～6 000 千克。与化肥混合施用可提高肥效。

2. 泥炭垫圈 泥炭吸水、吸氨性强,用作垫圈材料可以改善牲畜卫生条件,保存粪尿液中的养分,收集后制成优质圈肥,再供果树施用。

3. 泥炭堆肥 将泥炭与粪尿肥或其他有机物料制成堆肥,粪尿肥能提供有效氮,为微生物分解有机质创造条件,加速泥炭熟化。经熟化的泥炭用于果树,一般每亩 1 500～5 000 千克。

4. 制造复混肥料 泥炭含有大量的腐植酸,但其速效养分较少,生产中常将泥炭与碳铵、磷钾肥、微量元素肥料等制成粒状或粉状复混肥料，供果树施用，施用量一般每亩 60～200 千克。

5. 制营养钵肥　泥炭有一定的黏结性和松散性，并有保水保肥和通气透水等特点，有利于幼苗根系生长，生产上常将泥炭制成营养钵培育树苗。在制作营养钵时，先调节泥炭酸度，再加其他肥料及适量水分后压制而成。

6. 作微生物肥料的载体　在微生物菌剂生产中，用泥炭作为菌剂载体，将泥炭风干后粉碎，调节至适宜的酸碱度，灭菌后与菌剂混配制成各种微生物菌肥，供果树施用。

第八节　沼气发酵肥料

一、性质与养分含量

沼气发酵肥料是将作物秸秆与人畜粪尿在密闭的嫌气条件下发酵制取沼气后沤制而成的一种有机肥料。沼气发酵残渣和沼气发酵液是优质的有机肥料，其养分含量受原料种类、比例和加水量的影响而差异较大。一般沼气发酵残渣含全氮 0.5%～1.2%，碱解氮 430～880 毫克/千克，速效磷 50～300 毫克/千克，速效钾 0.17%～0.32%，沼气发酵液中含全氮 0.07%～0.09%，铵态氮 200～600 毫克/千克，速效磷 20～90 毫克/千克，速效钾 0.04%～0.11%，沼气发酵残渣的 C/N 为 12.6～23.5，质量较高，但仍属迟效性肥料，发酵液属速效性氮肥。

二、果树安全施用沼气发酵肥技术

残渣和发酵液可分别施用，也可混合施用，都可做基肥或追肥，但发酵液大多做追肥。做基肥每亩用量 100～200 千克，做追肥 800～1 500 千克，沟施或穴施，施后立即覆土。发酵肥应立即施用或加盖密封，以免养分损失。施用发酵肥可使果树增产 10%～40%，果品品质也有所提高。

第三章

化肥与果树安全施用

第一节 氮 肥

一、尿素

1. 性质 尿素 [$(NH_2)_2CO$] 占我国氮肥总量的 40%，是主要氮肥品种，含氮（N）46%，属生理中性肥料。

尿素是含氮量最高的固体氮肥，属酰胺态氮肥。通常为白色粒状，不易结块，流动性好，易于施用。易溶于水，水溶液呈中性反应，吸湿性较强，由于在尿素生产中加入石蜡等疏水物质，其吸湿性大大下降。

尿素在造粒过程中，温度达 50℃时便有缩二脲生成，当温度超过 135℃时，尿素分解生成缩二脲。其反应式如下：

$$CO(NH_2)_2 \rightarrow (CONH_2)_2 \rightarrow NH + NH_3 \uparrow$$

尿素中缩二脲含量超过 2%时就会抑制种子发芽，危害作物生长，例如小麦幼苗受缩二脲毒害，会出现大量白苗，分蘖明显减少。

尿素施入土壤后，以分子态溶于土壤溶液中，并能被土壤胶体吸附，土壤胶体吸附尿素的机理是尿素与黏土矿物或腐殖质以氢键相结合。尿素在土壤中经土壤微生物分泌的脲酶作用，水解成碳酸铵或碳酸氢铵。在土壤呈中性，水分适当时，温度越高，

· 58 ·

尿素水解越快。一般 10℃时需 7～10 天，20℃时 4～5 天，30℃时只需 2 天就能完全转化为碳酸铵。碳酸铵很不稳定，容易挥发，所以施用尿素应深施盖土，防止氮素损失。尿素是中性肥料，长期施用对土壤没有破坏作用。

2. 主要技术指标　农用尿素的主要技术指标见表 3-1。

表 3-1　农用尿素国家标准（GB 2440—2001）

项　目	农业用		
	优等品	一等品	合格品
总氮（N）（以干基计），% ≥	46.4	46.2	46.0
缩二脲，% ≤	0.9	1.0	1.5
水分（H_2O），% ≤	0.4	0.5	1.0
亚甲基二脲（以 HCHO 计），% ≤		0.6	
颗粒（0.85～2.80 毫米），% ≥	93	90	
颗粒（1.18～3.35 毫米），% ≥	93	90	
颗粒（2.00～4.75 毫米），% ≥	93	90	
颗粒（4.00～8.00 毫米），% ≥	93	90	

3. 果树安全施用技术　尿素适宜于各种土壤，宜做追肥，尤其适合做根外追肥。也可作基肥，作基肥应深施，还应与有机肥及磷、钾肥混合施用。

（1）作基肥施用　施用量应根据果树种类、地力等因素确定，果树地一般每亩用尿素 8～20 千克。果树和浆果作物对氮素非常敏感，需要平衡氮素供应，氮素营养过多，容易使营养生长过旺，影响坐果率。

（2）作追肥施用　一般每亩用尿素 6～12 千克，可采用沟施或穴施，施肥深度 6～10 厘米，施肥后覆土，盖严，防止水解后氨的挥发。用尿素追肥要比其他氮肥品种提前几天。沙土地漏水漏肥较严重，尿素可分次施，每次施肥量不宜过多。

尿素含氮量高，用量少，一定要施得均匀；无论作基肥或追肥，均应深施覆土，以避免养分损失。尿素的肥效比其他氮肥晚3～4天，因此作追肥时应提早施用。尿素也可用于果树灌溉施肥。

尿素是电离度很小的中性有机物，不含副成分，对作物灼伤很小，并且尿素分子较小，具有吸湿性，容易被叶片吸收和进入叶细胞，所以尿素特别适宜作根外追肥，但缩二脲含量不要超过0.5%。果树喷施尿素水溶液，浓度一般为0.3%～0.6%，每隔7～10天喷一次，一般喷2～3次，喷施时间以清晨或傍晚较好，喷至叶面湿润而不滴流为宜。

二、硫酸铵

1. 性质 硫酸铵 [$(NH_4)_2SO_4$] 简称硫铵，也叫肥田粉，约占我国目前氮肥总产量的0.7%，是我国生产和施用最早的氮肥品种之一，含氮（N）20.15%～21%，含硫（S）24%，可作为硫肥施用。

硫酸铵为白色或淡黄色结晶。工业副产品的硫酸铵因含有少量硫氰酸盐（NH_4CNS）、铁盐等杂质，常呈灰白色或粉红色粉状。容重为860千克/米³，硫酸铵易溶于水，20℃时100毫升水中可溶解75克，呈中性反应。由于产品含有极少量的游离酸，有时也呈微酸性。硫酸铵吸湿性小，不易结块，但在20℃时的临界相对湿度为81%，一但吸水潮解，结块后很难打碎。

长期施用硫酸铵会在土壤中残留较多的硫酸根离子（SO_4^{2-}），硫酸根在酸性土壤中会增加酸度；在碱性土壤中与钙离子生成难溶的硫酸钙（即石膏），引起土壤板结，因此要增施农家肥或轮换氮肥品种，在酸性土壤中还可配施石灰。

硫也是作物的必需养分，但在淹水条件下硫酸根会被还原成有害物质硫化氢（H_2S），引起稻根变黑，影响根系吸收养分，应结合排水晒田，改善通气条件，防止黑根产生。

硫酸铵施入土壤后，在土壤溶液中解离为铵离子（NH_4^+）

和硫酸根（SO_4^{-2}），可被作物吸收或土壤胶体吸附，由于作物根系对养分吸收的选择性，吸收的铵离子数量远大于硫酸根，所以硫酸铵属于生理酸性肥料。

在酸性土壤施用硫酸铵后，铵离子既可交换土壤胶体上的氢离子，也可被作物吸收后使根系分泌氢离子（H^+），从而使土壤酸性增强。石灰性土壤由于碳酸钙含量较高，呈碱性反应，硫酸铵在碱性条件下分解产生氨气，会引起氮素损失，必须深施，覆土。

2. 主要技术指标　农用硫酸铵的主要技术指标见表3-2。

表3-2　硫酸铵产品质量指标（GB 535—95）

项　目	指　标		
	优等品	一等品	合格品
外　观	白色，无可见机械杂质	无可见机械杂质	无可见机械杂质
氮（N）含量（以干基计），% ≥	21.0	21.0	21.0
水分（H_2O）含量，% ≤	0.2	0.3	1.0
游离酸含量（以 H_2SO_4 计），% ≤	0.03	0.05	0.20

3. 果树安全施用技术　硫酸铵可作基肥、追肥。基肥每亩用量20～40千克，追肥15～30千克，在酸性土壤中施用应与有机肥料混合施用。沟施为好，施后覆土。

硫酸铵在石灰性土壤中与碳酸钙起作用生成氨气，易逸失；在酸性土壤中如果施在通气较好的表层，铵态氮易经硝化作用转化成硝态氮，转入深层后因缺氧又经反硝化作用，生成氨气和氧化氮气体逸失到空气中，深施才能获得良好的肥效。

三、碳酸氢铵

1. 性质　碳酸氢铵（NH_4HCO_3）又称碳铵、酸式碳酸铵，是我国早期的主要氮肥品种,含氮(N)17%左右。

碳酸氢铵的氮素形态是铵离子(NH_4^+),属于铵态氮肥。产品白色或淡灰色,呈粒状、板状或柱状结晶,容重 0.75,比硫铵轻,稍重于粒状尿素。易溶于水,在 20℃和 40℃时,100毫升水中可分别溶解 21 克和 35 克,在水中呈碱性反应,pH 8.2~8.4。密度 1.57,易挥发,有强烈刺激性臭味。干燥碳铵在 10~20℃常温下比较稳定,但敞开放置时易分解成氨、二氧化碳和水,放出强烈的刺激性氨味。河北省农林科学院土壤肥料研究所试验表明,在 20℃时将含水 4.8%的碳铵充分暴露在空气中,7 天损失大半。碳铵的分解造成氮素损失,残留的水加速潮解并使碳铵结块。

碳酸氢铵施入土壤后分解为铵离子和碳酸氢根(HCO_3^-),铵离子被土壤胶体吸附,置换出氢离子、钙离子(或镁离子)等,与其反应生成碳酸、碳酸钙(或碳酸镁),部分铵离子经硝化作用可转化为硝酸根,无副产物。尽管碳铵刚施入土壤时施肥的局部区域 pH 值有所提高,但随着植物的吸收和硝化作用,土壤 pH 值又有降低的趋势,这些都是暂时的,长期施用不影响土质。

2. 主要技术指标　农用碳酸氢铵的主要技术指标见表 3-3。

表 3-3　碳酸氢铵产品的技术要求 (GB 3559—2001)

项　目	指　标(%)			
	湿碳酸氢铵			干碳酸氢铵
	优等品	一等品	合格品	
氮(N)　　　≥	17.2	17.1	16.8	17.5
水分(H_2O)　≤	3.0	3.5	5.0	0.5

注:优等品和一等品必须含添加剂。

3. 果树安全施用技术　碳酸氢铵适于作追肥,也可作基肥,但都要深施。一般基施深度 10~15 厘米,追施深度 7~10 厘米,施后立即覆土。基施每亩用量 30～60 千克，追施 20～40 千克，沟施或穴施。

果树施用碳酸氢铵应注意以下几点：不宜用于设施果树，避免氨气发生危害；忌叶面喷施；忌与碱性肥料混用；忌与菌肥混用；与过磷酸钙混合后不宜久放，因过磷酸钙吸潮性大，使混合肥料变成浆状或结块；必须深施 10 厘米左右，施后立即盖土，以提高利用率。

第二节　磷　　肥

一、过磷酸钙

1. 性质　过磷酸钙 $[Ca(H_2PO_4)_2 \cdot H_2O + CaSO_4]$，别名普通过磷酸钙，简称普钙，含有效磷（$P_2O_5$）12%～20%，占我国目前磷肥总量的 70% 左右。

（1）物化性质　过磷酸钙是疏松多孔的粉状或粒状物，因磷矿的杂质含量不同而呈灰白色、淡黄色、灰黄色或褐色等。易吸潮、结块，含有游离酸，有腐蚀性，呈微酸性。主要成分是磷酸一钙 $[Ca(H_2PO_4)_2 \cdot H_2O]$，副成分是硫酸钙（$CaSO_4$），还有少量游离磷酸、游离硫酸、磷酸二钙及磷酸铁、铝、镁等。加热时性能不稳定，至 120℃ 以上并继续加热时，五氧化二磷水溶性下降。

（2）农化性质　过磷酸钙的利用率较低，一般只有 10%～25%，其主要原因是生成溶解度低、有效性较差的稳定性磷化合物。在中性和微酸性土壤中施入过磷酸钙，有效性最高。pH 6.5～7.5 的土壤，磷肥施入后呈磷酸一氢离子（HPO_4^{2-}）和磷酸二氢离子（$H_2PO_4^-$）存在，是作物最有效、最易吸收利用的形态。

2. 主要技术指标　过磷酸钙的主要技术指标执行 GB

20413—2006 标准（表 3 - 4）。

表 3 - 4　过磷酸钙产品的技术要求（GB 20413—2006）

产品类型	项　目		优等品	一等品	合格品	
					I	II
疏松过磷酸钙	有效磷（以 P_2O_5 计）的质量分数,%	≥	18.0	16.0	14.0	12.0
	游离酸（以 H_2SO_4 计）的质量分数,%	≤	5.5	5.5	5.5	5.5
	水分的质量分数,%	≤	12.0	14.0	15.0	15.0
粒状过磷酸钙	有效磷（以 P_2O_5 计）的质量分数,%	≥	18.0	16.0	14.0	12.0
	游离酸（以 H_2SO_4 计）的质量分数,%	≤	5.5	5.5	5.5	5.5
	水分的质量分数,%	≤	10.0	10.0	10.0	10.0
	粒度（1.00～4.75 毫米或 3.35～5.60 毫米）的质量分数,%	≥	80	80	80	80

3. 果树安全施用技术　过磷酸钙有效成分易溶于水，是速效磷肥。适用于各种果树及大多数土壤。可以用作基肥、追肥，也可以用作根外追肥。过磷酸钙不宜与碱性肥料和尿素混用，以免发生化学反应而降低磷的有效性。与硫酸铵、硝酸铵、氯化钾、硫酸钾等有良好的混配性能。

用作基肥时，对于速效磷含量较低的土壤，一般每亩施用量 50 千克左右，宜沟施、浅施或分层施。过磷酸钙应与有机肥混合施用，可提高肥效，还兼有保氮作用。如果与优质有机肥混合用作基肥，每亩 20～25 千克。也可采用沟施、穴施等集中施用方法。

作追肥时，一般每亩用量 20～30 千克。注意要早施、深施，施到根系密集层为好。根外追肥时，一般用 1%～3% 的过磷酸钙浸出液。

二、重过磷酸钙

1. 性质　重过磷酸钙〔Ca（H₂PO₄）₂·H₂O〕，简称重钙，也叫三倍过磷酸钙。通常含有效磷（P_2O_5）40%～50%，主要成分为一水磷酸二氢钙。占我国目前磷肥总产量的1.3%左右。

（1）物化性质　外观灰白色或暗褐色，是高浓度微酸性磷肥，大部分为水溶性五氧化二磷（P_2O_5），还有少量硫酸钙（$CaSO_4$）、磷酸铁（$FePO_2$）、磷酸铝（$AlPO_4$）、磷酸一镁〔Mg（H₂PO₄）₂〕、游离磷酸和水等。粉末状重钙易吸潮结块，有腐蚀性，颗粒状重钙性状好，施用方便。

（2）农化性质　重钙不含硫酸铁、硫酸铝，几乎全部由磷酸一钙组成，在土壤中不发生磷酸退化作用。在碱性土壤及喜硫作物中，重钙效果不如普钙。

2. 主要技术指标　重过磷酸钙的技术指标执行 HG/T 2219—1991 标准（表3-5）。

表3-5　粒状重过磷酸钙产品的技术要求（HG/T 2219—1991）

项　目		优等品	一等品	合格品
总磷（P_2O_5）含量,%	≥	47.0	44.0	40.0
有效磷（P_2O_5）含量,%	≥	46.0	42.0	38.0
游离酸（以 P_2O_5 计）含量,%	≤	4.5	5.0	5.0
游离水分,%	≤	3.5	4.0	5.0
粒度（1.0～4.0毫米）	≥	90	90	85
颗粒平均抗压强度，N	≥	12	10	8

3. 果树安全施用技术　重过磷酸钙有效成分易溶于水，是速效磷肥。适用土壤及作物类型、施用方法等与过磷酸钙非常相似，但是由于磷含量高，应注意磷肥用量，施得均匀。重过磷酸

钙与硝酸铵、硫酸铵、硫酸钾、氯化钾等有良好的混配性能，但与尿素混合会引起加成反应，产生游离水，使肥料的物理性能变坏，因此生产中只能有限掺混。重过磷酸钙作基肥施用时，应与有机肥混合施用，如果单用时，一般每亩 10～20 千克；作追肥时，一般每亩每次 8～12 千克。喷施一般用 0.5%～1% 的水浸出液。浸出液也可用于灌溉施用。

三、钙镁磷肥

1. 性质　钙镁磷肥占我国目前磷肥总产量的 17% 左右，仅次于普通过磷酸钙，其主要成分是磷酸三钙，含 P_2O_5、MgO、CaO、SiO_2 等。

（1）物化性质　钙镁磷肥是一种含磷酸根（PO_4^{3-}）的硅铝酸盐玻璃体，呈微碱性（pH 8～8.5），根据所用原料及操作条件不同，成品呈灰白、浅绿、墨绿、黑褐色细粉状。不吸潮，不结块，无毒，无嗅，对包装材料没有腐蚀性，长期贮存不因自然条件变化而变质。有效成分及其含量为 P_2O_5 12%～20%，MgO 8%～20%，CaO 25%～40%，SiO_2 20%～35%。成品自然堆放的堆积密度为 1.2～1.3 吨/米^3。

（2）农化性质　钙镁磷肥是枸溶性肥料，肥效较慢，但有后效。钙镁磷肥的有效磷以磷酸根（PO_4^{3-}）形式分散在钙镁磷肥玻璃网络中，在土壤中不易被铁、铝所固定，也不易被雨水冲洗而流失。当遇土壤溶液中的酸和作物根系分泌的酸时，缓慢地转化为易溶性磷酸盐被植物吸收。

$$Ca_3(PO_4)_2 \xrightarrow{2H^+} 2CaHPO_4 \xrightarrow{2H^+} Ca(H_2PO_4)_2$$

钙镁磷肥除含有磷素外，还含有大量的镁、钙，少量钾、铁和微量锰、铜、锌、钼等，大量的钙离子可减轻镉、铅等重金属离子对作物的危害。其中 8%～20% 的氧化镁（MgO），镁是叶绿素的重要构成元素，能促进光合作用，加速作物生长；含有

25%～40%的氧化钙（CaO），能中和土壤酸性，起到改良土壤的作用；含有 20%～35%的二氧化硅（SiO_2），能提高作物的抗病能力。

2. 主要技术指标 钙镁磷肥主要技术指标执行 GB 20412—2006 标准（表 3 - 6）。

表 3 - 6　钙镁磷肥的主要技术要求（GB 20412—2006）

项　目	指标		
	优等品	一等品	合格品
有效五氧化二磷（P_2O_5）的质量分数,% ≥	18.0	15.0	15.0
水分（H_2O）的质量分数,% ≤	0.5	0.5	0.5
碱分（以 CaO 计）质量分数,% ≥	45.0	45.0	45.0
可溶性硅（以 SiO_2 计）质量分数,% ≥	20.0	20.0	20.0
有效镁（以氧化镁计）质量分数,% ≥	12.0	12.0	12.0
细度：通过 0.25 毫米试验筛,% ≥	80	80	80

注：优等品中碱分、可溶性硅和有效镁含量如用户没有要求，生产厂可不作检验。

3. 果树安全施用技术 钙镁磷肥广泛适用于各种果树和缺磷的酸性土壤，特别适合于南方钙、镁淋溶较严重的酸性红壤。钙镁磷肥施入土壤后，磷需经酸溶解、转化才能被作物利用，属于缓效肥料。

多用作基肥。施用时，一般应结合深施，将肥料均匀施入土壤，使其与土壤充分混合。每亩用量 15～20 千克，也可一年 30～40 千克，隔年施用。钙镁磷肥与优质有机肥混拌，应堆沤 1 个月以上，沤好的肥料可作基肥，可提高肥效。

钙镁磷肥不能与酸性肥料混用。不要直接与普钙、氮肥等混合施用，但可以配合、分开施用，效果很好。

第三节 钾　　肥

一、氯化钾

1. 性质　氯化钾（KCl）是高浓度的速效钾肥，也是用量最多、施用范围较广的钾肥品种。

氯化钾含钾（K_2O）不低于 60%，肥料中还含有氯化钠（NaCl）约 1.8%，氯化镁（$MgCl_2$）0.8% 和少量氯离子，水分含量少于 2%。氯化钾由钾石盐（$KCl \cdot NaCl$）、光卤石等钾矿提炼而成，也可用卤水结晶制成。

盐湖钾肥是青海省盐湖钾盐矿中提炼制造而成。主要成分为氯化钾，含钾（K_2O）52%～55%，氯化钠 3%～4%，氯化镁约 2%，硫酸钙 1%～2%，水分 6% 左右。氯化钾一般呈白色或浅黄色结晶，有时含有少量铁盐而成红色。

氯化钾物理性状良好，吸湿性小，溶于水，呈化学中性反应，也属于生理酸性肥料。氯化钾有粉状和粒状 2 种。粉状肥料可以直接施用，也可同其他养分肥料配制成复混（合）肥。粒状肥料主要用于散装掺和肥料，又称 BB 肥。

2. 主要技术指标　氯化钾执行 GB 6549—1996 标准，见表3-7。

表 3-7　农业用氯化钾产品的主要技术要求（GB 6549—1996）

项　目		优等品	一等品	二等品
氧化钾（K_2O），%	≥	60	57	54
水分（H_2O），%	≤	6	6	6

注：除水分外，各组分含量均以干基计算。

3. 果树安全施用技术　氯化钾适宜作基肥或早期追肥，对氯敏感的果树一般不宜施用。氯化钾也不宜作根外追肥。氯化钾是生理酸性肥料，在酸性土壤大量施用，也会由于酸度增强而促使土壤中游离铁、铝离子增加，对果树作物产生毒害，因此在酸性土壤中施氯化钾，也应配合施用石灰，可以显著提高肥效。氯化钾不适于在盐碱地上长期施用，否则会加重土壤的盐碱性。在石灰性土壤中，残留的氯离子与土壤中钙离子结合，形成溶解度较大的氯化钙，在排水良好的土壤中，能被雨水或灌溉水排走；在干旱或排水不良的地区，会增加土壤氯离子浓度，对果树生长不利，因此这些地区应控制氯化钾或氯化铵的用量。

氯化钾是速效性钾肥，可以做基肥和追肥。由于氯离子对土壤和果树不利，应多作基肥、早施，使氯离子从土壤中淋洗出去。氯化钾应配合氮、磷化肥施用，以提高肥效。

氯化钾肥适宜在中国南方施用，在南方多雨、排灌频繁的条件下，氯、钠、镁大部分被淋失，其残留量在较长时间内不至引起对土壤的盐害。

氯化钾的适宜用量一般为每亩 7.5 千克左右，具体田块的适宜用量最好通过田间试验来确定。

对忌氯的葡萄、苹果、柑橘等果树，应控制施用量，不宜多施。尤其是幼龄树不要施用。盐碱地、低洼地也不宜施用。

二、硫酸钾

1. 性质　硫酸钾（K_2SO_4）是高浓度的速效钾肥，不含氯离子，理论含钾（K_2O）54.06%，一般为 50%，还含硫（S）约 18%，适用于各种作物。但货源少，价格较高，目前我国主要应用在苹果、茶树、葡萄等对硫敏感及喜硫、喜钾和忌氯的经济作物上。

（1）物化性质　白色或浅黄结晶体，吸湿性极小，不易结块，易溶于水。不溶于有机溶剂，能生成二元、三元化合物（如 $K_2SO_4 \cdot MgSO_4 \cdot 6H_2O$）。农用硫酸钾一般含氧化钾 46%～52%，含硫（S）18%，属于化学中性、生理酸性肥料。

(2) 农化性质 硫酸钾是一种高效生理酸性肥料，施入土壤后，钾离子可被作物直接吸收利用，也可被土壤胶体吸附，而硫酸根（SO_4^{2-}）残留在土壤溶液中形成硫酸。常期施用硫酸钾会增加土壤酸性。在石灰性土壤中，残留的硫酸根与土壤中钙离子作用生成硫酸钙（$CaSO_4$，即石膏），会填塞土壤孔隙，造成土壤板结。硫酸钾除含有钾外，还含有作物生长需要的中量元素硫，一般含硫 18% 左右。

2. 主要技术指标 农用硫酸钾执行 GB 20406—2006 标准，见表 3-8。

表 3-8 农业用硫酸钾产品的主要技术要求（GB 20406—2006）

项　目	粉末结晶状			颗粒状		
	优等品	一等品	合格品	优等品	一等品	合格品
氧化钾（K_2O）的质量分数,% ≥	51.0	50.0	45.0	51.0	50.0	40.0
氯离子（Cl^-）的质量分数,% ≤	1.5	1.5	2.0	1.5	1.5	2.0
水分（H_2O）的质量分数,% ≤	2.0	2.0	3.0	2.0	2.0	3.0
游离酸（以 H_2SO_4 计）的质量分数,%	0.5					
粒度（粒径 1.00~4.75 毫米，或 3.35~5.60 毫米）,% ≥	90					

3. 果树安全施用技术 硫酸钾适用于各种果树，可作基肥，也可作追肥，但以作基肥为好。应注意施肥深度，如果作追肥时应早施，沟施或穴施到果树根系密集层，以减少钾被固定，也有利于根吸收。施后立即覆土，适时浇水。一般每亩施 5~12 千克；作追肥时应早施，一般每亩 5 千克。作根外追肥时，喷施浓度 2%~3%，水溶液，喷施量以叶片湿润而不滴流为宜。钾肥水溶液也可用于灌溉施肥。

三、硫酸钾镁肥

1. 性质 硫酸钾镁肥是从盐湖中提取的，分子式 $K_2SO_4 \cdot$

$MgSO_4$，外观为无色结晶状，含氧化钾 22％以上，镁（MgO）8％以上，硫 22％以上，基本不含氯化物。不易吸湿潮解，易于贮藏运输。

2. 果树安全施用技术　硫酸钾镁肥适合在果树地作基肥或追肥，可单独施用也可与其他肥料混用。宜用在土壤肥力较低，质地较沙，钾、镁、硫含量较少的果树地上，应深施，集中施，早施。施用时避免与果树幼根直接接触，以防伤根。施用量每亩 30～60 千克，其当季利用率 40％～50％。试验数据显示，苹果每亩用钾肥量（K_2O）平均为 22.28 千克，梨 8.37 千克，桃 25.27 千克，葡萄 67.53 千克，香蕉 93.33 千克，柑橘 9 千克。

硫酸钾镁肥特别适合在我国南方红黄壤地区果树施用。

第四节　中量元素肥

一、钙肥

1. 常见钙肥种类和性质　果树常用的钙肥种类和性质见表 3-9。

表 3-9　果树常用钙肥种类、主要成分含量和性质

名　称	主要成分	氧化钙（CaO）（％）	主要性质
生石灰（石灰岩烧制）	CaO	90（84.0～96.0）	碱性，难溶于水
生石灰（牡蛎、蚌壳烧制）	CaO	52（50.0～53.0）	碱性，难溶于水
生石灰（白云岩烧制）	CaO、MgO	43（26.0～58.0）	碱性，难溶于水
普通石膏	$CaSO_4 \cdot 2H_2O$	26.0～32.6	微溶于水
磷石膏	$CaSO_4 \cdot Ca_3(PO_4)_2$	20.8	微溶于水

（续）

名　称	主要成分	氧化钙（CaO）（%）	主要性质
普通过磷酸钙	$Ca (H_2PO_4)_2 \cdot H_2O$，$CaSO_4 \cdot 2H_2O$	23（16.5～28）	酸性，溶于水
重过磷酸钙	$Ca (H_2PO_4)_2 \cdot H_2O$	20（19.6～20）	酸性，溶于水
钙镁磷肥	$\alpha - Ca_3 (PO_4)_2 \cdot CaSiO_3 \cdot MgSiO_3$	27（25～30）	微碱性，弱酸溶性
氯化钙	$CaCl_2 \cdot 2H_2O$	47.3	中性，溶于水
硝酸钙	$Ca (NO_3)_2$	29（26.6～34.2）	中性，溶于水
粉煤灰	$SiO_2 \cdot Al_2O_3 \cdot Fe_2O_3 \cdot CaO \cdot MgO$	20（2.5～46）	难溶于水
石灰氮	$CaCN_2$	53.9	强碱性，不溶于水
骨粉	$Ca_3 (PO_4)_2$	26～27	难溶于水

注：CaO（%）＝Ca（%）×1.4。

2. 果树安全施用钙肥技术

（1）石灰的施用　石灰主要施在酸性土壤，可作基肥或追肥。在土壤 pH 值 5.0～6.0 时，每亩适宜用量：黏土地 75～120 千克，壤土地 50～75 千克，沙土地 30～55 千克。土壤酸性大，可适当多施，酸性小可适当少施。

基施，一般结合整地将石灰与农家肥一起施入。追肥可在作物生长期间依据需要进行。基施每亩施 20～50 千克，用于改土一般每亩施 150～250 千克。追施以条施或穴施为佳，每亩 15 千克。

石灰施用不宜过量，否则会加速有机质大量分解，造成土壤肥力下降。施用时，应力求均匀，以防局部土壤碱性过大。石灰残效期 2~3 年，一次施用量较多时，不必年年施用。果树应根据缺钙形态表现进行补钙，如苹果缺钙，新生小枝的嫩叶先褪色并出现坏死斑，叶尖、叶缘向下卷曲，老叶组织坏死，果实出现苦豆病等，即应进行补钙。

（2）石膏的施用　石膏施于碱性土壤，有改善土壤性状的作用。作为改土施用时，一般在 pH9 以上时施用。含碳酸钠的碱性土壤中，每亩施 100~200 千克作基肥，结合灌排深翻入土，后效长，不必年年施用。如种植绿肥，与农家肥、磷肥配合施用，效果更好。

二、镁肥

含镁硫酸盐、氯化物和碳酸盐都可作镁肥。

1. 常见含镁肥料的品种、成分和性质　见表 3-10。

表 3-10　常见镁肥的品种、成分和主要性质

品　种	含氧化镁（MgO）（%）	含其他成分（%）	主要性质
氯化镁	19.70~20.00	—	酸性，易溶于水
硫酸镁（泻盐）	15.10~16.90	—	酸性，易溶于水
硫酸镁（水镁矾）	27.00~30.30	—	酸性，易溶于水
硫酸钾镁（钾泻盐）	10.00~18.00	钾（K_2O）22~30	酸性-中性，易溶于水
生石灰（白云岩烧制）	7.50~33.00	—	碱性，微溶于水
菱镁矿	45.00	—	中性，微溶于水
光卤石	14.60	—	中性，微溶于水
钙镁磷肥	10.00~15.00	磷（P_2O_5）14~20	碱性，微溶于水
钢渣磷肥（碱性炉渣）	2.10~10.00	磷（P_2O_5）5~20	碱性，微溶于水
钾镁肥	25.90~28.70	钾（K_2O）8~33	碱性，微溶于水
硅镁钾肥	10.00~20.00	钾（K_2O）6~9	碱性，微溶于水

2. 果树安全施用镁肥技术　镁肥可用作基肥或追肥。基施一般每亩施硫酸镁 12～15 千克。追施应根据果树缺镁形态症状表现，确定是否施用。如柑橘缺镁，老叶呈青铜色，随后周围组织褪绿，叶基部形成绿色的楔形；香蕉缺镁，叶片失绿，叶柄上有紫红色斑点。应用于根外追肥纠正缺镁症状效果快，但肥效不持久，应连续喷施几次。例如，为克服苹果缺镁症，可在开始落花时，每隔 14 天左右喷洒 2% 硫酸镁溶液一次，连续喷施 3～5 次。一般每亩每次喷施肥液 50～100 千克。其效果比土壤施肥快。

由于 NH_4^+ 对 Mg^{2+} 有拮抗作用，而硝酸盐能促进作物对 Mg^{2+} 的吸收，因此施用的氮肥形态影响镁肥的效果，不良影响程度为：硫酸铵＞尿素＞硝酸铵＞硝酸钙。配合有机肥料、磷肥或硝态氮肥施用，有利于发挥镁肥的效果。

三、硫肥

1. 常见硫肥的种类和性质　含硫肥料种类较多，大多是氮、磷、钾及其他肥料的副成分，如硫酸铵、普钙、硫酸钾、硫酸钾镁、硫酸镁等，但只有硫黄、石膏被作为硫肥施用。

常见含硫肥料及其主要性质见表 3-11。

表 3-11　几种含硫肥料及其主要性质

名　称	分子式	含硫 (S)%	性　质
石膏	$CaSO_4 \cdot 2H_2O$	18.6	微溶于水，缓效
硫黄	S	95～99	难溶于水，迟效
硫酸铵	$(NH_4)_2SO_4$	24.2	溶于水，速效
过磷酸钙	$Ca(H_2PO_4)_2 \cdot H_2O \cdot CaSO_4$	12	部分溶于水
硫酸钾	K_2SO_4	17.6	溶于水，速效
硫酸钾镁	$K_2SO_4 \cdot 2MgSO_4$	12	溶于水，速效
硫酸镁	$MgSO_4 \cdot 7H_2O$	13	溶于水，速效
硫酸亚铁	$FeSO_4 \cdot 7H_2O$	11.5	溶于水，速效

2. 果树安全施用硫肥技术　因为果树地在常规施肥中已施用了含硫（S）肥料，在土壤有效硫大于 20 毫克/千克时，一般不需要增施硫肥。否则施多了反而会使土壤酸化并造成减产。果树可根据缺硫的形态症状确定是否施用硫肥。如柑橘缺硫时，新叶失绿，严重时枯梢、果小、畸形、色淡、皮厚、汁少，有时囊汁胶质化，形成微粒状。

硫肥作基肥时，每亩施用硫黄粉 1～1.5 千克，应与有机肥等混合后施用。也可亩施石膏 10～15 千克。当果树发生缺硫症状时，喷施硫酸铵或硫酸钾等可溶性含硫肥料水溶液可矫正缺硫症。

第五节　微量元素肥

微量元素肥料在果树地安全施用的主要原则是应根据果树对微量元素的反应和土壤中有效微量元素的含量施用，土壤中有效微量元素的丰缺见表 3-12。

表 3-12　土壤中有效微量元素丰缺参考值（毫克/千克）

元素	测定方法	低	适量	丰富	备注
硼（B）	有效硼（用热水提取）	0.25～0.50	0.5～1.0	1.0～20	
锰（Mn）	有效锰（用含对苯二酚的 1 摩尔/升的醋酸钠提取）	50～100	100～200	200～300	
锌（Zn）	有效锌（DTPA 提取） 有效锌（0.1 摩尔/升盐酸提取）	0.5～1.0 1.0～1.5	1～2 1.5～3.0	2.4～4.0 3.0～5.0	中碱性土壤 酸性土壤
铜（Cu）	有效铜（0.1 摩尔/升盐酸提取）	0.1～0.2	0.2～1.0	1.0～1.8	

(续)

元素	测定方法	低	适量	丰富	备注
钼（Mo）	有效钼（草酸-草酸铵提取）	0.10～0.15	0.16～0.20	0.2～0.3	
铁（Fe）	有效铁（DTPA 提取）	<4.5	4.5	>4.5	

一、锌肥

1. 果树常用锌肥的种类与性质　农业生产上常用的锌肥为硫酸锌、氯化锌、碳酸锌、螯合态锌、硝酸锌、尿素锌等，果树施用硫酸锌较普遍。常见锌肥主要成分及性质见表 3-13。

表 3-13　常见含锌肥料成分及性质

名称	主要成分	含锌（Zn）（%）	主要性质	适宜施肥方式
七水硫酸锌	$ZnSO_4 \cdot 7H_2O$	20～30	无色晶体，易溶于水，呈弱酸性	基肥、种肥、追肥、喷施、浸种、蘸秧根等
一水硫酸锌	$ZnSO_4 \cdot H_2O$	35	白色粉末，易溶于水	基肥、追肥、喷施、浸种、蘸秧根等
螯合锌	$Na_2ZnHEDTA$	9	液态，易溶于水	追肥（喷施）
氨基酸螯合锌	$Zn \cdot H_2N \cdot R \cdot COOH$	10	棕色，粉状物，易溶于水	喷施

2. 果树安全施用锌肥技术　锌肥可用作基肥或追肥。作基肥时每亩施用量 1～2 千克，可与生理酸性肥料混合施用。轻度缺锌地块隔 1～2 年施用，中度缺锌地块隔年或翌年减量施用；作追肥时，常用作根外追肥，果树可在萌芽前 1 个月喷施 3%～4% 溶液，萌芽后用 1%～1.5% 溶液喷施，或用 2%～3% 溶液涂刷枝条，也可在初夏时喷施 0.2% 硫酸锌溶液。对锌敏感的果树

有桃、樱桃、油桃、苹果、梨、李、杏、柑橘、葡萄、胡桃、番石榴等。果树施用锌肥还应根据是否缺锌来确定。例如果树叶片失绿，叶小簇叶，节间缩短，叶脉间发生黄色斑点等是缺锌的症状表现，及时喷施 0.2% 的硫酸锌水溶液即可矫正缺锌症。

锌肥施用应注意的是，作基肥时，每亩施用量不要超过 2 千克，喷施浓度不要过高，否则会引起毒害。锌肥在土壤中移动性差，且容易被土壤固定，因此一定要施均匀，喷施也要均匀喷在叶片上，否则效果欠佳。锌肥不要和碱性肥料、碱性农药混合，否则会降低肥效。锌肥有后效，不需要连年施用，一般隔年施用效果好。

二、硼肥

1. 常见硼肥的种类与性质　见表 3 - 14。

表 3 - 14　常见硼肥的种类和性质

品　名	化学分子式	含硼（%）	主要性质
硼酸	H_3BO_3	16.1～16.6	白色晶体粉末，易溶于热水，水溶液呈弱酸性
十水硼酸二钠（硼砂）	$Na_2B_4O_7 \cdot 10H_2O$	10.3～10.8	白色结晶粉末，易溶于 40℃以上热水
五水四硼酸钠	$Na_2B_4O_7 \cdot 5H_2O$	约 14	微溶于水
四硼酸钠（无水硼砂）	$Na_2B_4O_7$	约 20	溶于水
十硼酸钠（五硼酸钠）	$Na_2B_{10}O_{16} \cdot 10H_2O$ $(Na_2B_5O_8 \cdot 5H_2O)$	约 18	溶于水

2. 果树安全施用硼肥技术

土施：苹果每株土施硼砂 100～150 克（视树体大小而异）于树周围。缺硼板栗，以树冠大小计算，每平方米施硼砂 10～20 克较为合适，要施在树冠外围须根分布很多的区域。例如幼树冠 10 米², 可施硼砂 150 克，大树根系分布广，要按比例多施。但施硼量过多，如每平方米树冠超过 40 克，就会发生药害。其他果树也可采用同样方法施硼。

喷施：果树施硼以喷施为主，喷施浓度：硼砂 0.2%～0.3%水溶液，硼酸 0.1%～0.2%水溶液。柑橘在春芽萌发展叶前及盛花期各喷一次；苹果在花蕾期和盛花期各喷一次；桃、杏和葡萄在花蕾期和初花期各喷一次；肥料溶液用量以布满树体或叶面为宜。

三、锰肥

1. 常见锰肥的种类与性质 目前果树常用的锰肥是硫酸锰，其次是氯化锰、氧化锰、碳酸锰等，硝酸锰也逐渐被采用。常见锰肥的成分及性质见表 3-15。

表 3-15 常见锰肥的成分与一般性质

名　称	分子式	含锰（%）	水溶性	适宜施肥方式
硫酸锰	$MnSO_4 \cdot H_2O$	31	易溶	基肥、追肥、种肥
氧化锰	MnO	62	难溶	基肥
碳酸锰	$MnCO_3$	43	难溶	基肥
氯化锰	$MnCl_2 \cdot 4H_2O$	27	易溶	基肥、追肥
硫酸铵锰	$3MnSO_4 \cdot (NH_4)_2SO_4$	26～28	易溶	基肥、追肥、种肥
螯合态锰	$Na_2MnEDTA$	12	易溶	喷施
氨基酸螯合锰	$Mn \cdot H_2N \cdot R \cdot COOH$	10～16	易溶	喷施

2. 硫酸锰的物化和农化性质

（1）物化性质 淡玫瑰红色细小晶体，单斜晶系，易溶于水，不溶于乙醇。含锰 31%，相对密度 2.95。在空气中风化，加热到 200℃以上开始失去结晶水，280℃时一水物大部分失去。在 700℃时为无水盐溶融物，在 850℃时开始分解，因条件不同则放出三氧化硫、二氧化硫或氧，残留黑色不溶性四氧化三锰，约在 115℃完全分解。

（2）农化性质 锰在作物体中是许多氧化还原酶的成分。参与光合作用、氮的转化、碳水化合物转移等。

3. 果树安全施用锰肥技术 果树安全施用硫酸锰以基施和喷施为主，基施硫酸锰一般每亩用 2～4 千克，掺和适量农家肥或细干土 10～15 千克，沟施或穴施，施后盖土。

喷施一般用 0.2%～0.3% 硫酸锰溶液。柑橘在春芽萌发展叶前及盛花后各喷一次；苹果在花蕾期和盛花后各喷一次。土壤追肥在早春进行，每株用硫酸锰 200～300 克（视树体大小而异）于树干周围施用，施后盖土。

在果树出现缺锰症状时，应及时喷施补救，果树缺锰素主要表现为叶肉失绿，叶脉呈绿色网状，叶脉间失绿，叶片边缘起皱，严重时褪绿现象从主脉处向叶缘发展，叶脉间和叶脉发生焦枯斑点，叶片由绿变黄，出现灰色或褐色斑点，最后导致焦枯，早起脱落。

四、铜肥

1. 铜肥的主要品种与性质 主要含铜肥料见表 3-16。

表 3-16 主要含铜肥料的成分及一般性质

品 种	分子式	含铜量（%）	溶解性	适宜施肥方式
硫酸铜	$CuSO_4 \cdot 5H_2O$	25～35	易溶	基肥、叶面施肥
碱式硫酸铜	$CuSO_4 \cdot 3Cu(OH)_2$	15～53	难溶	基肥、追肥
氧化亚铜	Cu_2O	89	难溶	基施
氧化铜	CuO	75	难溶	基施
含铜矿渣		0.3～1	难溶	基施
螯合状铜	$Na_2CuEDTA$	18	易溶	喷施
氨基酸螯合铜	$Cu \cdot H_2N \cdot R \cdot COOH$	10～16	易溶	喷施

2. 硫酸铜的物化和农化性质

（1）物化性质 深蓝色块状结晶或蓝色粉末。有毒，无臭，带金属味，含铜24％～25％，相对密度2.284，于干燥空气中风化脱水成为白色粉末物。能溶于水、醇、甘油及氨液，水溶液呈酸性。加热30℃，失去部分结晶水变成淡蓝色；至150℃时失去全部结晶水，成为白色无水物；继续加热至341℃，开始分解生成二氧化硫、氧化铜（黑色）。无水硫酸铜具有极强的吸水性，与氢氧化钠反应生成氢氧化铜（浅蓝色沉淀）。

（2）农化性质　铜含在多酚氧化酚成分中，能提高叶绿素的稳定性，预防叶绿素过早被破坏，促进作物吸收。果树缺铜时叶片失绿，果实小，果肉变硬，严重时果树死亡。

3. 果树安全施用铜肥技术

（1）基施　一般每亩施用硫酸铜1～2千克。将硫酸铜混在10～15千克细干土内，也可与农家肥或氮、磷、钾肥混合基施。在沙性土壤上最好与农家肥混施，以提高保肥能力。一般铜肥后效较长，每隔3～5年施一次。沟施或穴施，施后覆土。

（2）喷施　喷施时配成0.1％～0.2％的水溶液，开花前或生育期喷施，也可与防治病虫害结合喷施波尔多液（1千克硫酸铜、1千克生石灰各加水50升，制成溶液在后混合），最适宜喷施时期是在每年的早春，既可防治病害，又可提供铜素营养。

在果树缺铜出现症状时，应及时进行喷施补救。其症状表现为叶片失绿畸形，枝条弯曲，出现长瘤状物或斑块，甚至会出现顶梢枯并逐渐向下发展，侧芽增多，树皮出现裂纹，并分泌出胶状物，果实变硬。麦类缺铜叶片黄白，变褐，穗部因萎缩不能从剑叶里完全抽出，结实不好。铜过剩可使植物主根伸长受阻，分枝根短小，生育不良，叶片失绿，还可引起缺镁。柑橘对铜极为敏感；草莓、桃、梨、苹果属于中度敏感。

五、铁肥

1. 铁肥的主要品种与性质　我国市场上销售的铁肥仍以价格低廉的无机铁肥为主，其中以硫酸亚铁盐为主。有机铁肥主要制成含铁制剂销售，如氨基酸螯合铁、EDDHA 类等螯合铁、柠檬酸铁、葡萄糖酸铁等，这类铁肥主要用于含铁叶面肥。常见的铁肥及主要特性见表 3-17。

表 3-17　常见的铁肥及主要特性

名称	主要成分	含铁（%）	主要特性	适宜施肥方式
硫酸亚铁	$FeSO_4 \cdot 7H_2O$	19	绿色或蓝绿色结晶，性质不稳定，易溶于水	基肥、种肥、叶面追肥
硫酸亚铁铵	$FeSO_4 \cdot (NH_4)_2SO_4 \cdot 6H_2O$	14	易溶于水	基肥、种肥、叶面追肥
尿素铁	$Fe\left[(NH_2)_2CO\right]_6 \cdot (NO_3)_3$	9.3	易溶于水	种肥、叶面追肥
螯合铁	EDTA-Fe, HEDHA-Fe DTPA-Fe, EDDHA-Fe	5～12	易溶于水	叶面追肥
氨基酸螯合铁	$Fe \cdot H_2N \cdot R \cdot COOH$	10～16	易溶于水	种肥、叶面喷施

2. 果树安全施用铁肥技术　铁肥可作基肥和叶面喷施，基施是将硫酸亚铁 20～50 倍优质有机肥混合，集中施于树冠下，挖放射沟 5～8 条，沟深 20～30 厘米，施后覆土。一般每亩施用量 80～180 千克。

果树缺铁引起叶片失绿甚至顶端坏死，不容易矫治，因为铁在作物体内移动性较差，应采用叶面喷施硫酸亚铁的方法进行补救。果树缺铁可用 0.2%～1% 有机螯合铁或硫酸亚铁溶液叶面喷施，每隔 7～10 天喷一次，直至复绿为止。硫酸亚铁应在喷洒时配制，不能存放。如果配制硫酸亚铁溶液的水偏碱或钙含量偏高，形成沉淀和氧化的速度会加快。为了减缓沉淀生成，减缓氧化速度，在配制硫酸亚铁溶液时，在每 100 升水中先加入 10 毫升无机酸（如盐酸、硝酸、硫酸），也可加入食醋 100～200 毫升（100～200 克）使水酸化后再用已经酸化的水溶解硫酸亚铁。

目前，我国已试生产了一些有机螯合铁肥，如氨基酸螯合铁肥、黄腐酸铁、铁代聚黄酮类化合物。施用氨基酸螯合铁肥或黄腐酸铁时，可喷施 0.1% 浓度的溶液，肥效较长，效果优于硫酸亚铁。果树缺铁时还可用灌注法，施用浓度 0.3%～1%；灌根法，在树冠下挖沟或穴，每株灌 2% 硫酸亚铁水溶液 5～7 千克，灌后覆土。

果树发生缺铁症状表现为叶片尤其是新梢顶端叶片初期变黄，叶脉仍保持绿色，叶片呈绿化网纹状，旺盛生长期症状尤为明显；严重时，叶片完全失绿，变黄，新梢顶端枯死，影响果树正常发育，导致树势衰弱，易受冻害及其他病害的侵染。

六、钼肥

1. 常见钼肥的种类与性质　常用的含钼肥料种类与性质见表 3 - 18。

表 3 - 18　常用钼肥的种类和性质

钼肥名称	主要成分	含钼（%）	主要性状	应用
钼酸铵	$(NH_4)_6Mo_7O_{24} \cdot 4H_2O$	50～54	黄白色结晶，溶于水，水溶液呈弱酸性	基肥、根外追肥
钼酸钠	$Na_2MoO_4 \cdot 2H_2O$	35～39	青白色结晶，溶于水	基肥、根外追肥
三氧化钼	MoO_3	66	难溶	基肥
含钼玻璃肥料		2～3	难溶，粉末状	基肥
含钼废渣		10	含有效钼1%～3%，难溶	基肥
氨基酸螯合钼	$Mo \cdot H_2N \cdot R \cdot COOH$	10	棕色粉末状，溶于水	根外追肥

2. 钼酸铵的物化和农化性质

（1）物化性质　钼酸铵〔$(NH_4)_6Mo_7O_{24} \cdot 4H_2O$〕无色或浅黄色，棱形结晶，相对密度 2.38～2.98，溶于水、强酸及强碱中，不溶于醇、丙酮。在空气中易风化失去结晶水和部分氨，加热到 90℃时失去一个结晶水，190℃时即分解为氨、水和三氧化钼。

（2）农化性质　钼在作物中的作用是参与氮的转化和豆科作物的固氮过程。有钼存在，才能促使农作物合成蛋白质。钼能促进硝态氮的同化作用，缺钼时硝态氮在作物体内大量积累，氮的同化受阻，阻碍果实氨基酸合成，果品品质降低。钼能提高叶片光合作用和促进植物体内维生素 C 合成，并能促进作物繁殖器官建成。钼还能减少土壤中锰、铜、锌、镍、钴过多而引起失绿症。

3. 果树安全施用钼肥技术

（1）基肥　果树地一般每亩用 10～50 克钼酸铵（或相当数量的其他钼肥）与常量元素肥料混合施用，或者喷涂在一些固体物料的表面，条施或穴施。施钼肥的优点是肥效可持续 3～4 年。由于钼肥价格昂贵，一般不采用基施，多喷施。

（2）叶面喷施　叶面喷施是果树施用钼肥最常用的方法。根据不同果树的生长特点，在营养关键期喷施，可取得良好效果，并能在果树出现缺钼症状时及时有效矫治作物缺钼症状。果树缺钼时症状首先出现在老叶上，叶片失绿，叶脉间组织形成黄绿或橘红色叶斑，叶缘卷曲，叶凋萎以至坏死，叶片向上弯曲和枯萎，叶片常鞭尾状，花的发育受抑制，果实不饱满。当这种缺钼症状发生时，应及时喷施补救。喷施肥液浓度 0.05%～0.1%。在无风晴天 16 时进行，每隔 7～10 天喷一次，一般需喷 2～3 次，喷至树叶湿润而不滴流为宜。

第四章

复混肥料与果树安全施用

第一节 硝酸磷肥

一、成分

硝酸磷肥 [$CaHPO_4 \cdot NH_4H_2PO_4 \cdot NH_4NO_3 \cdot Ca(NO_3)_2$，含 N 13%～26%，$P_2O_5$ 12%～20%] 是由硝酸或硝酸—硫酸、硝酸—磷酸混合酸分解磷矿粉，去除部分可溶于水的硝酸钙后的产物。产品组分复杂，氮主要来自 NH_4NO_3 和 $Ca(NO_3)_2$，磷来自 $CaHPO_4$ 和 $NH_4H_2PO_4$，N∶P_2O_5 比例 1∶1 或 2∶1。硝酸磷肥大部分为灰白色颗粒，有一定吸湿性，部分溶于水，水溶液呈酸性反应。硝酸磷肥中含氮成分主要是硝酸铵和硝酸钙，都可溶于水；含磷成分主要是磷酸铵和磷酸二钙，前者可溶，后者部分可溶。溶液 pH 值较低时，可能存在 $Ca(H_2PO_4)_2$，水溶性增加；在 pH 值较高时，可能存在难溶的 $Ca_3(PO_4)_2$ 而水溶性降低。

二、性质

硝酸磷肥是含有氮、磷养分的复合肥料，主要成分是硝酸盐和磷酸盐等。硝酸盐的主要成分是硝酸铵，还有少量硝酸钙，都溶于水。磷酸盐有 3 种形态，即：水溶性的磷酸盐，包括磷酸一钙、磷酸一铵、磷酸二铵等；枸溶性的磷酸盐，包括溶解于中性柠檬酸铵或碱性柠檬酸铵溶液的磷酸二钙和磷酸铁铝盐、磷酸二镁等；未分解的磷矿粉和碱性磷酸盐，属于难溶性的磷酸盐。硝酸磷肥临界相对湿度为57%。

硝酸磷肥中的枸溶性磷主要是由磷酸二钙提供的。在酸性土壤中，就直接肥效而言，这种含大量磷酸二钙的肥料至少和含水溶性磷的磷肥相当；就残留肥效而言，硝酸磷肥要优越得多。因为磷酸二钙接近中性，在一定程度上避免了磷酸铁、磷酸铝的生成，防止了磷的固定。在碱性土壤中，磷酸二钙的直接肥效不如水溶性磷，但残留肥效较高，因为它转化为磷酸三钙的机会较小。但以含枸溶性磷为主的硝酸磷肥比起含水溶性磷的磷肥来，在肥效上总有一种滞后现象，而且大颗粒（直径5毫米）比小颗粒（直径2毫米）和粉末的滞后现象更为严重。

三、产品质量标准

硝酸磷肥的产品质量指标见表4-1。

表4-1　硝酸磷肥质量标准（GB/T 10510—1998）

项目		指标		
		优等品	一等品	合格品
总氮肥（N），%	≥	27.0	26.0	25.0
有效磷（以 P_2O_5 计）含量，%	≥	13.5	11.0	10.0
水溶性磷占有效磷的百分比，%	≥	70.0	55.0	40.0
水分（游离水），%	≤	0.6	1.0	1.2
粒度（1.00～4.00 毫米），%	≥	95.0	85.0	80.0
颗粒平均抗压碎力（2.00～2.80），N	≥	50.0	40.0	30.0

四、果树安全施用技术

硝酸磷肥是一种既含氮又含磷的复合肥料，既含有硝态氮，又有铵态氮；既有水溶性磷，又有枸溶性磷。适用于酸性和中性土壤，对多种果树都有较好的效果。集中深施效果好。宜做基肥或早期追肥。一般每亩施用量 20～35 千克。应与有机肥和钾肥混合施用，硝酸磷肥浸出液可用于灌溉施肥或根外追肥。

第二节　磷　酸　铵

一、磷酸一铵

1. 性质　磷酸一铵（$NH_4H_2PO_4$）为二元氮磷复合肥料，别名磷酸二氢铵、一铵。料浆法生产的产品含氮（N）9%～10%，含磷（P_2O_5）41%～46%。

磷酸一铵产品是白色或浅色颗粒或粉末、吸湿性很小的稳定性盐类，氨不宜挥发。加热到 100℃ 左右不会引起氨损失。在 0～100℃，不会生成水合物，19℃相对密度 1 803 千克/米³，正方晶型，0.1摩尔溶液 pH＝4.4，呈酸性。能溶于水，在 10～25℃100 克水中溶解度为 9～40 克。

磷酸一铵在土壤中的 NH_4^+ 比其他铵盐容易被土壤吸附，因为在中性条件下容易离解，形成的 NH_4^+ 被土壤胶体（负电）吸收，同时形成的 $H_2PO_4^-$ 也是作物可吸收利用的形态。和铵离子共存的磷酸根离子特别容易被作物根系吸收。在作物生长期间施用磷酸一铵是最适宜的。另外，磷酸一铵中的磷比过磷酸钙中的磷不容易被固定，即使被固定的磷也容易再溶解。在酸性土壤中比普钙、硫酸铵好，在碱性土壤中也比其他肥料优越。

2. 质量标准　主要技术指标见表 4-2、表 4-3。

表4-2　料浆浓缩法磷酸一铵质量标准（GB 10205—2001）

指标名称	指标（%）		
	优等品 10-47-0	一等品 10-44-0	合格品 10-42-0
总养分（N+P₂O₅） ≥	58.0	55.0	52.0
总氮（N） ≥	10.0	10.0	9.0
有效磷（以 P₂O₅计）含量 ≥	46.0	43.0	41.0
水溶性磷占有效磷的百分比 ≥	80	75	70
水分（H₂O） ≤	2.0	2.0	2.5
粒度（1.00～4.00毫米） ≥	90	80	80

表4-3　粉状磷酸一铵质量标准（GB 10205—2001）

项　目	Ⅰ类		Ⅱ类		
	优等品 9-49-0	一等品 8-47-0	优等品 10-47-0	一等品 10-44-0	合格品 10-42-0
总养分（N+P₂O₅） ≥	58.0	55.0	58.0	55.0	52.0
总氮（N） ≥	8.0	7.0	10.0	10.0	9.0
有效磷（以 P₂O₅计） ≥	48.0	46.0	46.0	43.0	41.0
水溶性磷占有效磷的百分比 ≥	80	75	80	75	70
水分（H₂O） ≤	4.0	5.0	3.0	4.0	5.0

3. 果树安全施用技术　磷酸一铵是一种以磷为主的氮磷复合肥料，适用于各种土壤和各种果树，可作基肥或追肥。可沟施或穴施，施后覆土，也可用于灌溉施肥。一般每亩用量 10～15千克，施用时只要注意与氮肥配合，其效果优于等磷量普钙和等氮量硫铵的综合肥效，可采用开沟条施。磷酸一铵是以磷为主的肥料，施用时应优先用在需磷较多的果树地和缺磷的土壤中，按作物需磷情况考虑用量，不足氮素由单质氮肥来补充。

磷酸一铵是配制多元复混肥料理想的基础肥料，但不要与草木灰、石灰等碱性肥料混合使用，以免降低肥效。如南方酸性土壤要施用石灰时，应相隔几天后再施用。

二、磷酸二铵

1. 性质 磷酸二铵 $[(NH_4)_2HPO_4]$ 是二元氮磷复合肥料，料浆法生产的产品含氮（N）12%～14%，含磷（P_2O_5）51%～57%。

磷酸二铵为白色或浅色颗粒，堆密度 960～1 040 千克/米^3，产品呈微碱性，0.1 摩尔溶液 pH＝7.8，在常压下有足够的稳定性，在 70℃下易分解失去 1 个铵分子而成为磷酸一铵。磷酸二铵 19℃相对密度 1 619 千克/米^3，单斜晶型，吸湿性比磷酸一铵大，在 25℃100 克水中的溶解度为 72.1 克，是水溶性速效肥料。

磷酸二铵在土壤中的 NH_4^+ 比其他铵盐容易被土壤吸附。因为在中性条件下容易离解，形成的 NH_4^+ 被土壤胶体（负电）吸收，同时形成的 H_2PO_4 也是作物可吸收利用的形态。和铵离子共存的磷酸根离子特别容易被作物根系吸收。在果树作物生长期间施用磷酸二铵是最适宜的。另外，磷酸二铵中的磷比过磷酸钙中的磷不容易被固定，即使被固定的磷也容易再溶解。磷酸二铵在土壤中呈酸性，与种子过于接近，可能会有不良影响。在酸性土壤中比普钙、硫酸铵好，在碱性土壤中也比其他肥料优越。磷酸二铵中的磷和重钙中的磷等效，所含氮则和硫酸一铵中的氮等效。

2. 质量标准 产品质量指标见表 4-4。

表 4-4 料浆法磷酸二铵质量标准（GB 10205—2001）

项目		指标（%）	
		一等品 15-42-0	合格品 13-38-0
总养分（N+P_2O_5）	≥	57.0	51.0
总氮（N）	≥	14.0	12.0
有效磷（以 P_2O_5 计）	≥	41.0	37.0

（续）

项目		指标（%）	
		一等品 15 - 42 - 0	合格品 13 - 38 - 0
水溶性磷占有效磷的百分比	≥	75	70
水分（H$_2$O）	≤	2.0	2.5
粒度（1.00～4.00毫米）	≥	80	80

3. 果树安全施用技术　磷酸二铵基本适合所有的土壤和各种果树。可用作基肥或追肥，一般每亩用量8～10千克，较为经济。在树冠下开沟施入，施后覆土。叶面喷施时需用水溶解后过滤，对水配成0.5%～1%溶液进行叶面喷施。

磷酸二铵不能和草木灰、石灰等碱性肥料直接混合施用，以免引起氨的挥发和降低磷的有效性。当季如果已经施用足够的磷酸二铵，后期一般不需再施磷肥，后期多以补充氮素为主。磷酸二铵是配制多元复混肥理想的基础肥料，也是用于灌溉施肥的良好磷氮肥源。

第三节　磷酸二氢钾

一、性质

作为肥料用的磷酸二氢钾［KH$_2$PO$_4$］一般含P$_2$O$_5$ 52%，含钾K$_2$O 34%。白色或白色晶体粉末，易溶于水，水溶液pH4～5，物理性状良好，吸湿性小，不易结块。

二、果树安全施用技术

磷酸二氢钾适用于任何土地和各种果树施用。尤其适用于磷、钾养分缺乏地区的果树土壤。可作基肥、追肥、种肥和根外追肥，但因价格较贵，常作为根外追肥施用。根外追肥的浓度一般为 0.2%～0.5%，在果实膨大期每 7～10 天喷施一次，连续喷施 2～3 次，对提高水果产量和改善水果品质有较好的效果。如加适量尿素和微量元素配成复合叶面肥进行喷施效果更佳。

第四节　尿素磷铵硫酸钾复混肥

一、产品基本性质

这类产品是用尿素、磷酸铵、硫酸钾为主要原料生产的复混肥系列产品，属无氯型氮磷钾三元复混肥，可根据需要调配氮磷钾比例，常用氮磷钾含量 45%左右，水溶性 P_2O_5 大于 80%，施用方便。

粉状复混肥料外观为灰白色或灰褐色均匀粉状物，不易结块，除了部分填充料外，其他成分均能在水中溶解。粒状复混肥料外观为灰白色或黄褐色粒状，pH5～7，不起尘、不结块，便于装、运和施肥，在水中会发生崩解。

产品执行 GB 15063—2009 标准。

二、果树安全施用技术

本产品可做基肥、追肥（含冲施、灌溉施肥、根外追肥）适用于各种果树作物，可作为果树、西瓜等忌氯作物的专用肥料。做基肥时，应与有机肥配合施用，一般每亩施本品 30～50 千克，可条施、穴施，施后覆土，并浇水。作追肥可用水溶化后随浇水冲施或灌溉施肥，一般每亩 20～25 千克。如用于根外追肥，可将产品加 100 倍水溶解，过滤后用滤液喷于作物叶面至湿润而不滴流为宜。

第五节 有机—无机复混肥料

在有机肥料中加入化肥，混合，生产成有机—无机复混肥。可以造粒，也可以掺混后直接施用。

一、生产原料

1. 有机物料 经过无害化、稳定化处理的有机物料风干或烘干后，粉碎，筛分，作为生产有机—无机复混肥的原料。无害化处理是指已通过一定的技术措施杀灭病原菌、虫卵和杂草种子等有害物质。稳定化处理，是指通过生物降解已将物料中易被微生物降解的有机成分如可溶性有机物、淀粉、蛋白质等转化为相对稳定的有机物，不会对植物种子和作物苗期生长产生不利的影响。

2. 大量元素化肥 在有机物料中加入化肥，主要为了提高肥料效果。常用二元复合肥原料有磷酸铵、硝酸磷肥；氮素原料有尿素、碳酸氢铵、硫酸铵等。生产有机—无机掺混肥用硫酸铵比较适宜，氮素损失小，粉末状容易同有机肥料混合均匀。磷素原料有过磷酸钙、钙镁磷肥，北方地区适宜用过磷酸钙，南方酸性土壤可施用钙镁磷肥、过磷酸钙。钾素原料主要有氯化钾和硫酸钾，生产忌氯作物的有机—无机专用肥，严禁施用氯化钾。

3. 其他营养元素原料 除了上述三种植物生长营养元素外，还有一些中量元素和微量元素的作用也是不能忽视的。这些元素主要包括镁、钙、硫、硼、锰、钼、锌、铁、铜等。这些元素在植物生理功能中是不能用其他元素代替的，它们各具有专一的生理功能，在作物的整个生长过程中互相依赖，互相制约，处于一种平衡状态。一旦失去平衡，会使作物产生生理病害，以致减产。在复混肥中增加适量的微量元素，使农作物增产增收。各种微量元素的施用浓度范围往往较小，为 0.05～1.0 毫克/千克，过少或过多都无益，甚至会造成危害。据有关资料报道，微量元素的加入量为每吨有机肥料加入硼（B）0.2 千克，锌（Zn）0.5 千克，锰（Mn）0.5 千克，铜（Cu）0.5 千克，铁（Fe）1 千克，钼（Mo）0.005 千克。

二、生产工艺

1. 生产工艺流程　有机—无机复混肥生产工艺流程如图 4 - 1 所示。

2. 生产方法

（1）原料的预处理　生产复混肥的原料（硫酸铵、尿素、氨化过磷酸钙、磷酸铵、硫酸钾、微量元素等）要进行粉碎，造粒不好、肥料混配不均匀，会直接影响复混肥的质量和外观。保证各种物料粒度小于 1 毫米。

磷酸铵、氨化过磷酸钙、尿素可用链式粉碎机粉碎（尿素不能用高速磨粉机粉碎，以免温度高，物料黏度大，粉碎效果差）。硫酸钾可用高速磨粉机粉碎，也可用链式粉碎机粉碎。经粉碎后的物料最好经振动筛筛选后，小于 1 毫米的物料用来混合造粒，大于 1 毫米的物料返回再次粉碎。

（2）计量混合　将大量元素和中、微量元素化肥精制有机肥料等物料按照拟好的配方输送到混合机内进行混合，混合机可用滚筒式或立式混合机。混合必须充分，即混即用，不宜混合后放置太久，以免受潮。直径 2 米的混合机，转速 24～30 转/分为宜，混合时间 30 分钟左右。微量元素肥料用量少，掺混不均匀不仅影响其施用效果，还容易产生肥害，可采取逐级放大掺混。先将粉碎的细微量元素肥料与少量粉碎的有机肥料掺混均匀，再用掺微肥的有机肥料向大量有机肥料中掺混，最后掺入大量元素化肥，混合均匀。

（3）造粒　有机肥料中掺入化肥可形成有机—无机掺混肥，

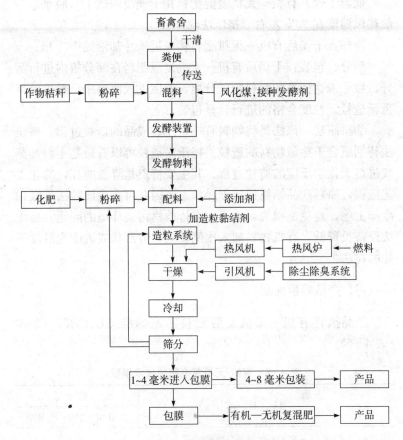

图 4-1　有机—无机复混肥料工艺流程图

但为了使其物理性状更好，施用方便，可对其进一步造粒。

①团粒法

造粒：把混合机混合好的物料输送到造粒机内，再加入选好的黏合剂。物料由于造粒机的转动翻滚逐渐变大成粒。该工艺造出的粒，光滑、美观，但对有机物物料的细度要求较高，且有机肥料的加入量有限，一般有机物料总量应小于原料总量的 40％ 为宜。

低温干燥：有机—无机复混肥料在干燥筒内烘干，脱水，一般热风温度在 90℃左右（挤压法除外）。

冷却：干燥后有机—无机肥料颗粒进入冷却滚筒中冷却。

筛分、包装：干燥后有机—无机复混肥料在筛分机内进行筛分，粒径未达标准的肥料颗粒分离，返回进入原料中，经破碎后重新造粒。粒度合格的进行计量包装。

②挤压法　该法是将物料直接挤压成成品的造粒过程。挤压法特别适合于热敏物料的造粒。挤压法造粒可以看做是干料加蒸气进行无化学反应的造粒过程。其主要特点是降低能耗，简化工艺流程，原料产品始终保持干燥状态，因此可省去团粒法干燥和冷却工序，避免氮损失，也不存在排放物污染环境的问题。挤压法设备投资低，有机物料加入比例较大，但形状或表面光滑度不如团粒法。

三、产品质量标准

产品执行有机—无机复混肥料国家标准 GB 18877—2009（表 4 - 5）。

表 4 - 5　有机-无机复混肥料技术指标

项　目[a]		指标		
		Ⅰ型	Ⅱ型	Ⅲ型
总养分（$N+P_2O_5+K_2O$）的质量分数[b]，%	≥	15.0	25.0	30.0
水分（H_2O）的质量分数[c]，%	≤	12.0	12.0	8.0
有机质的质量分数，%	≥	20	15	8
总腐植酸的质量分数[d]，%	≥	—	—	5
粒度（1.00～4.75 毫米或 3.35～5.60 毫米）[e]，%	≥	70		
酸碱度（pH）		3.0～8.0		
蛔虫卵死亡率[f]，%	≥	95		

（续）

项　目[a]		指标		
		Ⅰ型	Ⅱ型	Ⅲ型
大肠菌值[f]	≥	$10^{-1}/10^{-1}$		
氯离子的质量分数[g]，%	≤	3.0		

a　砷、镉、铅、铬、汞及其化合物的质量分数的要求见 GB 相关肥料中砷、镉、铅、铬、汞生态指标。

b　标明的单一养分含量不得低于 3.0%，且单一养分测定值与标明值负偏差的绝对值不得大于 1.5%。

c　水分以出厂检验数据为准。

d　对于在包装容器上标明含腐植酸的产品，需采用本标准 5.9 节规定的方法测定总腐植酸的质量分数。

e　指出厂检验结果。当用户对粒度有特殊要求时，可由供需双方协商解决。

f　对于有机质来源仅为腐植酸的有机—无机复混肥料，可不测定蛔虫卵死亡率、大肠菌值。

g　如产品氯离子含量大于 3.0%，在包装容器上标明"含氯"，该项目可不做要求。

四、果树安全施用技术

有机-无机复混肥料与复混肥料一样，在施肥时应考虑土壤、作物和气候等因素。必须指出的是，虽然有机—无机复混肥料含有相当数量的有机质，具有一定的改土培肥作用和养分控释作用，但其作用有限，与大量施用有机肥做基肥不同，由于施用有机—无机复混肥料时单位面积农地实际投入的有机质相当少，因此对某些土壤要注意有机肥的投入和后期补施化肥等。

有机—无机复混肥料适用于各种土壤，各种果树。一般可做基肥，也可做追肥。一般做基肥每亩施用量 60～80 千克，做追肥应早施（沟施或穴施），一般施用量 30～50 千克，施肥深度 6～16 厘米。

第五章

氨基酸肥料

第一节　氨基酸叶面肥料

一、性质和功能

叶面肥料是将作物所需的养分喷洒到作物叶面供作物吸收利用的一类肥料。氨基酸复合微肥是新型多功能肥料，其最直观的作用是为作物快速补充养分，有效调节果树生长，具有见效快、养分效率高等特点。

现以作者的发明专利产品——农海牌氨基酸复合微肥为例作一介绍，该项技术已列为国家重点推广项目，国内已大量应用。

1. 农海牌氨基酸复合微肥的主要成分　农海牌氨基酸复合微肥的主要成分为混合氨基酸，含量 $13\%\sim16\%$，锌、硼、锰、铜等螯合微量元素 $2.5\%\sim3.5\%$，生物制剂 $\geqslant3\%$。

2. 产品性质　农海牌氨基酸复合微肥是利用毛发、蹄角、水解后经中和，与微量元素螯合，再经调理复配而制成的。外观为红褐色液体，有酱油香味，极易溶于水，pH4.5～6.5，密度 $\geqslant1.15$ 克/毫升。产品含有天冬氨酸、胱氨酸、羟脯氨酸、甘氨酸、谷氨酸、丙氨酸、丝氨酸、苏氨酸、半胱氨酸、谷氨酰胺、天冬酰胺、酪氨酸、赖氨酸、精氨酸、组氨酸、丙氨酸、缬氨酸、亮氨酸、异亮氨酸、脯氨酸、苯丙氨酸、色氨酸等多种氨基酸和氨基酸螯合锌、铜、锰、铁、钼及硼盐等物质，还添加生物活性物质，以增加作物抗逆能力。

3. 产品质量指标　本产品执行 GB/T 17419—1998，主要指标见表 5 - 1。

表 5 - 1　含氨基酸复合微肥产品质量指标

项　　　目		指　　标	
		发酵	化学水解
氨基酸含量,% ≥		8.0	10.0
微量元素（Fe, Mn, Cu, Zn, Mo, B）总量（以元素计）,% ≥		2.0	
水不溶物,% ≤		5.0	
pH		3.0~8.0	
有害元素	砷（AS）（以元素计）,% ≤	0.002	
	镉（Cd）（以元素计）,% ≤	0.002	
	铅（Pb）（以元素计）,% ≤	0.01	

注：1. 氨基酸分微生物发酵及化学水解两种，产品类型按生产工艺流程划分。
2. 微量元素钼、硼、锰、锌、铜、铁 6 种元素中的两种或两种以上元素之和，含量小于 0.2% 的不计。

4. 产品用途和功能　氨基酸复合微肥是一种新型肥料，可作为各种作物的叶面肥和灌根、冲施或滴灌肥料，也可用作种子处理。本产品含有植物必需的多种氨基酸、有机锌、铜、锰、铁、锗和硼等营养成分，具有促进作物体内生长素和植保素形成，提高作物体内多种酶的活性，活化植株机能，促进生物固氮，促进和调控发育生长和生殖生长，促进早熟，提高产量，改善果实品质等功能。

农海牌氨基酸肥是无毒型产品，可增进食品的天然风味，提高果品品质，提高果品商品价值。适用于各种果树、苗木、园林等作物。

二、果树安全施用技术

氨基酸复合微肥一般采用作叶面喷施的方法，也可用于灌根、灌溉施肥、树体注入等方法。喷施时期应在果实膨大期喷 2次，着色期喷 1 次。如果发生果树缺素症状时应及时进行喷施补救。喷施浓度一般用水稀释 600～1 000 倍，喷施于果树叶面呈湿润而不滴流为宜，果树叶面喷施，一般喷 3～5 次，每隔 7～13 天喷施一次，能快速补充养分。高温天气，8～9 时和 16 时以后是一天中的最佳喷施时间。

第二节　氨基酸复混肥

一、性质和生产方法

氨基酸复混肥是一种新型高效肥料，其产品中所含的复合氨基酸是一种重要的生理活性物质，也是微量元素的螯合剂，对于提高作物对养分的吸收利用有良好的作用。作者研发的氨基酸复混肥料生产技术已获国家发明专利，被国家列为"重点创新项目"。

1. 性质　产品为棕褐色颗粒，有效养分溶于水，pH5.5～8，吸湿性较小，施入土壤后养分不易流失，肥效期较长。产品含有复合氨基酸 4%～8%，氮、磷、钾 25%～40%，钙、镁、硫 10%～30%，微量元素 0.5%～2%。

2. 主要原料　氨基酸复混肥主要原料有硫酸铵、尿素、磷酸一铵、过磷酸钙、钙镁磷肥、硫酸钾、氨基酸锌、氨基酸铜、硼络合物、复合氨基酸、生物制剂、沸石粉、凹凸棒粉等。

3. 生产方法　生产前先按果树测土配方施肥要求确定生产配方，然后按配方备料，并对原料进行预处理，按工艺要求进行粉碎。经预处理后的原料按配方要求的量输送到混合机中进行充分混合，采喷浆造粒工艺时，将混合料送入到浆机中，然后将料浆用泵打入喷浆造粒装置进行喷浆造粒。若采用圆盘造粒时，则进行两级成粒工艺，并经干燥、冷却、筛分、涂膜、包装等工序即得产品。其工艺流程示意图见图5-1。

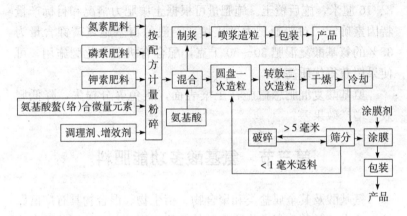

图5-1 氨基酸复混肥料生产工艺流程示意图

4. 产品主要技术指标 本产品执行国家标准，主要技术指标见表5-2。

表5-2 复混肥料国家标准（GB 15063—2009）

项 目		指 标		
		高浓度	中浓度	低浓度
总养分（N+P$_2$O$_5$+K$_2$O）的质量分数，% ≥		40.0	30.0	25.0
水溶性磷占有效磷百分率，% ≥		60	50	40
水分（H$_2$O）的质量分数，% ≤		2.0	2.5	5.0
粒度（1.00~4.75毫米或3.35~5.60毫米），% ≥		90	90	80
氯离子的质量分数，%	未标"含氯"的产品	3.0		
	标识"含氯（低氯）"的产品	15.0		
	标识"含氯（中氯）"的产品	30.0		

二、果树安全施用技术

氨基酸复合肥可作基肥和追肥，适用于多种土壤和各种作物，一般用作基肥，施肥深度应在不同作物的根系密集层，一般8～16厘米，施后覆土。施肥量可根据土壤肥力情况和目标产量特因素确定，对普通肥力的土壤，一般每亩基施氮磷钾含量为35％的氨基酸复混肥30～50千克，配合有机肥和化肥施用，可使果树获得优质高产。

氨基酸复混肥忌撒施在土壤表面，避免养分损失，降低肥效，增产效果差。

第三节　氨基酸多功能肥料

氨基酸及其金属盐类和聚合物、衍生物、混合物具有广谱保护性杀虫、杀菌和促进作物生长的功能，用其制成的氨基酸多功能肥料是具有农药功能的新型多功能肥料。

一、水剂（粉剂）产品生产工艺、性质与果树安全施用

1. 生产工艺　生产工艺示意图如图 5-2 所示。

2. 产品主要技术指标　水剂或粉剂型氨基酸多功能肥料是生态环保多功能新型肥料，国家尚没有标准，本产品执行国家含氨基酸叶面肥的标准。

3. 产品性质　液体剂型为红褐色酱油状液体，pH4～8。粉状剂型为深褐色粉末，易溶于水，水溶液 pH4～8，易吸湿结块，但不影响施用效果，两种剂型均含复合氨基酸及氨基酸螯合物、聚合物、功能性物质、混合物等活性物质，具有杀虫、杀菌、促进作物健壮生长的作用。

4. 果树安全施用技术　系列氨基酸多功能肥产品分为具有防止虫害的多功能肥料、具有防止病害的多功能肥料和防止病虫

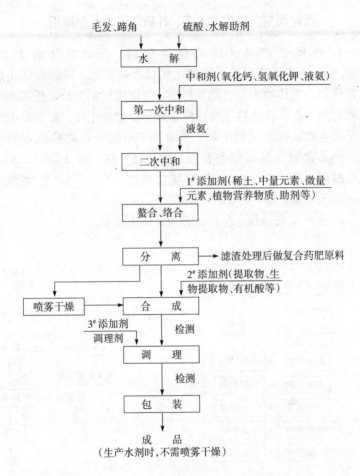

图 5-2　水剂（或粉剂）型氨基酸多功能肥料生产流程示意图

害的多功能肥料三种。作为叶面肥施用时，同时起到杀虫、杀菌效果，当果树发生病害或虫害时可分别施用不同功能的产品，以降低施用成本。喷施时将液体或粉剂产品用清水稀释 500～800 倍，喷至果树叶片湿润为宜。用于灌根时将产品用清水稀释至 800～1 000 倍，每株灌 3～15 千克稀释液，可防治地下害虫。

二、颗粒剂型产品生产工艺、性质与果树安全施用

1. 性质　产品为深褐色颗粒剂，有效养分溶于水，pH5.5～8。产品能改善土壤理化性状，有蓄肥、保肥和防止病虫害作用。对作物生长有调节作用，可促进根系生长，提高养分吸收利用，提高作物抗逆性，使果树作物健壮生长。氨基酸金属离子螯合物、氨基酸衍生物、聚合物等有防止作物病虫害的功能。产品含混合氨基酸螯合铜、锌、锰、铁、镁 13％～20％，氨基酸衍生物 3％～6％，甘氨酸盐酸盐 2％～6％，生物制剂 1％～5％，氮、磷、钾 20％～35％。

2. 生产工艺流程　生产工艺流程示意图见图 5-3。

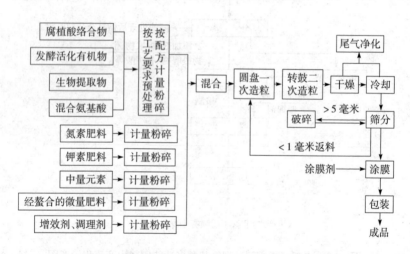

图 5-3　颗粒剂型多功能肥料生产工艺流程示意图

3. 产品主要质量指标　产品是生态环保新型肥料，国家目前还没有"多功能肥"标准，本产品执行国家标准 GB 18877—2009。

4. 果树安全施用技术　氨基酸多功能肥料主要用作基肥，可沟施或穴施，施后覆土，适时浇水。作基肥施用后，能预防土

传病害和作物生理病害，对线虫和地下害虫也有明显的防止效果。一般每亩施用50～80千克。可与有机肥和化肥混合施用。

　　当果树作物发生病害或地下害虫危害时，也可作为追肥施用，与10～20倍量的细土或有机肥混匀后，可穴施或条施，施后立即覆土、浇水。也可用水稀释后随水冲施，一般每亩每次施用量30～50千克。

第六章

生物肥料与果树安全施用

第一节　生物肥料种类与作用

目前我国生物肥料的主要种类与作用见表 6-1。

表 6-1　目前我国生物肥料的主要种类与作用

根瘤菌肥	含有大量根瘤菌的肥料能同化空气中的氮气，在豆科植物上形成根瘤（或茎瘤），供应豆科植物氮素营养。产品是由根瘤菌或慢生根瘤菌属的菌株制造。根瘤菌一般可分为大豆根瘤菌、花生根瘤菌、紫云英根瘤菌等，其形状一般为短杆状，两端钝圆，会随生活环境和发育阶段而变化。
固氮菌肥	能在土壤和多种作物根际中同化空气中的氮气，供应作物营养，并能分泌激素，刺激作物生长。在生产中应用的菌种可以是固氮菌属、氮单胞菌属、固氮根瘤菌属或根际联合固氮菌等，这些菌的主要特征是在含一种有机碳源的无氮培养基中能固定分子态氮。应用的作物主要有果树、小麦、水稻、高粱、蔬菜等。
磷细菌肥	能把土壤中的难溶性磷转化成有效磷供作物利用。可用于生产磷细菌肥料的菌种分为两大类：①分解有机磷化合物的细菌，其中包括解磷巨大芽胞杆菌、解磷珊瑚红赛氏杆菌和节杆菌中的一些变种。②转化无机磷化合物的细菌，如假单胞菌属中的一些变种。 　有机磷细菌在含磷矿粉或卵磷脂的合成培养基上有一定解磷作用，在麦麸发酵液中含刺激植物生长的生长素。无机磷细菌具有溶解难溶性磷酸盐的作用。

（续）

硅酸盐细菌肥料	能分解土壤中云母、长石等含钾的硅铝酸盐及磷灰石，释放出可被作物吸收利用的有效磷、钾及其他营养元素。生产硅酸盐细菌肥料的菌种为胶质芽胞杆菌等的菌株。该菌种在含钾长石粉的无氮培养基上有一定解钾作用，菌体内和发酵液中存在刺激植物生长的生长素。主要用于缺钾地区的作物或对钾需要量较大的作物。
复合微生物肥料	含有解磷、解钾和固氮微生物中 2 种以上互不拮抗的菌株，也在此基础上加营养物质复合，如化肥、微量元素稀土等。通过生命活动，提供作物生长的营养物质。

第二节　复合微生物肥料

复合微生物肥料是指两种或两种以上的有益微生物或一种有益微生物与其他营养物质复配而成，能提供、保持或改善植物的营养，提高农产品产量和改善农产品品质的活体微生物制品。

一、产品主要类型

1. 由两种或多种有益微生物复合的微生物肥料　可以是同一个微生物菌种的复合，也可以是不同微生物菌种分别发酵，吸附时混合在一起，从而增强微生物肥料的效果。选用两种或两种以上微生物复合时，微生物之间必须无拮抗作用。

2. 由微生物与各种营养元素、添加物等复合的微生物肥料采用复配的方式，将微生物与一定量的氮、磷、钾或其中 1～2 种复合；菌剂加一定量的微量元素或菌剂加一定量的植物生长调节剂等。

二、产品质量标准

产品执行中华人民共和国农业行业标准《复合微生物肥料》

NY/T 798—2004。其产品技术指标和无害化指标见表 6 - 2、表 6 - 3。

表 6 - 2　复合微生物肥料产品技术指标

项　目		剂　型		
		液体	粉剂	颗粒
有效活菌数（cfu)[a]，亿/克（毫升）	≥	0.50	0.20	0.20
总养分（$N+P_2O_5+K_2O$)，%	≥	4.0	6.0	6.0
杂菌率，%	≤	15.0	30.0	30.0
水分，%	≤	—	35.0	20.0
pH		3.0~8.0	5.0~8.0	5.0~8.0
细度，%	≥	—	80.0	80.0
有效期[b]，月	≥	3	6	

a　含两种以上微生物的复合微生物肥料，有一种有效菌的数量不得少于 0.01 亿/克（毫升）；

b　此项仅在监督部门或仲裁双方认为有必要时才检测。

表 6 - 3　复合微生物肥料产品无害化指标

参　数		标准极限
粪大肠菌群数，个/克（毫升）	≤	100
蛔虫卵死亡率，%	≥	95
砷及其化合物（以 AS 计），毫克/千克	≤	75
镉及其化合物（以 Cd 计），毫克/千克	≤	10
铅及其化合物（以 Pb 计），毫克/千克	≤	100
铬及其化合物（以 Cr 计），毫克/千克	≤	150
汞及其化合物（以 H 克计），毫克/千克	≤	5

三、果树安全施用技术

复合微生物肥料适用于果树、经济作物、大田作物和蔬菜类等作物。幼树采取环状沟施，每棵用 200 克，成年树采取放射状沟施，每棵用 0.5--1 千克，可拌有机肥施用，也可拌 10～20 倍细土施用。

第三节 生物有机肥料

一、产品特点

生物有机肥料是特定功能微生物与经无害化处理、腐熟的有机物料复合而成的一类兼具微生物肥料和有机肥效应的肥料。

生物有机肥料的有机原料主要是畜禽粪便、作物秸秆等，经接种农用微生物复合菌剂，对有机原料进行分解，同时杀灭病原菌、寄生虫卵、清除腐臭，制成生物有机肥料。

二、产品质量标准

生物有机肥料执行中华人民共和国农业行标准 NY 884—2004《生物有机肥料》。标准规定施用的微生物菌种应安全、有效，有明确来源和种名。对生物有机肥料成品外观（感官）技术指标的要求是：粉剂产品应松散、无恶臭味；颗粒产品应无明显机械杂质、大小均匀、无腐败味。标准规定了生物有机肥料产品的各项指标。外观和各项技术指标的具体检验方法在 GB 20287—2006《农用微生物菌剂》中有规定。生物有机肥料产品中的重金属含量指标应符合 GB 20287—2006《农用微生物菌剂》中的规定。标准规定了生物有机肥料产品加入的无机养分，应标明产品中总养分含量，以氮、磷、钾（$N+P_2O_5+K_2O$）总量表示。生物有机肥料技术指标要符合中华人民共和国农业行业标准 NY 884—2004《生物有机肥》，见表 6-4。

表6-4　生物有机肥料产品技术要求

项　目		剂　型	
		粉剂	颗粒
有效活菌数（cfu），亿/克（毫升）	≥	0.20	0.20
有机质（以干基计），%	≥	25.0	25.0
水分，%	≤	30.0	15.0
pH		5.5～8.5	5.5～8.5
粪大肠菌群数，个/克（毫升）	≤	100	100
蛔虫卵死亡率，%	≥	95	95
有效期，月	≥	6	6

（1）生物有机肥料产品检验具备下列任何一条款项，均为合格产品：

产品全部技术指标都符合标准要求；

在产品的外观、pH、水分检测项目中，有1项不符合标准要求，而产品其他各项指标符合标准要求。

（2）生物有机肥料产品检验具备下列任一条款项，均为不合格产品：

产品中有效活菌数不符合标准要求；

有机质含量不符合标准要求；

粪大肠菌群数不符合标准要求；

蛔虫卵死亡率不符合标准要求；

重金属如砷、镉、铅、铬、汞中任一项含量不符合标准要求；

产品的外观、pH、不分检测项目中，有2项以上不符合标准要求。

三、果树安全施用技术

生物有机肥料具有养分完全、肥效稳而长、含有机质较多、能改善土壤理化性状、提高土壤保肥供肥和保水能力等特点。生物有机肥适用于各种作物，宜作基肥施用，一般每亩施 50～120 千克，要与农家肥等有机肥混合施用；果树应在秋季或早春施入生物有机肥和有机肥的混合肥料，夏季再适当补施果树专用复混肥。

施用生物有机肥应注意的几个问题：

（1）在高温、低温、干旱条件下的农作物田块不宜施用。

（2）生物有机肥料中的微生物在 25～37℃时活力最佳，低于 5℃或高于 45℃活力较差。

（3）有机生物肥料中的微生物适宜土壤相对含水量为 60%～70%。

（4）生物有机肥料不能与杀虫剂、杀菌剂、除草剂、含硫化肥、碱性化肥等混合使用，否则易杀灭有益微生物。还应注意不要阳光直射到菌肥上。

（5）生物有机肥在有机质含量较高的土壤上施用效果较好，在有机质含量少的瘦地上施用则效果不佳。

（6）生物有机肥料不能取代化肥，它是与化肥相辅相成的；与化肥混合施用时应特别注意其混配性。

第七章

叶面喷施肥料与果树安全施用

第一节　无机营养型叶面肥料

一、主要养分的配比

无机营养型叶面肥料中，大量营养元素一般占溶质的 $60\%\sim80\%$，氮源主要由尿素和硝酸铵配成。其中氮元素以尿素最佳，一直广泛作为叶面肥的主要成分。最适宜的磷、钾源为磷酸二氢钾（KH_2PO_4）。磷源也可用磷酸铵，钾源可选择农用硝酸钾、氯化钾、硫酸钾。中、微量营养元素一般加入总量占溶质的 $6\%\sim30\%$。通用型复合营养液一般加入 $5\sim9$ 种中、微量元素；专用型复合营养液大都加入对喷施作物有一定效果的 $3\sim6$ 种中、微量元素，或可择其中最重要的几种，适当增加用量。

二、产品质量标准

1. 微量元素叶面肥料质量标准　微量元素叶面肥料质量标准见表 7-1。

2. 大量元素水溶性液体产品质量标准　大量元素水溶性液体产品质量标准见表 7-2。

表 7-1 微量元素叶面肥料技术要求（GB/T 17420—1998）

项　目	指　标	
	固体	液体
微量元素（Fe，Mn，Cu，Zn，Mo，B）总量（以元素计），% ≥	10.0	10.1
水分（H_2O），% ≤	5.0	—
水不溶物，% ≤	5.0	5.0
pH（固体1+250水溶液，液体为原液）	5.0～8.0	≥3.0
有害元素　砷（AS）（以元素计），% ≤	0.002	0.002
镉（Cd）（以元素计），% ≤	0.002	0.002
铅（Pb）（以元素计），% ≤	0.01	0.01

注：微量元素钼、硼、锰、锌、铜、铁六种元素中的两种或两种以上元素之和，含量小于0.2%的不计。

表 7-2 大量元素水溶性肥料液体产品技术要求（NY 1107—2006）

项　目	指　标
大量元素含量[a]，% ≥	500
微量元素含量[b]，% ≥	5
水不溶物含量，% ≤	50
pH（1：250倍稀释）	3.0～7.0

a　大量元素含量指 N、P_2O_5、K_2O 含量之和。大量元素单一养分含量不低于60克/升。

b　微量元素含量指铜、铁、锰、锌、硼、钼元素含量之和。产品应至少包含两种微量元素。含量不低于1克/升的单一微量元素应计入微量元素含量中。

三、适宜浓度

果树喷施无机营养型叶面肥的适宜浓度见表7-3。

表 7-3　果树喷施无机营养型叶面肥的适宜浓度

（按化合物百分比计，%）

元　素	化合物形态	有效成分	常用浓度
硼(B)	硼酸(H_3BO_3)	17	0.05~0.20
	硼砂($Na_2B_4O_7 \cdot 10H_2O$)	11	0.10~0.30
锰(Mn)	硫酸锰($MnSO_4 \cdot 7H_2O$)	24~28	0.10~0.20
铜(Cu)	硫酸铜($CuSO_4 \cdot 5H_2O$)	25	0.04~0.06
锌(Zn)	硫酸锌($ZnSO_4 \cdot 7H_2O$)	23	0.12~0.30
钼(Mo)	钼酸铵($(NH_4)_6Mo_7O_{24} \cdot 4H_2O$)	50~54	0.02~0.05
铁(Fe)	硫酸亚铁($FeSO_4 \cdot 7H_2O$)	19~20	0.20~0.50
氮(N)	尿素 $CO(NH_2)_2$	46	0.50~2.00
磷(P)	过磷酸钙 $Ca(H_2PO_4)_2 \cdot H_2O$	12~18	1.50~2.00
钾(K)	硫酸钾(K_2SO_4)	50	1.00~1.50
氮、钾(N、K)	农用硝酸钾 KNO_3	N13.5,K_2O44~46	1.00~1.50
磷、钾(P、K)	磷酸二氢钾 KH_2PO_4	$P_2O_5$24,K_2O27	0.50~1.00
镁(Mg)	硫酸镁 $MgSO_4 \cdot 7H_2O$	16	1.50~2.50
钙(Ca)	硝酸钙 $Ca(NO_3)_2$	N12~17,CaO26~34	0.50~1.00

第二节　有机水溶型叶面肥料

一、产品中的功能性物质

这类叶面肥料中含有氨基酸、腐植酸、核苷酸、核酸类物质等有机物质和无机营养元素，对作物具有较好的营养作用和生理调节作用。其主要功能是刺激作物生长，促进作物代谢，减轻和防止病虫害发生等。氨基酸复合微肥已在本书的第五章第一节作了介绍，本节不再重述。

含腐植酸水溶型叶面肥是以风化煤、褐煤或草炭等为原料，经化学处理得到的具有生物活性的高分子化合物。化学方法提取的腐植酸含有黄腐酸，一般是钠、钾或铵的腐植酸盐，可溶于水，也易与其他营养元素相配合。

二、产品质量标准

含腐植酸的水溶肥料是优良的叶面肥料。农业部规定了含腐植酸水溶肥料的产品标准（NY 1106），该标准将这类产品分为粉剂和水剂。要求产品中必须包含一定量的腐植酸和大量元素或微量元素。腐植酸加大量元素可以是粉剂或者水剂，加微量元素目前规定只能是粉剂，其产品质量标准见表 7 - 4，表 7 - 5，表7 - 6。

表 7 - 4　含腐植酸水溶肥料（大量元素型）固体产品技术要求（NY 1106—2006）

项　目		指　标	
		Ⅰ型	Ⅱ型
腐植酸,%	≥	3.0	4.0
大量元素,%	≥	35.0	20.0
水不溶物,%	≤	5.0	
pH，1：250 倍稀释		4.0～9.0	
水分（H_2O）,%	≤	5.0	

注：大量元素指氮（N）、磷（P_2O_5）、钾（K_2O）含量之和。大量元素单一养分含量不低于 4.0%。

表 7 - 5　含腐植酸水溶肥料（大量元素型）液体产品技术要求（NY 1106—2006）

项　目		指　标	
		Ⅰ型	Ⅱ型
腐植酸，克/升	≥	30	40
大量元素，克/升	≥	350	200
水不溶物，克/升	≤	5.0	
pH，1：250 倍稀释		4.0～9.0	

注：大量元素指氮（N）、磷（P_2O_5）、钾（K_2O）含量之和。大量元素单一养分含量不低于 40 克/升。

表 7 - 6　含腐植酸水溶肥料（微量元素型）产品
技术要求（NY 1106—2006）

项　　目		指　标
腐植酸，%	≥	3.0
大量元素，%	≥	6.0
水不溶物，%	≤	5.0
pH，1∶250 倍稀释		4.0～9.0
水分（H_2O），%	≤	5.0

注：微量元素含量指铜、铁、锰、锌、硼、钼元素含量之和。产品应至少包含 2 种微量元素。除钼元素外，其他 5 种微量元素单一养分含量不低于 0.1%。

第三节　叶面肥料的配制方法

不同厂家生产的叶面肥料名称或种类虽然不同，但其生产原理基本一致，不同品牌叶面肥料效果的差异主要体现在配方的组成、原料的选择和生产工艺上。

一、配方原则

叶面肥料的配方选择是生产叶面肥的重要环节。叶面肥料配方的选定要遵循我国已制定的有关不同类型叶面肥的国家标准，生产的叶面肥料中营养成分必须符合国家标准的规定。

叶面肥料生产，还要因地制宜调整配方。我国地域辽阔，气候条件差别较大，土壤类型较多，不同土壤中养分状况各不相同，叶面肥中各种元素含量或配比要根据一定地区的果树和其他作物土壤条件的不同而有变化，对目标施用地区和主要果树作物，应根据有关土壤特点、养分水平等因素确定果树用叶面肥的配方。应注意在配方中不可加入氯化钾、氯化铵等含氯化肥。

二、配制方法

叶面肥料产品有液体和固体两种。生产上多采用混配工艺进行生产。

1. 固体叶面肥

（1）固体叶面肥料配制方法　固体叶面肥配制比较简单，需要的设备也较少，主要有粉碎机、搅拌机和包装机。一般先将各种原料在粉碎机中进行粉碎，然后按照配方要求把各种原料准确称量（表7-7），放入混合机中进行搅拌，搅拌均匀后直接称量、分装，即得到成品。

表7-7　固体叶面肥料常用配方参考值（以100千克产品计）

配制原料	加入原料量（千克）		配制原料（工业品）	加入原料量（千克）	
	配方Ⅰ	配方Ⅱ		配方Ⅰ	配方Ⅱ
尿素	82.7	61.0	硼砂	0.045	0.099
磷酸二氢钾	16.5	37.4	硫酸亚铁	0.035	0.079
硫酸铜	0.045	0.101	钼酸铵	0.025	0.056
硫酸锌	0.05	0.112	腐植酸钠	0.0232	0.5
硫酸镁	0.988	0.045	展着剂	0.26	0.57
硫酸锰	0.02	0.04			

（2）固体叶面肥料配制工艺流程　固体叶面肥料生产工艺流程见图7-1。

图7-1　固体叶面肥料生产工艺流程示意图

2. 液体叶面肥

（1）液体叶面肥料配制方法　液体叶面肥料的配制比固体叶面肥料复杂，生产设备也较多，有时还需要加热。以液体形态混合生产的叶面肥料营养成分均匀，产品质量比较稳定。液体叶面肥料的生产工艺根据原料形态的不同有所不同。以固体原料为主的液体叶面肥，按配方要求将固体原料分别称量、粉碎，按照一定的顺序投入反应釜，配入一定量的水搅拌溶解，然后过滤后即可灌装为成品。以液态原料生产液体叶面肥料，按配方要求只需将液体原料分别计量，投入到反应釜中，搅拌混匀后，再经过滤即可灌装成产品。

（2）液体叶面肥料生产工艺流程　液体叶面肥料生产工艺流程见图 7-2。

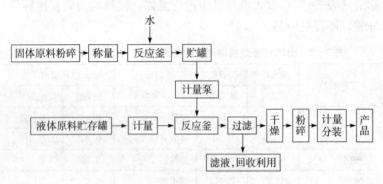

图 7-2　液体叶面肥料生产工艺流程示意图

（3）生产中应注意的问题

①为了增加溶质在原液中的溶解度，防止原液产生浑浊沉淀，液体叶面肥料生产中通常要调节酸度。用盐酸或醋酸将原液调至酸性，一般控制在 pH3～5 为宜，用水稀释后，喷施液的 pH 为 6.0～6.5。

②如果采用固态与液态原料配用生产液体叶面肥料，应先将液态原料按照配方计量投入到反应釜中，再将粉碎后固态原料根据配方计量后，加入到反应釜中进行搅拌溶解。

③在搅拌溶解过程中有时需要加热，以利于某些原料溶解和反应，然后经过滤，进行计量包装，就可以得到液体叶面肥料产品。

第四节　叶面肥料的安全施用技术

一、果树施用叶面肥应注意的问题

果树喷施叶面肥料时，应对商品叶面肥料的施用范围、施用浓度、施用量等需要特别注意。叶面肥料一般都是含微量元素的肥料，微量元素对作物的范围较小，过量喷施易造成作物毒害，果树在花期不宜喷施，因花朵娇嫩，易受肥害，在高温季节，不可在中午喷施，因气温高雾滴蒸发降低肥效。果树喷施叶面肥重点在发生缺素症时的补救和果实膨大期。

二、果树安全施用叶面肥技术

1. 选择适宜的叶面肥料　在果树营养缺乏时，需补充营养或作物生长后期根系吸收能力减退，应选用营养型叶面肥料。尤其是果树发生缺素症时，应选择对症的叶面肥及时进行补救。

2. 掌握适宜的喷施浓度　在一定浓度范围内，养分进入叶片的速度和数量随溶液浓度的增加而增加，但浓度过高容易造成肥害，尤其是微量元素叶面肥料，作物营养从缺乏到过量之间的临界范围很窄，必须严格控制。含有生长调节剂的叶面肥料亦应严格按浓度要求进行喷施，以防调控不当造成危害。不同果树作物对不同肥料也有不同的浓度要求。一般大量元素和中量元素（氮、磷、钾、钙、镁、硫）喷施浓度为 500～800 倍，微量元素铁、锰、锌 500～1 000 倍，硼 3 000 倍以上，铜、钼 6 000 倍以上。尿素喷施浓度一般为 0.5%～1%，微量元素喷施浓度通常为 0.2%～0.5%，钼、铜的施用浓度应适当降低。施用商品叶面肥应按说明书施用。

3. 喷施时间及次数　叶面施肥最好在傍晚无风的天气进行。在有露水的早晨喷肥，会降低溶液的浓度，影响肥效。雨天或雨前不能喷施，若喷后 3 小时内遇雨，待晴天时补喷一次，但浓度要适当降低。叶面肥料的喷施次数一般不少于 2～3 次，间隔时间一般 7～12 天，含调节剂的叶面肥至少应在 7 天以上。

4. 喷施要均匀细致周到 喷施叶面肥要对准有效部位。要求雾滴细小，喷施均匀，使整个叶片湿润，尤其要注意喷洒在生长旺盛的上部叶片和叶的背面，将肥液着重喷施在果树的幼叶、功能叶片背面上，因为幼叶、功能叶片新陈代谢旺盛，叶片背面的气孔比上面多，能较快吸收肥液中的养分，提高养分利用率。只喷叶面不喷叶背、只喷老叶而忽略幼叶均会大大降低肥效。

5. 合理混用 将两种或两种以上叶面肥合理混用，可节省喷洒时间和用工，其增产效果也会更加显著。但肥料混合后不能有不良反应，也不能降低肥效，否则达不到混用目的。试验结果表明，氨基酸复合微肥可与尿素、磷酸二氢钾等多种化肥混合施用，效果很好。另外，肥料混合时要注意溶液的浓度和酸碱度，一般情况下，溶液 pH7 左右（即中性条件）利于叶部吸收。

6. 选购商品叶面肥注意事项 目前市面上出现的叶面肥料种类繁多，但是良莠不齐，在选购叶面肥料时，应注意首先看包装和说明书，正规的产品符合国家质量要求，同时标明：产品名称、生产企业名称和地址；肥料登记证号、产品标准号、有效成分名称和含量、净重、生产日期；产品适用作物、适用区域、施用方法和注意事项；外观物理性状，固体液叶面肥不结块，液体产品不浑浊，沉淀物应小于 5%。

第八章
腐植酸肥与果树安全施用

第一节 腐植酸铵

一、产品有效成分和作用

腐植酸铵简称腐铵，是腐植酸的铵盐，是以含腐植酸较高的风化煤、褐煤、泥炭等经氨化而成的一种多功能有机氮素肥料，内含腐植酸、速效氮和多种微量元素，是目前腐植酸肥料中的主要品种。有改良土壤和刺激果树作物生长发育的作用。

二、生产方法

腐铵是用氨水中和原料中腐植酸的酸性基因生成的，其化学反应式：

$$R—COOH+NH_3 \cdot H_2O \longrightarrow R—COONH_4+H_2O$$

    风化煤   氨水   腐铵   水

根据原料中腐植酸含量的高低和腐植酸结合的钙、镁等物质数量，生产方法不同。原料煤含腐植酸30%以上，可采用直接氨化法，将原料煤经干燥粉碎后，用浓度10%～15%的氨水进行氨化，密闭堆放5～7天，制成粗制品或加温反应即成；原料煤腐植酸含量30%，与钙、镁等物质结合较高者，采用酸洗法，将原料煤烘干、粉碎，加盐酸（或硫酸）反应后进行过滤洗涤，除去钙、镁的氯化物和多余的盐，再将物料烘干，与氨水或碳氨一起送入氨化器中氨化制成产品。

三、生产工艺流程

腐植酸铵的生产工艺流程见图8-1。

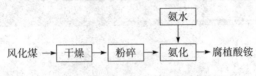

图8-1　腐植酸铵的工艺流程示意图

四、产品物化性质

腐植酸铵为黑色有光泽颗粒或黑色粉末，主成分溶于水，呈微碱性，无毒，在空气中较稳定。

五、产品质量指标

腐植酸铵的质量指标如表8-1所示。

表8-1　腐植酸铵质量指标

项　　目		指　　标			
		粉状		粒状	
		一级品	二级品	一级品	二级品
水溶性腐植酸铵（干基），%	≥	35	25	35	25
速效氮（干基），%	≥	4	3	4	3
水分（应用基），%	≤	35	35	35	35
粒度（3~6毫米），%	≥			90	80
pH		7~9	7~9	7~9	7~9

六、果树安全施用技术

腐植酸铵适用于各种土壤、各类果树作物。就土壤而言，尤其在结构不良的沙土、盐碱土、有机质缺乏的土地上施用，效果更为显著，施于肥沃土壤上效果不太显著。一般做基肥效果优于追肥。

1. 基肥　腐植酸铵中腐植酸含量在 30％以上，一般每亩用量 50～150 千克，应与有机肥和化肥混合施用，沟施或穴施，施后覆土浇水。

2. 追肥　旱地最好在雨前追施或施后覆土、浇水。因腐植酸铵吸水力很强，施后必须保证土壤中有充足的水分，缺水不但不能发挥肥效，还会产生肥料与作物争水的矛盾，不利于果树作物生长。做追肥或冲施，每亩每次用腐植酸铵 20～25 千克。

腐植酸铵不能完全代替农家肥料和化肥，必须与农家肥料和化肥配合施用，特别是与速效磷肥配合，有助于磷酸进一步活化，提高磷肥的利用率。

第二节　硝基腐植酸铵

一、产品有效成分和性质

1. 产品有效成分　硝基腐植酸铵是一种质量较好的腐肥，腐植酸质量分数高达 40％～50％，大部分溶于水；除铵态氮外，还含有硝态氮，全氮可达 6％左右。

2. 物化性质　硝基腐植酸铵为黑色有光泽颗粒或黑色粉末，主成分溶于水，呈微碱性，无毒，在空气中较稳定。

二、产品质量指标

硝基腐植酸铵的质量指标如表 8-2 所示。

表 8 - 2　硝基腐植酸铵的质量指标

项　　目		指　标
水溶性腐植酸铵,%	≥	45
速效氮（铵态氮）,%	≥	2
总氮,%	≥	5
水分,%	≤	30

三、果树安全施用技术

硝基腐植酸铵适用于各种土壤和各种果树作物。据各地试验，施用硝基腐植酸铵比施用等氮量化肥多增产 $10\%\sim20\%$。硝基腐植酸铵的施用方法与腐铵类似。由于质量分数较高，施用量要相应减少，一般作基肥施用，每亩施用量 $30\sim50$ 千克，沟施或穴施，施后覆土、浇水。硝基腐铵对果树作物生长刺激作用较强；对减少速效磷的固定，提供微量元素营养，均有一定作用。硝基腐植酸铵应与有机肥、化肥混合适用，有相互增效作用。

第三节　腐植酸钠（钾）

一、产品成分和性质

腐植酸钠（钾）是指腐植酸钠或腐植酸钾产品，是由腐植酸结构中的羧基、酚烃基等酸性基因与氢氧化钠（或碳酸钠）、氢氧化钾（或碳酸钾）起中和反应生成的腐植酸盐类，示性式为 R—COONa 或 R—COOK。

固体腐植酸钠（钾）呈棕褐色，主成分溶于水，水溶液呈碱性，腐植酸含量 $50\%\sim60\%$。腐植酸钾可提高土壤速效钾含量，促进难溶性钾的释放，改善土壤钾元素的供应状况，增加作物对钾的吸收，与植物所需的氮、磷、钾元素化合后可成为高效多功能复合肥，具有改良土壤、促进植物生长、提高肥效的特点。

二、生产方法和工艺流程

1. 生产方法　腐植酸钠（钾）是易溶性的腐植酸肥料，是用一定比例的氢氧化钠（钾）溶液萃取风化煤中的腐植酸，与残渣分离后，浓缩，干燥，得到固体的腐植酸钠（钾）成品。

生产方法：风化煤先进行湿法球磨，得到粒度小于 20 目的煤浆，放入配料槽，加入计算量的烧碱（氢氧化钾），控制 pH11，并按液固比 9∶1 混匀后送到抽提罐，夹套蒸汽加热，使罐内温度升到 85～90℃，搅拌反应 0.5 小时，卸入沉淀池使固液分离，上部清液转移到蒸发器浓缩到 10 波美度，泵至喷雾干燥，装置进行喷雾干燥即得成品。

其化学反应方程式：

$$R-COOH+NaOH \rightarrow R-COONa+H_2O$$
$$R-COOH+KOH \rightarrow R-COOK+H_2O$$

2. 生产工艺流程

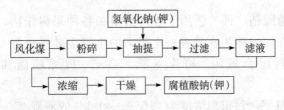

图 8-2　腐植酸钠（钾）生产工艺流程示意图

三、产品质量指标

腐植酸钠、腐植酸钾的质量指标如表 8-3、表 8-4 所示。

表 8-3 腐植酸钠质量指标

项　目		指　标		
		一级品	二级品	三级品
腐植酸（干基），%	≥	70	55	40
水分，%	≤	10	15	15
pH		8.0～9.5	9.0～11.0	9.0～11.0
灼烧残渣（干基），%	≤	10	20	25
水不溶物（干基），%	≤	20	30	40
1.0 毫米筛的筛余物，%	≤	5	5	5

表 8-4 腐植酸钾质量指标

项　目		指　标
腐植酸（干基），%	≥	70
氧化钾（K_2O），%	≥	8～10
水不溶物，%		5～10
水分，%	≤	10

四、果树安全施用技术

腐植酸钠（钾）适用于各种土壤和各种果树作物，主要起刺激素作用，施用在具有一定肥力的土壤上效果更好。必须与其他肥料配合施用。可作基肥、追肥、叶面喷施和浸插条施用。

1. 基肥　每亩用浓度为 0.05%～0.1% 的液肥 250～400 千克，与农家肥拌在一起施用，在树冠下开环状沟或放射沟施入，然后覆土。

2. 叶面喷施　喷施浓度一般为 0.01%～0.05%，在果实膨大期，将液肥均匀地喷洒在叶片正反两面，每 10～15 天喷一次。

3. 浸根、蘸根、浸插条 果树移栽插条也可在移植前用腐植酸钠或腐植酸钾溶液浸泡。浸根、蘸根、浸插条浓度为0.01%~0.05%。处理后发根快，次生根增多，缓秧期缩短，成活率提高。

第四节 腐植酸复混肥料

一、产品性质

腐植酸复混肥是根据土壤养分供应状况与作物需求，将腐植酸、无机化肥、微量元素肥料分别粉碎，按一定比例混合造粒制成的复混肥。产品是灰黑色成型颗粒，部分溶解于水，水溶液接近中性，无毒。能提高化肥利用率，刺激植物生长，改良土壤性质。

二、生产方法和工艺流程

1. 生产方法 以泥炭、褐煤、风化煤为原料，先用硫酸与风化煤中的腐植酸进行酸化反应，生产游离的腐植酸和溶解度很小的硫酸钙，然后再用碳酸氢铵中和腐植酸，生成水溶性腐植酸铵，按配比要求加入适量氮、磷、钾、及中、微量元素，经粉碎、计量、混合、造粒、筛分、干燥、冷却和包装，生产出腐植酸复混肥料。

2. 生产工艺流程 腐植酸复混肥生产工艺流程如图8-3所示。

三、产品质量指标

腐植酸复混肥的质量指标见表8-5。

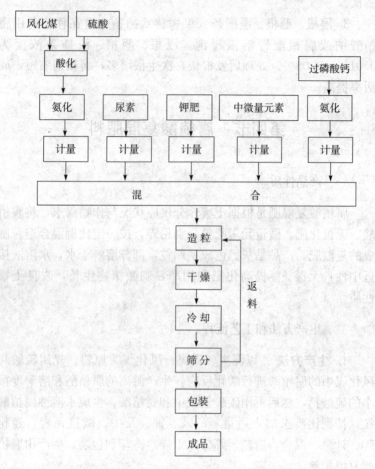

图 8-3　腐植酸复混肥生产工艺流程示意图

表 8-5　腐植酸复混肥的质量指标

项　目		指　标		
		高浓度	中浓度	低浓度
总养分含量（N+P$_2$O$_5$+K$_2$O），%	≥	30	25	20
腐植酸（HA）含量，%	≥	10	8	5

（续）

项 目	指 标		
	高浓度	中浓度	低浓度
水分（H_2O）含量,% ≤	5	8	10
颗粒（2.00～2.80毫米）平均抗压强度，N ≥	6		
酸碱度（pH）	4.5～6.5		
粒度（1.00～4.75毫米）,% ≥	80		

注：总养分含量应符合标准规定，组成该复混肥料的单一养分最低含量不得低于4%。

四、果树安全施用技术

腐植酸复混肥在果树上应用，更能发挥持效的特点。在同一地块内多年连续应用，效果更为显著，对贫瘠地块有改良土壤的作用。腐植酸复混肥可作基肥，但不宜作追肥。一般每亩施用40～60千克，应与化肥和有机肥混拌后开沟深施，深度7～14厘米，施后覆土，适时浇水，宜在秋季施用。

第九章

果树用多功能肥料配方与安全施用

本章所介绍的多功能肥料配方是根据一些地区的平均数值设计的参考数值，各地应用时还应根据当地的物候等因素进行调整，以确保施用安全和提高施用效果。

第一节　苹果树

一、防病害多功能肥料

[配方] 尿素 40 千克、磷酸二氢钾 9 千克、氨基酸螯合锌·铜·锰·铁 10 千克、氨基酸螯合稀土 1.3 千克、复硝酚钾 0.5 千克、64% 杀毒矾 12 千克、65% 多克菌 10 千克、20% 三唑酮·硫 3.75 千克、增效剂 2 千克、辅料 11.45 千克。

[安全施用技术] 本配方产品是根据苹果树易发生的病害，为增强树势、提高抗病能力而设计的防病多功能肥料。用量 2～3 千克，对水 100～160 千克，搅拌，使其颗粒全部溶解后，再充分搅匀，对苹果树喷雾。防治褐斑病、灰斑病，一般在落花后 20 天喷施一次；防苹果斑点落叶病，在落花后 10～20 天喷施一次；防治苹果白星病、苹果轮斑病，在发病初期开始喷雾，隔 10～15 天喷一次，共喷 3～4 次；防治苹果锈病，在花前、花后各喷一次；防苹果黑星病，从开花开始喷，每隔 15 天喷一次，

共喷 5 次；防苹果白粉病，在春季发病初期，10～20 天喷一次，共喷 3～4 次；防苹果花腐病，于萌芽喷 次；防苹果牛眼烂果病，在发病初期开始喷，每隔 10 天左右喷一次，共喷 3～4 次；防苹果褐腐病，在花前、花后及果实成熟时各喷一次；防苹果黑腐病、烂果病，从果树萌芽起开始喷，10～14 天喷一次，连续喷 2～3 次；防苹果炭疽病，花后每隔 15 天喷一次；防苹果霉心病，在花前、花后及幼果期每隔 15 天喷一次；防苹果疫腐病，在落花后喷一次，必要时还可灌根，防效明显提高，如果防多种病害，则以主要病害喷施时间次数进行，同时兼防其他病害。不可重复喷施，以免造成药害。

[注意事项]（1）不可与碱性物质混用。（2）在苹果采摘前 15～20 天停用本配方产品。（3）贮存在阴凉、干燥、通风的库房内。

二、防虫害多功能肥料

[配方] 尿素 30 千克、磷酸二氢钾 10 千克、硫酸钾 10 千克、氨基酸螯合钙 14 千克、复硝酚钾 0.02 千克、硼砂 5 千克、氨基酸螯合稀土 1 千克、25％辛·马（辛硫磷·马拉硫磷）4 千克、40％乐·氰 1.8 千克、30％杀螟·螨醇 1.5 千克、增效剂 3 千克、辅料 19.68 千克。

[安全施用技术] 防治苹果地下害虫、金龟类害虫、各种食心虫、幼虫、象甲、叶甲、棉蚜等，每亩每次用本配方产品 3～4 千克，对水 100～160 倍，搅拌溶解完全后，再充分搅匀，均匀喷于树冠；或将防虫多功能肥料用 50 倍水搅拌溶解后，喷拌 300 倍细土制成毒土，撒施于树冠下，随即混土。根据虫情发生轻重，一般 30 天左右再施一次。如果在幼虫出土期间遇雨或灌水后 2～3 天施用，效果尤佳。

防治天牛类害虫及危害树干的其他害虫，每亩每次用本配方产品 2～3 千克，对水 300～400 倍，搅拌溶解完全后，喷涂树干或打孔灌注。防治蚜虫、螨虫、蟓、蛾类害虫、蚧、小吉丁、尺蠖、叶蝉等害虫，在害虫发生期间每亩每次用2～3千克，对水80～160千克，搅拌使其全部溶解后，再充分搅匀，对苹果树喷雾，一般每10天左右一次。喷雾次数可根据虫情确定。

施用本配方产品，除防治虫害外，还可为果树提供速效营养元素，增强树势。

[注意事项]（1）不能与碱性物质混用。（2）对蜜蜂、家蚕毒性较大，施用时注意。（3）喷雾要均匀、周到、喷到害虫体上。（4）喷雾时防曝晒。（5）对瓜类番茄等作物敏感，喷雾时注意。（6）贮存在阴凉、干燥、通风的库房内。

三、除草多功能肥料

[配方]尿素40千克、磷酸二氢钾10千克、氨基酸螯合钙15千克、复硝酚钠0.02千克、50%莠去津12.5千克、增效剂3千克、辅料19.48千克。

[安全施用技术]本配方产品是苹果园土壤处理除草多功能肥料，用于定植一年以上的苹果园。在4～5月份苹果园杂草大量萌发出土前，每亩用2～2.5千克，对水30～60千克，搅拌、使颗粒溶解完全，并充分搅匀后，对苹果园地表进行均匀喷雾。春季干旱而又无灌水条件的果园可在秋季翻地后进行喷施，喷施后浅翻4～5厘米进行混土，可防除果园的稗草、狗尾草、牛筋草、马齿苋、反枝苋、苘麻、龙葵、酸将属、酸模叶蓼、柳叶枣蓼、猪毛草等杂草，对马唐、铁苋菜等防效稍差。施用本配方产品既可防除上述杂草，对某些多年生杂草也有一定抑制作用，又可增强树势，提高苹果品质和产量。

[注意事项]（1）莠去津持效期长，对后茬敏感作物小麦、大豆、水稻等有害，施用时应注意。（2）土壤处理时，应将苹果园土地整细、整平。（3）应贮存在干燥、通风良好的库房中。

第二节　柑　橘　树

一、防病害多功能肥料

[配方] 尿素40千克、磷酸二氢钾10千克、硼酸3千克、氨基酸螯合钙·镁4千克、氨基酸螯合锌·锰·铜·铁6千克、氨基酸螯合钼0.5千克、氨基酸螯合稀土1千克、硝·萘合剂0.3千克、95%敌克松5千克、80%炭疽福美5千克、65%多克菌11千克、增效剂2千克、辅料12.2千克。

[安全施用技术] 本配方产品是根据柑橘易发生的主要病害和需肥特性设计的，发病初期或为了预防某种病害时，每亩每次用2～3千克，对水80～100千克，搅拌，使颗粒剂全部溶解，并充分搅匀后，对柑橘树喷雾。防治立枯病，在病发初期进行，同时灌根，防治效果较好；防治炭疽病，在春、夏、秋梢及嫩叶期、幼果期开始喷施，每7～10天一次，连续喷施2～3次；防治柑橘黑星病，在落花后喷施，每隔15天喷施一次，共喷3～4次；防治柑橘黑腐病，在发病初期进行；防治柑橘疮痂病，在春芽开始萌动，芽长1～2厘米时开始喷第一次。落花三分之二时喷第二次。温带橘区还可于5月下旬至6月上旬初喷一次；防治柑橘赤衣病，在发病初期开始，每隔20天喷一次，连续喷3～4次；防治柑橘煤污病，在发病期喷施；防治柑橘溃疡病，在落花后喷。喷施本配方产品在防治某一种病害时，同时对其他病害也有预防作用，如果几种病害同时发生时，每次喷施间隔期不得少于7天。施用配方产品，除防治病害外，还能为柑橘树提供速效营养元素，增强树势，有效防治缺素症。

[注意事项] （1）不可与碱性物质混用。（2）如果几种病同时发生，只按较重的病害施用本配方产品，注意安全间隔期。（3）本配方产品应贮存在阴凉、干燥、通风的库房内。

二、防虫害多功能肥料

[配方]尿素 38 千克、磷酸二氢钾 10 千克、黄腐酸钾 6 千克、氨基酸螯合钙·镁 10 千克、胺鲜酯（DA‐6）0.04 千克、60％敌·马（敌百虫·马拉硫磷）2.6 千克、20％氟·杀（氟氰菊酯·杀螟硫磷）3.3 千克、40％乐·氰（乐果·氰戊菊酯）1.3 千克、增效剂 3 千克、辅料 25.76 千克。

[安全施用技术]防治柑橘树的蚜虫、金毛虫、大造桥虫、粉虱、锈壁虱、螨虫、蝉、潜叶蛾、毒蛾、刺蛾、蝶等害虫，每亩每次用量 2 千克，搅拌，使颗粒溶解完全，再充分搅匀后，对柑橘树、枝叶进行均匀、周到喷雾。防治蜡类害虫，在产卵前、若虫孵化至 3 龄期喷施。防治实蝇，在成虫产卵前喷施。防治潜叶甲，在幼虫入土前喷施。防治恶性叶甲，在孵化期喷施。防治柑橘木虱，在柑橘树嫩梢抽发期喷施。防治柑橘花蕾蛆，在现蕾期喷树冠。防治天牛粪害虫和爆皮虫，在成虫出树前刮去树枝干翘皮，用本配方产品对水溶解成 30～40 倍溶液，涂刷树枝干。在成虫出树盛期喷洒 40～50 倍溶液。防治蚧类害虫，在若虫分散转移及柑橘树休眠期，喷施 40～50 倍溶液，喷施次数依虫情而定。

[注意事项]（1）不可与碱性物质混用。（2）本配方产品对高粱、十字花科蔬菜、烟草、梅、橄榄、无花果等高浓度较为敏感，不可施用高浓度溶液。（3）本配方产品对鱼类、蜜蜂、家蚕毒性较高，施用时应注意。（4）本配方产品应随配随用，溶解液不可久置，否则降低效果。（5）本配方产品应贮存在阴凉、干燥、通风的库房。

三、除草多功能肥料

[配方]尿素 35 千克、磷酸二氢钾 18 千克、复硝酚钾 0.02 千克、50％扑草净 15 千克、50％丁草胺 2.2 千克、辅料 29.78

千克。

[**安全施用技术**] 本配方产品是柑橘园土壤处理除草多功能肥料，肥料与除草剂相互增效，杂草出苗前，每亩地用量 2 千克，对水 40～60 千克，搅拌，使颗粒全部溶解后，再充分搅匀，对柑橘园土壤表面进行均匀喷雾。喷雾时防止将溶液喷到柑橘茎叶上。在高湿、高温、沙质、有机质低的土壤应适当减少用量。本配方产品可防除一年生禾本科、莎草科杂草和阔叶杂草如稗草、马唐、千金子、野苋菜、蓼、藜、马齿苋、看麦娘、繁缕、车前草等。在防除杂草的同时，也为柑橘提供了速效养分，对增强树势有一定作用。

[**注意事项**] （1）本配方产品对鱼类毒性较大，施用时应注意。（2）适当的土壤水分是发挥除草多功能肥料效果的重要因素。（3）溶液应现配现用，不可久置。（4）本配方产品应贮存在阴凉、干燥、通风的库房。

第三节　梨　　树

一、防病害多功能肥料

[**配方**] 尿素 35 千克、磷酸二氢钾 10 千克、黄腐酸钾 6 千克、氨基酸螯合锌·锰·铜·铁 6 千克、络合硼 2 千克、复硝酚钾 0.02 千克、氨基酸螯合稀土 1 千克、65%多克菌 11 千克、40%三唑酮·多菌灵 3.7 千克、50%退菌特 4.5 千克、增效剂 2 千克、辅料 18.78 千克。

[**安全施用技术**] 根据梨树病害的防治措施和需肥特性设计了本配方产品。在为梨树进行根外追肥的同时，也起到了防治病害的作用。一般每亩地每次用量 2 千克，对水 50～90 千克，搅拌，使颗粒剂全部溶解，充分搅匀后喷雾。防治梨锈病、叶疫病，在发病初期开始，每 15 天左右喷一次，一般喷施 2～3 次；

防治褐斑病，在谢花后喷，10～15 天喷一次，一般喷 2～3 次；防治梨黑斑病、轮纹病、煤污病、梨树火疫病，在发病前喷施，10～15 天喷施一次，一般喷施 2～3 次；防治梨黑星病、白粉病，在花前、花后各喷施一次；防治梨轮纹病，在春季发芽前喷施；防治梨树腐烂病，刮去病树皮，涂抹本配方产品 20～30 倍水溶解液；防治梨红粉病，在临近梨成熟期喷施 1～2 次；防治梨炭疽病，在新梢及嫩叶期、幼果期喷施，每隔 10 天左右喷施一次，一般喷施 2～3 次；防治梨褐腐病，在花后、果实成熟前喷施，每 15 天左右喷施一次；防治梨牛眼烂果病，在采收前一个月喷施。施用本配方产品，在防治某一病害时，同时对其他病害也有防治作用。

[注意事项] (1) 不可与碱性物质混用。(2) 梨病害防治一般共需 4～6 次，安全间隔期 10 天左右。(3) 本配方产品应贮存在干燥、阴凉、通风处。

二、防虫害多功能肥料

[配方] 尿素 36 千克、磷酸二氢钾 8 千克、硫酸钾 2 千克、氯化钾 2 千克、氨基酸螯合钙 10 千克、硼酸 5 千克、复硝酚钠 0.02 千克、40%菊·杀（氰戊菊酯·杀螟硫磷）3.3 千克、40%敌·马（敌百虫·马拉硫磷）2.5 千克、40%乐·氰（乐果·氰戊菊酯）2.5 千克、增效剂 2 千克、辅料 26.68 千克。

[安全施用技术] 本配方产品是根据梨树的需肥特点和易发生的主要虫害而设计的。根外追肥和防治虫害，每亩每次用量 2 千克，对水 50～90 千克，搅拌，使颗粒溶解完全，再经充分搅匀后喷施。防治食心虫，在幼虫出土盛期喷树冠地表和周围地表，在卵果率 1%～2%时喷梨树枝叶和果实；防治天牛类害虫、梨象甲、蚜虫、金龟类等害虫，在成虫发生期喷施梨树枝叶，喷施要均匀、周到，使害虫体着溶液；防治棉铃虫，在孵化盛期至 2 龄幼虫尚未蛀入果内时喷施；防治蟥类害虫，在低龄若虫期喷

施；防治蛾类害虫，一般在越冬幼虫出蛰期及第一代孵化盛期和幼虫为害期喷施；防治毛虫类害虫，尺蠖在幼虫发生期喷施；防治梨木虱，在越冬成虫大量产卵前喷施；防治螨类害虫，在螨虫为害繁殖前喷施；防治蚧类害虫，在若虫分散转移分泌蜡粉介壳之前喷施。

[注意事项]（1）不可与碱性物质混用。（2）配方产品中乐·氰对蜜蜂、家蚕、鱼类毒性较大，施用时应注意。（3）啤酒花、菊科植物、高粱、烟草、枣、桃、杏、梅、橄榄、无花果、柑橘、十字花科植物等较敏感，施用时应注意。（4）喷雾应均匀、周到，以确保防治效果。（5）喷施时应随配随用，不可久置。（6）本配方产品应贮存在阴凉、干燥、通风的库房。

三、除草多功能肥料

[配方]尿素 35 千克、磷酸二铵 10 千克、硫酸钾 8 千克、复硝酚钾 0.02 千克、40%莠去津 7.5 千克、80%棉草优 5 千克、增效剂 2 千克、辅料 32.48 千克。

[安全施用技术]本配方产品适用于定植一年以上的梨园作土壤处理，肥料与除草剂相互增效。在梨园杂草大量萌发出土前进行土壤处理，每亩地每次用 2 千克，对水 40～60 千克，搅拌，使颗粒溶解完全，再充分搅匀后对梨园地表土壤进行均匀喷雾。随即用旋耕机、耙进行浅混土，可在喷施后灌水，使溶液渗入土壤中。春季干旱而又无灌水条件的果园，可改在秋翻地后喷施，喷施后用耙混土 4～5 厘米。施用后既可增强树势，又可防除稗草、马唐、狗尾草、千金子、蟋蟀草、看麦娘、早熟禾、繁缕、龙葵、小旋花、反枝苋、马齿苋、藜、碎米莎、牛筋草、苘麻、酸浆属、酸模叶蓼、柳叶刺蓼、猪毛菜等杂草。

[注意事项]（1）不可与碱性物质混用。（2）含沙量过高、有机质含量过低的土壤不宜施用。（3）沙土地要减量施用。（4）本配方产品对豆科作物不安全，间作豆科作物的梨园不宜施用。

（5）土壤处理时，施用前整地要平、土块要整细。（6）本配方产品应贮存在阴凉、干燥、通风的库房内。

第四节 葡 萄 树

一、防病害多功能肥料

[配方] 尿素 35 千克、磷酸二氢钾 10 千克、黄腐酸钾 5 千克、氨基酸螯合锌·锰·铜·铁 9 千克、硼酸 3 千克、氨基酸螯合钙镁 2 千克、复硝酚钾 0.02 千克、氨基酸螯合稀土 1 千克、1.5％植病灵 4 千克 65％多克菌 11 千克、40％三唑酮·多菌灵 3.6 千克、64％杀毒矾 3 千克、增效剂 2 千克、辅料 11.38 千克。

[安全施用技术] 本配方产品是根据葡萄需肥特性和易发生的病害而设计的旨在增强葡萄树抗病能力而达到防治相结合的葡萄防病多功能肥料。在葡萄树发病或需要进行根外追肥时，每亩地每次用量 2 千克，对水 50～75 千克，搅拌，使颗粒溶解完全，并充分搅匀后，对葡萄树喷雾。既可快速补充营养素和提高树势、提高抗病能力，达到防病效果。防治葡萄霜霉病，在病发初期喷施，每隔 15 天喷施一次，连续喷施 2～3 次；防治褐斑病、轮斑病、白粉病、灰斑病，在发病初期开始喷施，每 10～15 天喷施一次，连续喷施 3～4 次；在开花前或落花后、果实至黄豆粒大时各喷一次。展叶后至果实着色前每隔 10～15 天喷施一次；防治蔓枯病和枝枯病，发芽前（5～6 月）喷施一次；防治白腐病，在发病初期，每 10～15 天喷施一次，共喷施 3～4 次；防治穗枯病，在落花后开始喷施，每 15～20 天喷一次，共喷 3～4 次；防治灰霉病，在花前开始喷施，每 10～15 天喷一次，共喷 2～3 次；防治锈病，在病发初期开始，每 15～20 天喷施一次，一般防治 1～2 次；防治黑腐病，从花前开始至果实膨

大期，每 10～15 天喷施一次，共喷 2～3 次；当几种病害同时发生，只按其中的一种病害防治方法进行，同时也兼治其他病害，注意本配方产品施用后安全间隔期为 10～15 天。

[注意事项]（1）不可与碱性物质混用。（2）喷施时水溶解液应现配现用，不可久置。倒入喷雾机（器）时，如果出现分层，需搅匀后进行喷施。（3）产品贮存在阴凉、干燥、通风的库房内。

二、防虫害多功能肥料

[配方]尿素 40 千克、磷酸一铵 5 千克、硫酸钾 8 千克、黄腐酸钾 5 千克、复硝酚钾 0.02 千克、25％乙酰·氰 2.5 千克、0.5％苦参碱·烟碱 4 千克、20％高效顺反氯·马 1 千克、增效剂 3 千克、辅料 31.48 千克。

[安全施用技术]根据葡萄栽培特性和易发生虫害的特点设计了葡萄多功能肥料配方。在葡萄发生虫害或需要根外追肥时，每亩每次用本配方产品 2 千克，对水 50～75 千克，搅拌，使颗粒剂全部溶解，再充分搅匀后进行均匀、周到喷施。防治葡萄瘿蚊，在成虫初发期喷施；防治葡萄斑蛾、天蛾、虎蛾，在幼虫为害期喷施；防治葡萄长须卷蛾，在成虫产卵盛期及幼虫孵化盛期喷施；防治葡萄十星叶甲、杨叶甲、小叶蝉、蓟马等害虫，在成虫和幼虫为害期喷施；防治葡萄透翅蛾，在成虫羽化期喷施；防治柳蝙蛾，于 5 月上旬至 6 月上旬，低龄幼虫在地面活动及时喷施防治；防治葡萄虎天牛，在成虫发生期喷施。在防治害虫的同时，也为葡萄提供了速效营养元素和增强葡萄树势的活性物质。当几种害虫同时发生时，只按其中某一种害虫防治，注意本配方产品的安全间隔期为 10～15 天。

[注意事项]（1）不能与碱性物质混用。（2）喷雾时一定要细致周到，喷到害虫体上，以增强防治效果。（3）本配方产品对家蚕、蜜蜂、鱼类有毒，施用时应注意。（4）施用时随用随配，

溶液不可放置。（5）本配方产品应贮存在避光、阴凉、干燥、通风的库房内。

三、除草多功能肥料

[配方] 尿素 36 千克、磷酸一铵 12 千克、硫酸钾 5 千克、复硝酚钠 0.02 千克、50%大惠利 6.3 千克、50%莠去津 9 千克、增效剂 2 千克、辅料 29.68 千克。

[安全施用技术] 本配方产品是用于葡萄园土壤处理的除草多功能肥料，在杂草出苗前进行土壤处理，每亩葡萄园用量 2～2.5 千克（春季因天气干旱，用量应高于秋季），对水 50～75 千克，搅拌，使颗粒溶解完全，再经充分搅匀后，对葡萄园进行定向喷雾，喷雾时要注意压低喷头，不要使雾滴喷到植株上。春季干旱而又无灌水条件的葡萄园，施后混土 4～5 厘米。处理土壤后，可防治稗草、狗尾草、牛筋草、马齿苋、反枝苋、龙葵、苘麻、酸浆属、酸模叶蓼、柳叶刺蓼、猪毛菜、千金子、野燕麦、看麦娘、早熟禾、双穗雀稗、藜、猪殃殃、萹蓄、繁缕、野苋、苣荬菜等杂草。施用后降小雨或灌溉可提高除草效果。在防治杂草的同时，也为葡萄树提供了速效营养元素和增强树势的活性物质。

[注意事项]（1）不可与碱性物质混用。（2）本配方产品施用后除草剂残效期为 70～180 天，因残效期较长，对后茬敏感作物如小麦、高粱、玉米、豆类、水稻等有药害。（3）本配方产品含大惠利和莠去津，对桃树不安全，对芹菜、茴香等有药害，不宜施用。（4）本配方产品应贮存在阴凉、干燥、通风的库房。

第五节 枣 树

一、防病虫害多功能肥料

[配方] 尿素 35 千克、磷酸二氢钾 10 千克、黄腐酸钾 6 千

克、氨基酸螯合锌·锰·铜·铁 8 千克、硼酸 5 千克、氨基酸螯合稀土 1.3 千克、复硝酚钠 0.02 千克、50%退菌特 4.5 千克、22%酮·辛（病虫克星）9 千克、40%菊·杀（氰戊菊酯·杀螟硫磷）0.75 千克、25%乙酰·氰 1.5 千克、增效剂 2 千克、辅料 16.93 千克。

[安全施用技术] 本配方产品是根据枣树易发生的主要病虫害和栽培管理的特点设计的防病虫害多功能肥料。用于枣树根外追肥或防治病虫害时，一般每亩枣园每次用量 1.6～2.4 千克，对水 50～75 千克，搅拌，使颗粒溶解完全，并充分搅匀后，即可进行喷施。防治枣锈病、枣灰斑病，在发病初期喷施 1～2 次，间隔 10 天左右；防治枣白腐病、黑腐病，一般在 7 月份病发初期喷施，根据病情间隔 7～10 天喷一次；防治褐斑病，从幼果期开始，每 15 天左右喷一次，共喷 3～4 次；防治枣炭疽病，在 7 月下旬至 8 月下旬喷施；防治枣缩果病，在 8 月初开始喷，每 7～10 天喷一次，共喷 2 次；防治枣疯病，6 月下旬至 9 月下旬，对全树（包括树干、枝、叶）喷雾，共喷 4～5 次。

防治枣树桃小食心虫，在越冬幼虫出土时，对树冠下地表均匀喷雾，杀灭出土幼虫，在幼虫上树期，对全树进行喷雾；防治枣绮夜蛾，在幼虫发生期喷雾防治；防治棉铃虫，在孵化盛期至 2 龄幼虫蛀果前喷雾；防治枣粘虫（卷叶蛾），在各代幼虫孵化盛期喷雾防治，一般 1 代喷一次，为害严重的在 7 天后再喷一次；防治枣尺蠖，在幼虫 3 龄前于树上喷雾防治；防治枣象甲、大灰象甲，在成虫出土前对树干周围 1 米左右地表喷雾，然后耙匀地表或覆土，在成虫为害期，喷雾防治；防治黄刺蛾、扁刺蛾、褐边绿刺蛾、枣刺蛾、桃天蛾等蛾类害虫，在幼虫发生期喷施；防治日本龟蜡蚧，从幼虫孵化至生成蜡质介壳前进行喷施，一般间隔 10 天左右喷施一次，共喷 2 次。

本配方产品具有防治病害、虫害、根外追肥、调节作物生长等功能，施用安全间隔期为 7 天以上，不可重复喷施，以避免造成药害。喷施次数可根据病、虫害情况而定。

[注意事项]（1）不可与碱性物质混用。（2）收获前 30 天内严用本配方产品。（3）喷施后 14 天内不宜在喷施区及周围地区放牧或采收饲草。（4）黄瓜、菜豆、高粱及大多十字花科植物敏感，易产生药害，施用时要注意。（5）喷施时随配随用，溶液不宜放置。（6）喷雾时要均匀、周到。（7）对蜜蜂、家蚕、鱼类有毒，施用时要注意。（8）本配方产品应贮存在阴凉、避光、干燥、通风的库房内。

二、除草多功能肥料

[配方] 尿素 35 千克、磷酸二铵 12 千克、硫酸钾 6 千克、胺鲜酯（DA-6）0.04 千克、24%果尔 2.5 千克、41%农达 2.5 千克、增效剂 3 千克、辅料 38.96 千克。

[安全施用技术] 本配方产品是枣树除草多功能肥料，肥料与除草剂相互增效，还含有增强树势的活性物质。用于枣树园土壤处理，每亩用量 2 千克，对水 40～75 千克，搅拌，使颗粒溶解完全，经充分搅匀后，在杂草出苗前进行土壤处理。施用时要用低压喷雾器进行均匀定向喷雾。施用后可防除枣园龙葵、苍耳、藜、马齿苋、柳叶刺、蓼、酸模叶蓼、繁缕、苘麻、反枝苋、凹头苋、棉葵、千里光、辣子草、看麦娘等杂草。

[注意事项]（1）不可与碱性物质混用。（2）喷雾时要均匀周到。（3）初次施用时，应根据不同气候带，先经小面积试验，找出最佳施用方法和最适剂量后，再大面积施用。（4）安全间隔期为 30～50 天。（5）施用时应防止雾滴飘移到附近作物上，以免造成药害。（6）本配方产品应用清水溶解，泥浆水会降低效果。（7）施用后 4 小时遇大雨会降低除草效果。（8）本配方产品对金属有腐蚀性，施用时尽量用塑料制品。（9）本配方产品应贮存在阴凉、干燥、通风的库房内。

第六节　桃　　树

一、防病虫害多功能肥料

[配方] 尿素 34 千克、磷酸二氢钾 12 千克、氨基酸螯合锌·锰·铜·铁 8 千克、氨基酸螯合稀土 1 千克、复硝酚钾 0.02 千克、硼酸 2 千克、1.5％植病灵 6 千克、50％退菌特 4 千克、64％杀毒矾 7 千克、28％多·井（多菌灵·井冈霉素）4.5 千克、25％乙酰·氰 1.5 千克、60％敌·马（敌百虫·马拉硫磷）4 千克、9％辣·烟碱 2 千克、增效剂 2 千克、辅料 11.98 千克。

[安全施用技术] 本配方产品是根据桃树需肥特性和主要病虫害防治规律而设计的多功能肥料配方。一次施用即可起到根外追肥、防治病虫害、增强树势等多种效果。一般每亩地每次施用量 2 千克，对水 50～75 千克，搅拌，使颗粒溶解完全，并充分搅匀后进行喷施。一般在桃树花前喷施一次，花后开始至收获前 30 天，每 10～20 天对全树进行喷雾一次。在病虫害严重时，可 10 天左右喷施一次，病虫害没发生时，可每 20 天左右喷施一次，起根外追肥和预防病虫害的作用。

施用本配方产品可防治桃树桃穿孔病、桃畸果病、桃褐腐病、桃腐烂病、桃疮痂病、桃炭疽病、桃缩叶病、桃红叶病、桃树煤污病、桃树流胶病、桃干枯病、桃树根癌病等病害。凡是桃树支干发生病害时，先刮去病皮，用本配方产品对水 20～30 千克，溶解为浆状，涂抹于病灶部位，然后用塑料包裹；防治桃树根癌病，用刀彻底切除癌瘤，再用本品 20 倍溶液涂抹切口，而后再涂抹上凡士林保护。在防治桃树病害的同时，对虫害也起到了一定防治作用。但对某些害虫还需用其他方法进行防治，例如防治食心虫类害虫和桃蛀螟等，应在幼虫出土期对树冠下地面喷雾，以杀灭出土幼虫；防治象甲类害虫，在成虫出土盛期对树冠下地面喷洒，毒死出土成虫；防治叶蝉类害虫，在各代若虫孵化盛期喷施；防治蛾类害虫，在越冬幼虫出蛰盛期和第一代卵孵化盛期后是喷雾防治的关键时期，应注意把握防治时期；防治天牛类害虫，树干喷洒杀卵和杀初孵化的幼虫，成虫发生期，在主干上，主枝基部喷洒；防治蚧类害虫，在幼虫成壳前喷施。如果病、虫害同时发生，应根据危害性而确定喷施时间和溶液浓度，注意安全间隔期为 10～15 天，否则可能出现药害。喷施本配方产品对桃蚜、桃瘤蚜、桃粉蚜、桃蛀野螟、桑白蚧、食心虫类害虫、象甲类害虫、蛾类害虫、叶蝉等害虫有防治作用。

[注意事项]（1）不可与碱性物质混用。（2）本配方产品一定要随配随用，溶液不可放置，以避免降低防治效果。（3）喷施后 14 天内不能在喷施区及周围地区放牧。（4）喷雾时溶液一定保持均匀。（5）不宜在花期、幼果期喷施。（6）本配方产品应贮存在阴凉、干燥、通风的库房内。

二、除草多功能肥料

[配方] 尿素 36 千克、磷酸二铵 12 千克、硫酸钾 6 千克、复硝酸钠 0.02 千克、50%大惠利 7.5 千克、50%西玛津 5 千克、增效剂 2 千克、辅料 31.48 千克。

[安全施用技术] 本配方产品是用于桃园杂草出土前土壤处理的除草多功能肥料。在桃园杂草出土前进行土壤处理，每亩用量 2 千克，对水 40～60 千克，搅拌，使颗粒溶解完全，再经充分搅匀后，对桃园土壤进行均匀喷雾，天气干旱时，可浅混土 3～5 厘米，施用后降小雨或灌溉，可提高除草效果。可防除一年生禾本科杂草如稗草、马唐、狗尾草、野燕麦、千金子等及一些阔叶杂草，如藜、猪殃殃、萹蓄、繁缕、马齿苋、野苋、苣荬菜等。除草活性成分施入土壤后持效期长，施用一次可解决杂草危害问题。施用后，在防除草害的同时，对增强树势有一定的

作用。

[**注意事项**]（1）不可与碱性物质混用。（2）大惠利对芹菜、茴香等有害；西玛津残效期长，对某些敏感作物生长如麦类作物、棉花、大豆、水稻、十字花科蔬菜等有药害。施用本配方产品不宜套种豆类、瓜类等敏感作物，以免发生药害。（3）在有机质含量很高的土壤，应适当加大用量。（4）水稻、麦类作物，高粱、玉米等禾本科作物对大惠利除草剂敏感，用量过高时，对下茬上述作物易产生药害。（5）本配方产品应贮存在阴凉、干燥、通风的库房中。

第七节　香　蕉　树

一、防病虫害多功能肥料

[**配方**] 尿素 30 千克、磷酸二氢钾 10 千克、硫酸钾 7 千克、氨基酸螯合锌·锰·铜 6 千克、氨基酸螯合稀土 1 千克、复硝酚钾 0.02 千克、1.5％植病灵 6 千克、25％多菌灵 10 千克、80％炭疽福美 5 千克、25％乙酰·氰 3 千克、50％蜱·氯（毒死蜱·氯氰菊酯）1 千克、增效剂 3 千克、辅料 17.98 千克。

[**安全施用技术**]本配方产品是根据香蕉栽培管理和易发生的病虫害设计的多功能肥料。在病虫害发生前开始喷施，一般每 10 天左右喷施一次，约 4～6 次，既有防病虫害作用，又有根外追肥效果，还能增强树势。每亩地每次施用本配方产品 2～3 千克，对水 50～90 千克，搅拌，使颗粒全部溶解。溶液要随溶随用，不可放置，避免降低防病虫害效果。对香蕉的黄叶病、灰纹病、煤纹病、褐缘灰斑病、黑星病、炭疽病、萎缩病、花叶心腐病、叶锈病、轴腐病、枯萎病、根结线虫病等病害和香蕉长颈象甲、根颈象甲、香蕉弄蝶、香蕉交脉蚜、花蓟马、褐圆蚧、螨等害虫均有较好的防治效果。喷雾防治香蕉根结线虫和枯萎病的同

时还需灌根，每株用溶液 3～6 千克。防治香蕉炭疽病重点在结果期；防治香蕉萎缩病和花叶心腐病重点是防治蚜虫；防治螨类害虫应在若虫发生期或成虫群集秋梢的 9～10 月份或翌年早春出蛰后至产卵前；香蕉弄蝶（卷叶虫）在低龄时进行喷雾；蚧类害虫要在幼虫成蚧壳前防治。把握防治关键时期，以提高防治效果。

[**注意事项**]（1）不可与碱性物质混用。（2）本配方产品水溶液在喷雾时一定要搅匀。（3）喷雾要均匀、周到。（4）对蜜蜂、鱼虾、家蚕有毒，施用时注意。（5）施用本配方产品要安全间隔期应不少于 7 天。（6）收获前 20 天停用本配方产品。（7）本配方产品应贮存在阴凉、干燥、通风的库房内。

二、除草多功能肥料

[**配方**]尿素 36 千克、磷酸二铵 10 千克、硫酸钾 7 千克、复硝酚钠 0.02 千克、80％伏草隆 5 千克、50％莠去津 7 千克、增效剂 3 千克、辅料 31.98 千克。

[**安全施用技术**]本配方产品是香蕉园土壤处理用除草多功能肥料。在春、夏杂草出苗前或刚出土时每亩用量 2 千克，对水 50～60 千克，搅拌，使颗粒溶解完全，再经充分搅匀后，对香蕉园土壤均匀喷雾。喷雾时要压低喷头，定向喷雾，不可喷到香蕉树叶子上。喷施后用丁齿耙、旋耕机进行浅混土。如果不混土，应在喷施后灌溉，使溶液渗入土壤中，以提高除草效果。还要注意有机质含量很低、沙质重的土壤不宜施用，以免施用后遇大雨将药液淋溶到香蕉根部而引起药害。

本配方产品可为香蕉树补充速效养分，增强树势，同时防除香蕉园的稗草、狗尾草、牛筋草、马齿苋、反枝苋、苘麻、龙葵、酸浆属、酸模叶蓼、柳叶刺蓼、猪毛菜、马唐、铁苋菜、藜、早熟禾、繁缕等杂草，除草持效期约半年左右。对多年生禾本及深根性杂草无效。

[**注意事项**]（1）不可与碱性物质混用。（2）豆类、麦类、水稻、桃树对莠去津敏感，施用时应注意。（3）沙土地施用本配方产品要适当减量。（4）本配方产品应贮存在阴凉、干燥、通风的库房内。

第八节　山楂树

一、防病害多功能肥料

[**配方**] 尿素 36 千克、磷酸二氢钾 10 千克、腐植酸钾 8 千克、氨基酸螯合锌·锰·铁 8 千克、硼酸 8 千克、胺鲜酯（DA-6）0.04 千克、50％三唑酮·硫 4 千克、40％多·锰 7.5 千克、增效剂 2 千克、辅料 16.46 千克。

[**安全施用技术**] 本配方产品是根据山楂需肥特点和易发生的主要病害设计的喷施型防病多功能肥料。在病害发生时喷施，有预防病害和根外追肥和增强树势的作用，在病发初期喷施有防治病害和根外追肥作用。一般每 10～15 天喷施一次，连续喷施 2～4 天，可防治多种病害。每亩每次用本配方产品 2～2.5 千克，对水 50～90 千克，搅拌，使颗粒溶解完全，并充分搅匀后对山楂树喷雾。防治山楂树锈病，重点在 5 月下旬至 6 月下旬喷施，每隔 15 天左右喷施一次，连续防治 2 次；防治山楂白粉病，在落花后和幼果期每 15～20 天喷施一次，共需防治 2～3 次；防治山楂树枯梢病，在发芽前喷施一次，5～6 月份，每 15 天左右喷施一次，连续喷施 2～3 次；防治山楂丛枝病，在发病初期每 15 天左右喷施一次，共需喷施 3 次。喷施时间和次数，可根据病情而定。

[**注意事项**]（1）不可与碱性物质混用。（2）在果实采摘前 15～20 天停用本配方产品。（3）不可与铜制剂混用。（4）溶液要及时用完，不可放置。（5）本配方产品应贮存在阴凉、干燥、

通风的库房。

二、防虫害多功能肥料

［配方］尿素 40 千克、磷酸二铵 12 千克、黄腐酸钾 6 千克、复硝酚钾 0.02 千克、40％乐·氰（乐果·氰戊菊酯）2 千克、20％氟·杀（氟氰菊酯·杀螟硫磷）3 千克、增效剂 3 千克、辅料 33.98 千克。

［安全施用技术］在害虫发生期，每亩地每次用本配方产品 2～2.5 千克，对水 50～75 千克，搅拌，使颗粒溶解完全，再充分搅匀后。对全树喷雾，喷施后可防治山楂树红蜘蛛、各种食心虫、蠹蛾、粉蝶、毛虫、叶蝉等害虫。在防治食心虫和蛾类害虫时，应在成虫卵高峰期、卵果率达 0.5％～1％ 及时喷施防治。在防治害虫的同时，也为山楂树提供了速效养分和增强树势的活性物质。

［注意事项］（1）不可与碱性物质混用。（2）啤酒花、菊科植物、高粱有些品种、烟草、枣树、桃、杏、梅树、橄榄、无花果、柑橘等作物对高浓度的乐果较为敏感。（3）本配方产品中含杀螟硫磷，对某些十字花科蔬菜易产生药害。（4）本配方产品中的杀虫剂对鱼类、蜜蜂、家蚕等毒性较高。（5）喷雾要均匀、周到。（6）本配方产品应贮存在阴凉、干燥、通风的库房内。

三、除草多功能肥料

［配方］尿素 40 千克、磷酸一铵 8 千克、硫酸钾 6 千克、复硝酚钠 0.02 千克、50％扑草净 15 千克、增效剂 3 千克、辅料 27.98 千克。

［安全施用技术］本配方产品是山楂果园除草多功能肥料。在山楂果园杂草大量萌发出土前，用配方产品 1.5～2.5 千克，对水 40～70 千克，搅拌，使颗粒溶解完全，经充分搅匀后，对山楂园地表均匀喷雾。喷施后可被土壤粘粒吸附，在 0～5 厘米

表土中形成药层，持效期为 20～70 天。在湿暖湿润季节和有机质含量低的沙质土壤，用低量，反之用高量。施用后可防除 年生禾本科、莎草科杂草和阔叶杂草。在防除杂草的同时也为山楂树提供了速效活性物质。

[注意事项]（1）有机质含量低的沙质土壤不宜施用本配方产品。（2）适当的土壤水分是发挥除草效果的重要因素；所以喷施时山楂园土壤要保持湿润。（3）喷雾必须均匀，否则易产生药害。（4）本配方产品应贮存在阴凉、通风、干燥的库房中。

第九节 核桃树

一、防病害多功能肥料

[配方]尿素 33 千克、磷酸二氢钾 11 千克、黄腐酸钾 6 千克、氨基酸螯合锌·铁 4 千克、硼酸 5 千克、氨基酸螯合钼 0.5 千克、氨基酸螯合钙·镁 8 千克、复硝酚钾 0.02 千克、50%退菌特 4.6 千克、65%多克菌 11 千克、增效剂 3 千克、辅料 13.88 千克。

[安全施用技术]根据核桃树的需肥特性和易发生的主要病害设计了核桃防病多功能肥料，每亩每次用本配方产品 2 千克，对水 50～60 千克，搅拌，使颗粒溶解完全，经充分搅匀后喷雾。既能防治病害，又起根外追肥作用。

防治核桃黑斑病，在展叶时，落花后、幼果期各喷施一次；防治核桃树枝枯病，在主干发病时刮除病斑，将本配方产品用 10 倍水配成浆状，涂拌刮除病斑的部位，然后用塑料布包好扎紧；防治核桃腐烂病，在早春和生长期及时刮除病斑，将本配方产品用 10 倍水配成浆状涂抹，进行消毒处理；防治核桃炭疽病，在发芽前、发病前、病发初期喷施；防治核桃褐斑病，在开花前、落花后各喷施一次。

[**注意事项**]（1）不可与碱性物质混用，也不可与铜制剂混用。（2）喷施后 14 天内，在喷施区及周围地区不宜放牧或割草作饲料。（3）喷施要均匀，每次喷施间隔期 10 天左右。（4）本配方产品中杀菌活性成分对鱼有毒。（5）本配方产品应贮存在阴凉、干燥、通风的库房内。

二、防虫害多功能肥料

[**配方**]尿素 40 千克、磷酸一铵 6 千克、氯化钾 7 千克、复硝酚钠 0.02 千克、硼酸 5 千克、氨基酸螯合稀土 1 千克、25％乙酰·氰 2.5 千克、50％杀螟硫磷 3 千克、增效剂 3 千克、辅料 32.48 千克。

[**安全施用技术**]本配方产品是用于核桃防虫害的多功能肥料。每亩地每次用量 2～2.5 千克，对水 60～100 千克，搅拌溶解完全后，再经充分搅匀，对核桃树进行喷施。有根外追肥，增强树势和防治害虫的作用。本配方产品的安全间隔期一般为 7～10 天。防治核桃举肢蛾，在卵孵化期，即发现有个别已蛀果时，立即进行喷施防治，喷施次数视虫情而定，防治木撩尺蠖，在幼虫发生期（7 月至 9 月上旬）喷施杀灭害虫；防治核桃果象甲，在 5～6 月份喷施；防治核桃缀叶蛾，在 7 月中下旬喷施；防治核桃小吉丁虫，在成虫发生期喷施。

[**注意事项**]（1）不可与碱性物质混用。（2）在采收前 20 天内停用本配方产品。（3）本配方产品在一季内最多施用次数不超过 3 次。（4）本配方产品含的杀虫剂对萝卜、油菜、青菜、卷心菜等十字花科蔬菜易产生药害。（5）对鱼毒性较大。（6）施用时随配随用，溶液不可放置。（7）本配方产品应贮存在阴凉、通风、干燥的库房中。

三、除草多功能肥料

[**配方**]尿素 38 千克、磷酸二铵 6 千克、氯化钾 8 千克、复

硝酚钠 0.02 千克、33％施田补 10 千克、38％莠去津 7.5 千克、增效剂 3 千克、辅料 27.48 千克。

[**安全施用技术**]本配方产品是用于核桃园土壤处理的除草多功能肥料，在春季杂草大量出土前进行土壤处理，每亩用量 2 千克，对水 40～60 千克，搅拌，使颗粒溶解完全，并充分搅匀后，对核桃园土壤压低喷头定向均匀喷雾，然后用耙、旋耕机进行浅混土 4～5 厘米。施用后可防除稗草、马唐、狗尾草、牛筋草、马齿苋、反齿苋、苘麻、龙葵、酸浆属、藜、酸模叶蓼、柳叶刺蓼、猪毛菜、早熟禾等杂草。同时有增强树势效果。

[**注意事项**]（1）本配方产品用于定植一年以上的核桃树。（2）含沙量过高、有机质含量过低的土壤不宜施用。（3）本配方产品对豆科作物不安全，间种豆类作物的核桃园不宜施用。（4）土壤处理时，应先喷施本配方产品，而后再浇水，可增加土壤吸附，减轻药害。（5）施田补对鱼类有毒，防止污染水源。（6）本配方产品应贮存在阴凉、干燥、通风的农药库房。

第十节　板　栗　树

一、防病害多功能肥料

[**配方**]尿素 36 千克、磷酸二氢钾 10 千克、黄腐酸钾 8 千克、氨基酸螯合锌·铜 6 千克、硼酸 5 千克、复硝酚钾 0.02 千克、胺鲜酯（DA-6）0.04 千克、50％退菌特 4.6 千克、33％三唑酮·多菌灵 6 千克、增效剂 3 千克、辅料 21.34 千克。

[**安全施用技术**]根据板栗树的需肥特性和易发生的病害设计的功能肥料。根外追肥和防治病害，每亩每次用量 2～2.5 千克，对水 50～100 千克，搅拌，使颗粒溶解完全，对栗树喷施。喷施次数可根据病情而定，一般间隔时间为 7～10 天。防治栗树干枯病（又叫腐烂病），在 6 月下旬和 11 月上旬进行，先刮

去病斑，并在病斑部位各涂抹一次本配方产品的浆状物（用5～10倍水配成浆状物），涂抹后用塑料布包扎紧，防治效果一般为80%左右。防治板栗树干枯病还需同时防治树干害虫（透翅蛾、吉丁虫、天牛、蚧等）和红蜘蛛等害虫，是减轻栗树干枯病的重要措施；锈病多在8～9月份发生，此时可喷施预防；防治毛锈病，在发病前喷施；芽枯病在4～7月下旬左右发病，可在发病初期喷施防治；栗炭疽病一般在8月份以后发生，可在在7月下旬至8月下旬喷施防治，一般喷2～3次；防治栗树疫病，在栗树发芽前用本配方产品5～10倍水溶状物涂刷树干和主枝基部，同时防治枝干害虫。施用本配方产品，在防治某一种病害时，同时对其他病也有防治作用。但不可重复喷施，避免造成药害。

二、防虫害多功能肥料

[配方] 尿素36千克、磷酸一铵9千克、氯化钾8千克、复硝酚钠0.02千克、胺鲜酯（DA-6）0.04千克、40%乐·氯（乐果·氯氰菊酯）1.25千克、25%乙酰·氰5千克、增效剂3千克、辅料37.69千克。

[安全施用技术] 施用本配方产品可防治栗树主要害虫，同时有根外追肥和增强树势作用。每亩每次施用2千克，对水70～100千克，搅拌，使颗粒溶解完全，再充分搅匀后施用，防治栗实象甲，在成虫入土后产卵前进行全树喷施，一般每隔10天一次，共喷3次；防治栗实蛾，在成虫出土前，树冠下喷施本配方产品10～20倍水溶解物。在幼虫孵化至蛀果前对全树喷施；防治栗瘿蜂，一般6月下旬至7月下旬是成虫发生期，盛期在7月上旬。在成虫发生期的上午8～12时喷施效果好；防治栗透翅蛾，在成虫盛发期对树干喷洒，使溶液进入主干下部的树皮裂缝、翘皮内，以杀灭害虫；防治醋栗透翅蛾，于6月上旬或成虫羽化高峰期喷施；防治栗吉丁虫，于成虫羽

化初期，在树干上涂刷本配方产品的 5～10 倍水溶物，每隔 15 天涂刷一次，连续涂杀 2～3 次。在成虫出树后产卵前，对全树进行喷雾，每隔 15 天喷一次，一般喷 2～3 次；防治栗大蚜，在越冬卵孵化后、为害期对全树进行喷施；防治板栗叶螨，在若螨初盛期对全枝喷施，同时可防治多种害虫。本配方产品的安全间隔期为 10 天。

[注意事项]（1）不可与碱性物质混用。（2）果实采收前 10 天内停用本配方产品。（3）杀虫活性成分对蜜蜂、鱼虾、家蚕毒性高，施用时注意不要污染河流、池塘、桑园、养蜂场所。（4）施过本配方产品的地方及周围的杂草在一个月内不可做饲草，也不可放牧牛、羊和家禽。（5）啤酒花、菊科植物、高粱、烟草、桃、杏、梅树、橄榄、无花果等作物对本配方产品敏感，施用时注意这些作物的安全。（6）本配方产品应贮存在阴凉、干燥、通风的农药库房内。

三、除草多功能肥料

[配方] 尿素 38 千克、磷酸二铵 7 千克、氯化钾 8 千克、复硝酚钠 0.02 千克、50%扑草净 7.5 千克、43%甲草胺 7 千克、增效剂 3 千克、辅料 29.48 千克。

[安全施用技术] 本配方产品是用于栗树园土壤处理的除草多功能肥料，在杂草大量萌发出土前，每亩用量 2 千克，对水 40～60 千克，搅拌，使颗粒溶解完全，再经充分搅匀后，对栗园土壤进行均匀喷雾，然后进行浅混土 3 厘米。对防除一年生禾本科、莎科杂草和阔叶杂草效果显著，除草持效期为 20～70 天。施用本配方产品对增强树势有一定的作用。

[注意事项]（1）有机质含量低的沙质土壤不宜施用。（2）适当的土壤水分是发挥除草效果的重要因素。（3）本配方产品应贮存在阴凉、干燥、通风的农药库房中。

第十一节 樱桃树

一、防病害多功能肥料

[配方] 尿素 33 千克、磷酸二氢钾 12 千克、黄腐酸钾 6 千克、氨基酸螯合锌·锰·铜·铁 8 千克、硼酸 5 千克、复硝酚钾 0.02 千克、40％多·锰（多菌灵·代森锰锌）10 千克、50％退菌特 4.6 千克、增效剂 2 千克、辅料 19.38 千克。

[安全施用技术] 本配方产品是用于樱桃防病害的多功能肥料，在根外追肥或出现病害时进行，每亩每次用 2 千克，对水 50～75 千克，搅拌溶解颗粒后，再充分搅匀，即可进行施用。防治樱桃穿孔性褐斑病，在落花后开始喷施，每 7～10 天一次，防治樱桃褐腐病、幼果菌核病、灰霉病、炭疽病。在开花前喷施一次，有预防作用。在病发初期开始喷施，每 15 天左右喷施一次；防治樱桃树癌肿病，在病发初期及时刮涂病斑，将本配方产品用水溶解成浆状后进行涂抹。施用本配方产品可防治樱桃多种病害，在防治某种病害时，也对其他病害有防治效果，防治次数视病情而定，一般不超 4 次。

[注意事项]（1）不可与碱性物质及铜制剂混用。（2）溶液要现用现配，不可放置。（3）喷雾要均匀、周到。（4）本配方产品应贮存在避光、阴凉、通风、干燥处。

二、防虫害多功能肥料

[配方] 尿素 30 千克、磷酸一铵 12 千克、硫酸钾 12 千克、黄腐酸钾 6 千克、氨基酸螯合钙·铁 4 千克、复硝酚钾 0.02 千克、25％乙酰·氰（乙酰甲胺磷·氰戊菊酯）5 千克、37％高效顺反氯·马（高效氯氰菊酯·马拉硫磷）3 千克、增效剂 3 千克、辅料 24.98 千克。

[**安全施用技术**]根据樱桃需肥特性和常见病虫害设计的配方产品，每亩每次用量 2 千克，对水 50～75 千克，搅拌，溶解颗粒后，再充分搅匀，即可喷雾。防治樱桃实蜂，在成虫出土前（约 3 月上旬）和幼虫脱果期（约 4 月下旬）对樱桃树冠下及周边地面喷雾，可防治成虫和脱果幼虫。在樱桃树落花后立即喷雾防治幼虫；防治樱桃瘿瘤头蚜，在樱桃树开花前对全树喷雾，杀灭越冬卵。在 3 月上旬，越冬卵孵化，但尚未形成虫瘿时对全树喷雾防治；防治红颈天牛，6 月下旬至 7 月中旬，对树干进行喷雾，防治成虫；防治金缘吉丁虫，在成虫羽化期喷施；防治透翅蛾，在 6～7 天成虫羽化期喷施；防治金龟子类害虫，在 6 月中旬喷施；防治桑白蚧，在初孵化若虫尚未形成介壳前喷施；杀灭若虫；防治盘形毛虫，在幼虫为害期进行喷施；防治大青叶蝉，在 9～10 月份为害时对樱桃树喷雾。喷施本配方产品防治某种害虫时，同时也对其他害虫有防治作用，一般每 10～15 天防治一次，防治次数视虫情而定。

[**注意事项**]（1）不可与碱性物质混用。（2）溶液应现配现用，不可久置。（3）喷雾时要细致周到，尽量将溶液喷着虫体。（4）本配方产品中的杀虫剂对蜜蜂、家蚕、鱼类有毒，施用时应注意，不可污染河流、池塘、桑园、养蜂等场所。（5）喷施后 10 天内不可在喷施地和周边放牧。（6）本配方产品应贮存在阴凉、干燥、通风的农药库房内。

三、除草多功能肥料

[**配方**]尿素 33 千克、磷酸二铵 9 千克、硫酸钾 11 千克、复硝酚钠 0.02 千克、胺鲜酯（DA-6）0.04 千克、50%大惠利（敌草胺）8.25 千克、50%扑草净 6.9 千克、增效剂 3 千克、辅料 28.79 千克。

[**安全施用技术**]本配方产品是樱桃园土壤处理除草多功能肥料，于一年生杂草大量萌发出土前进行土壤处理，每亩用量

2~2.5 千克，对水 40~60 千克，搅拌，使颗粒全部溶解后，对樱桃园表土压低喷头定向喷雾，一般春季因天气干旱，用量应高于秋季；在温暖湿润季节和有机质含量低的沙质土壤用低量；反之用高量。施用后可防除一年生禾本科杂草如稗草、马唐、狗尾草、野燕麦、千金子、看麦娘、早熟禾、双穗雀稗等以及一些阔叶杂草如藜、猪殃殃、萹蓄、繁缕、马齿苋、野苋、苣荬菜等杂草。喷施后降小雨或灌溉可提高除草效果。施用本配方产品还有增强树势效果。

[**注意事项**] (1) 不可与碱性物质混用。(2) 溶液随用随配，不可放置。(3) 有机质含量低的沙质土壤不宜施用。(4) 适当的土壤水分是发挥除草效果的重要因素。(5) 喷雾要均匀。(6) 大惠利对芹菜、茴香有药害，施用时要注意。(7) 大惠利混入土壤后半衰期达 70 天左右，注意下茬或间作敏感作物药害问题。(8) 在干旱地区施用本配方产品进行土壤处理后应浅混土，以提高除草效果。(9)本配方产品应贮存在阴凉、干燥、通风处。

第十二节　荔　枝　树

一、防病害多功能肥料

[**配方**] 尿素 32 千克、磷酸二氢钾 12 千克、黄腐酸钾 6 千克、氨基酸螯合锌·锰·铜·铁 8 千克、氨基酸螯合钙·镁 6 千克、硼酸 5 千克、复硝酚钾 0.02 千克、75%百菌清 5.7 千克、50%多菌灵 3.75 千克、增效剂 3 千克、辅料 18.53 千克。

[**安全施用技术**] 本配方产品是根据荔枝需肥特性和常见病害设计的，每亩每次用量 2 千克，对水 50~75 千克，搅拌，使颗粒剂溶解完全，并充分搅匀后即可喷施。防治荔枝霜霉病，在花蕾期、幼果期及果实成熟前喷施，每 10 天左右一次，一般防治 3~4 次；防治荔枝炭疽病，从结果期开始喷施，每隔 15 天左

右喷施一次，共2～3次；防治荔枝藻斑病，在发病初期开始喷施，每15天喷施一次，一般连续3次；防治荔枝毛毡病，在春季瘿螨壁虱迁到春梢或花穗上时喷施15%寻螨乳油3 000倍液或50%抗蚜威可湿性粉剂3 000倍液。喷施本配方产品可防治荔枝多种病害，在防治某种病害时对其他病害也有防治效果，还能增强树势，增强荔枝树抗逆能力。

[注意事项]（1）不可与铜制剂及碱性物质混用。（2）溶液要现用现配，不可放置。（3）采摘前10天内停用配方产品。（4）百菌清对鱼类有毒，施用时不可污染池塘、湖泊、溪流和水源。（5）本配方产品应贮存在阴凉、干燥、通风处。

二、防虫害多功能肥料

[配方]尿素33千克、硫酸铵8千克、磷酸二氢钾10千克、黄腐酸钾6千克、氨基酸螯合锌·锰·铜·铁6千克、氨基酸螯合钙·镁5千克、硼酸4千克、复硝酚钠0.02千克、40%菊·马（氰戊菊酯·马拉硫磷）0.75千克、40%乐·氯（乐果·氯氰菊酯）1.25千克、增效剂3千克、辅料22.98千克。

[安全施用技术]根据荔枝常见虫害和需肥特性设计的配方产品，在防治荔枝害虫或进行根外追肥时，每亩每次用量2千克，对水50～75千克，搅拌溶解颗粒后，再充分搅匀，即可喷雾。防治细蛾类害虫、夜蛾类害虫、蝶类害虫，在幼虫为害期和成虫产卵期喷施；防治荔枝拟木蠹蛾，在4～6月喷涂树干，杀灭幼虫，每10～15天一次；防治荔枝蝽，在若虫发生期和成虫群集秋梢的9～10月或翌年早春出蛰后至产卵前喷施；防治荔枝龙眼鸡，可在为害期进行喷施防治，龙眼在4～6月产卵孵化，幼龄虫有群集性，在幼虫低龄期喷施防治效果好；防治蜡粉蚧，在若虫孵化盛期和末期喷施；防治荔枝瘿螨，在若螨盛发期喷施。喷施本配方产品可同时防治多种害虫，喷施次数视虫情而定。一般安全间隔期在7～10天。喷施本配方产品既能防治害

虫，还有根外追肥和增强树势的效果。

[注意事项]（1）不可与碱性物质混用。（2）溶液应随用随配，不可放置。（3）喷施本配方产品的田块及周边 10 天内不让牲畜、家禽进入。（4）有些作物对乐果敏感，施用时应注意。（5）氰戊菊酯对蜜蜂、鱼虾、家蚕等毒性高，施用时注意不要污染河流、池塘、溪流、桑园、养蜂场所。（6）本配方产品应贮存在阴凉、干燥、通风的农药库房内。

三、除草多功能肥料

[配方]尿素 36 千克、磷酸一铵 9 千克、硫酸钾 9 千克、复硝酚钠 0.02 千克、41％农达（草甘膦）12.5 千克、增效剂 3 千克、辅料 30.48 千克。

[安全施用技术]本配方产品是用于荔枝园杂草茎叶处理的除草多功能肥料，在杂草高 10～15 厘米时对杂草植株进行定向喷雾。每亩每次用量 2 千克，对水 30 千克，搅拌，使颗粒全部溶解后，再充分搅匀，即可喷雾。喷雾时溶液不能触及荔枝树的绿色部位，也不能使溶液飘移到其他作物上。喷施后可有效防治一年生杂草如稗草、狗尾草、看麦娘、牛筋草、卷耳、马唐、藜、繁缕、猪殃殃、车前草、小飞蓬、鸭跖草、双穗雀稗等，对白茅、硬骨草、芦苇、香附子、水蓼、狗牙根、蛇莓、刺儿菜、野葱、紫菀等杂草也有较好的效果。

[注意事项]（1）不可与碱性物质混用。（2）溶液要现配现用，不可放置。（3）草甘膦为灭生性除草剂，喷雾时要压低喷头，进行均匀定向喷施，避免荔枝树及其他作物受害。（4）溶液要用清水配制，对入泥浆水时会降低除草效果。（5）喷施本配方产品的荔枝园 4 天内不要割草、放牧和翻地。（6）喷施后 4 小时内遇大雨时会降低除草效果，应酌情补喷。（7）草甘膦对金属有腐蚀性，贮存包装与施用时应尽量用塑料容器。(8)施用时加入适量的表面活性剂和柴油，可增加除草效果，节省用量。(9)本配方

产品应贮存在阴凉、干燥、通风的农药库房内。

第十三节　杏　　树

一、防病害多功能肥料

[配方] 尿素 36 千克、磷酸二氢钾 11 千克、黄腐酸钾 6 千克、氨基酸螯合锌·铜 4 千克、复硝酚钾 0.02 千克、胺鲜酯（DA‑6）0.04 千克、50％退菌特 4.5 千克、40％多·锰（多菌灵·代森锰锌）10 千克、增效剂 2 千克、辅料 26.44 千克。

[安全施用技术] 本配方产品是用于杏树的防病多功能肥料，每亩每次用量 2 千克，对水 50～75 千克，搅拌溶解颗粒后，再充分搅匀，即可用于喷施防治病害。防治杏褐斑病，于果实临近成熟时喷施；防治杏黑粒枝枯病，于 8 月上旬至 9 月下旬开始喷施，10～14 天一次，一般喷施 3～4 次；防治杏树细菌性穿孔病、杏轮纹病，从发芽前开始，每隔 15 天左右喷施一次，一般 2～3 次，防治杏疔病，从杏树展叶期开始喷施，每 10～15 天喷施一次，一般喷施 2 次；防治杏树流胶病，在杏树未开花前刮去胶块，将本配方产品用 10 倍水溶解后涂抹；防治杏树干腐病，用刀在树病部纵向划痕，充分涂抹本配方产品的 10 倍水溶液；防治杏叶肿病，在花芽开绽期喷施；防治杏果实斑点病，在发病初期开始喷施，每 7～10 天喷施一次。喷施本配方产品可防治多种病害，在防治某种病害的同时，也对防治其他病害有效，一般每 7～10 天喷施或涂抹一次，施用次数应视病情而定。施用本配方产品防治效果好，同时对增强树势效果明显。

[注意事项]（1）不可与碱性物质、铜制剂混用。（2）溶液随用随配，不可放置。（3）喷施后 15 天内不宜在喷施区及周边地区放牧。（4）本配方产品在高温、潮湿环境中不太稳定，应贮存在阴凉、干燥处。

二、防虫害多功能肥料

[配方] 尿素36千克、磷酸一铵8千克、硫酸钾9千克、黄腐酸钾6千克、氨基酸螯合锌·铁4千克、硼酸5千克、复硝酚钾0.02千克、40%溴·马（溴氰菊酯·马拉硫磷）5千克、25%乙酰·氰（乙酰甲胺磷·氰戊菊酯）5千克、增效剂3千克、辅料18.98千克。

[安全施用技术] 根据杏树常见虫害和需肥特点设计的本配方产品，防治虫害或根外追肥，每亩每次用量1.5～2.5千克，对水50～90千克，搅拌溶解颗粒后，再充分搅匀即可施用。防治小蠹蛾、食心虫、蛀螟，在成虫产卵盛期至幼虫孵化初期进行喷施杀灭；防治杏象甲，在成虫发生期对杏树进行喷雾，每10～15天喷一次，需连续防治2～3次。在成虫出土盛期，对树冠下及周边地面进行喷施，杀死出土成虫；防治桃仁蜂，在成虫盛发期进行喷施防治；防治黄斑卷蛾、桃斑蛾、桃潜蛾、桃冠潜蛾、剑纹夜蛾等蛾类害虫，在越冬幼虫出蛰盛期及第一代卵孵化盛期后喷施；防治白条紫斑螟，在产卵盛期至孵化初期喷施防治；防治枯叶蛾、桃天蛾，在幼虫发生期喷施；防治小绿叶蝉，在各代若虫孵化盛期及时喷施；防治蚜虫，在为害期喷施；防治红颈天牛，在发生期用本配方产品对6～10倍水溶解成浆状，涂抹树干，并尽量抹入树干上的虫孔，以杀死害虫；防治桑盾蚧、朝鲜球蚧、水木坚蚧、皱球蚧，在若虫分散转移期喷施。喷施本配方产品可防治多种害虫，在防治某种害虫时也对其他害虫也有防治效果，其安全间隔期7天，防治次数视虫情而定。在防治虫害时，也有根外追肥和增强树势的良好效果。

[注意事项]（1）不可与碱性物质混用。（2）施用时要现用现配，溶液不可放置。（3）喷施本配方产品的田块和周边应做好标记，10天内不可放牧。（4）对蜜蜂、鱼虾、家蚕等毒性高，施用时不可污染河流、池塘、桑园、养蜂场所。（5）收获前10

天内停用。(6) 防治钻蛀害虫应掌握在幼虫蛀入作物前施用防治。(7) 溴氰菊酯对塑料容器、用具有腐蚀性，应注意。(8)本配方产品应贮存在阴凉、干燥、通风的农药库房内。

三、除草多功能肥料

[配方] 尿素 36 千克、磷酸一铵 8 千克、硫酸钾 10 千克、复硝酚钠 0.02 千克、50%扑草净 7.5 千克、60%丁草胺 3.1 千克、增效剂 3 千克、辅料 32.38 千克。

[安全施用技术] 本配方产品是用于杏树园土壤处理的除草多功能肥料，在杂草大量萌发出土前进行土壤处理，每亩地每次用量 1.5～2.5 千克，对水 30～50 千克，搅拌，使颗粒溶解完全，再充分搅匀后立即对杏树园土地表面进行喷雾，温暖湿润季节和有机质含量低的沙质土壤用低量，反之用高量。喷施本配方产品对一年生禾本科杂草、莎草科杂草、阔叶杂草及某些多年生杂草如眼子草、牛毛草、萤蔺等有效。同时也为杏树园土壤提供了速效营养元素，对增强树势有一定作用。

[注意事项] (1) 不可与碱性物质混用。(2) 溶解应现用现配，不可放置。(3) 土壤中含适量的水分是发挥除草效果的重要因素。(4) 除草剂丁草胺对鱼类毒性很高，施用中应充分注意。(5) 本配方产品应贮存在阴凉、通风、干燥的地方。

第十四节　李　树

一、防病害多功能肥料

[配方] 尿素 34 千克、磷酸二氢钾 11 千克、黄腐酸钾 6 千克、氨基酸螯合锌·锰·铜·铁 6 千克、氨基酸螯合钙·镁 6 千克、复硝酚钾 0.02 千克、40%多·锰（多菌灵·代森锰锌）10 千克、5%井冈霉素 7.5 千克、50%退菌特 4.7 千克、增效剂 2

千克、辅料 12.78 千克。

[**安全施用技术**]根据李树的需肥特性和常见病害设计的李树防病多功能肥料配方，根外追肥和防治病时，每亩每次用量 2 千克，对水 75～100 千克，搅拌，使颗粒剂溶解完全，并充分搅匀后即可喷施。防治李树流胶病，在果实膨大期，对树干、枝叶喷雾，每 15 天一次，一般 3～4 次。发病较重时，在发病部位上用刀尖纵向划道，然后涂抹本配方产品的 10 倍水溶液，或在早春发芽前将流胶部位病组织用刀刮掉，进行涂抹；防治李袋果病，从芽开始膨大到露红期，对全树进行周密细致地喷施，可铲除树上越冬的病苗，减少浸染源，减少发病率，并保护树芽萌发；防治李红点病，在李树开花末期及叶芽萌发期进行喷施预防，一般从展叶期至 9 月中旬均可发病，多雨年份或雨季发病较重，在发病初期喷施防治，每 10～15 天一次；防治李细菌性穿孔病（又称李黑斑病、细菌性溃疡病），一般在 5 月开始发病，7～8 月为发病盛期。在发病期间一般 7～10 天喷施防治一次。防治李褐腐病，在果实发病前（果实临成熟时）喷施防治；防治李炭疽病，一般在 7 月发生较多，应在幼果期喷施防治，每 7～10 天喷施一次；防治李轮纹病，在发病初期喷施。喷施本配方产品可同时防治多种病害，喷施次数视病情而定，在防治病害的同时，对增强树势效果较好。

[**注意事项**]（1）不可与铜制剂及碱性物质混用。（2）喷施本配方产品安全间隔期不少于 7 天。（3）喷施溶液应现用现配，不可放置。（4）喷施后 15 天内不宜在喷施区及周边地区放牧，喷施区的杂草不能饲用。（5）本配方产品应贮存在阴凉、干燥、避免日光直射的农药库房内。

二、防虫害多功能肥料

[**配方**]尿素 35 千克、磷酸一铵 9 千克、硫酸钾 10 千克、黄腐酸钾 6 千克、氨基酸螯合锌·锰·铁 4.5 千克、氨基酸螯合

钙·镁 6 千克、复硝酚钾 0.02 千克、胺鲜酯（DA－6）0.04 千克、15％乐·溴（乐果·溴氰菊酯）2 千克、25％乙酰·氰（乙酰甲胺磷·氰戊菊酯）3 千克、增效剂 3 千克、辅料 21.44 千克。

[**安全施用技术**] 本配方产品是李树防虫害多功能肥料，防虫害或根外追肥，每亩每次用量 2 千克，对水 75～100 千克，搅拌溶解颗粒后，再充分搅匀即可施用。防治李小食心虫，在李树开花前或开花时，对树冠下地面喷施，可防治羽化前的李小食心虫，在成虫产卵盛期至幼虫孵化初期对全树进行喷雾，可杀灭幼虫和成虫；防治桃蛀螟，在成虫产卵盛期至孵化初期喷施，毒杀卵和初孵化出的幼虫；防治桃仁蜂，在成虫盛发期喷施；防治白条紫斑螟，在幼虫为害期喷施；防治蚧类害虫，在若虫分散转移期喷施毒杀；防治天牛类害虫，在成虫发生期结合防治其他虫害，对树干及枝叶进行喷施毒杀。防治幼虫，可将本配方产品用 10 倍水溶成浆状体，涂抹树干，堵塞虫孔，如果将浆状溶液注入虫孔，则效果更好。施用本配方产品可同时防治多种害虫，一般安全间隔期不少于 7 天，施用次数视虫情而定。施用本配方产品在防治虫害的同时，也起到了根外追肥和增强树势及提高抗逆等作用。

[**注意事项**]（1）不可与碱性物质混用。（2）溶液应随用随配，不可放置。（3）本配方产品中杀虫活性成分对鱼虾、蜜蜂、家蚕、牛、羊、家禽有毒。（4）本配方产品对塑料有腐蚀性。（5）有些作物对乐果敏感，施用中应注意避免药害。（6）施用本配方产品的李园及周边 10 天内不可放牧，其杂草也不可饲用。（7）本配方产品应贮存在阴凉、干燥、通风的农药库房内。

三、除草多功能肥料

[**配方**] 尿素 36 千克、磷酸二铵 8 千克、硫酸钾 9 千克、复硝酚钠 0.02 千克、50％大惠利（萘丙酰草胺）10 千克、50％扑

草净 7.5 千克、增效剂 3 千克、辅料 26.48 千克。

[安全施用技术] 本配方产品是用于李园土壤处理的除草多功能肥料，每亩每次用量 1.5～2.5 千克，对水 30～50 千克，搅拌，使颗粒全部溶解，再经充分搅匀后，对李树园地面进行均匀定向喷雾。温暖湿润季节和有机质含量低的沙质土壤用低量；反之用高量。喷施后可防除一年生禾本科杂草、莎草和阔叶杂草如稗草、马唐、狗尾草、野燕麦、千金子、看麦娘、早熟禾、双穗雀稗、藜、繁缕、猪殃殃、萹蓄、马齿苋、野苋、苣荬菜等。对某些多年生杂草如眼子菜、牛毛草、萤蔺等也有效。在杂草大量萌发出土前进行土壤处理。如天气干旱，喷施后应立即进行浅混土。喷施后降小雨或灌溉，可提高除草效果。

[注意事项]（1）不可与碱性物质混用。（2）溶液要现配现用，不可放置。（3）有机质含量低的沙质土不宜施用。（4）大惠利施入土层后半衰期为 70 天左右，持效期较长。（5）大惠利对芹菜、茴香等有药害，有间作的李树园不宜施用。（6）大惠利对已出土的杂草效果差，应早施用。（7）一般土壤粘重时用量大。春夏日照长，光解较多，用量应高于秋、冬季。土壤干旱地区施用后应进行混土，以提高除草效果。（8）本配方产品应贮存在阴凉、干燥、通风处。

第十五节　草　　莓

一、防病害多功能肥料

[配方] 尿素 32 千克、磷酸二氢钾 12 千克、氨基酸螯合锌·铜·锰 6 千克、氨基酸螯合钙·镁 6 千克、氨基酸螯合钼 0.3 千克、硼酸 2 千克、氨基酸螯合稀土 0.6 千克、复硝酚钾 0.02 千克、50%多菌灵 3.4 千克、64%杀毒矾 13 千克、95%敌克松 12 千克、增效剂 2 千克、辅料 10.68 千克。

[**安全施用技术**] 根据草莓需肥特点及常见病害设计的配方产品，在病害发生初期，每亩每次用 2 千克，对水 50～100 千克，搅拌，使颗粒剂溶解，并充分搅匀后施用。防治苗期病害和根部病害，需要喷雾，同时灌根，用溶液量每株 0.2～0.6 千克；防治灰霉病，从病发初期开始喷雾，喷液量要适当加大，植株枝、干、叶片全部喷上溶液，每 7～10 天一次，连续防治 2～3 次；防治褐斑病、轮纹病、炭疽病、叶斑病、革腐病、草莓蛇眼病、青枯病等病害，在病发初期喷雾，一般每 6～10 天喷一次，喷施次数视病情而定。在防治病害的同时，也起到了根外追肥的作用。

[**注意事项**]（1）不能与碱性农药混用。（2）溶液现配现用，不可放置。（3）杀菌活性成分水溶液在日光照射下不稳定，宜于在傍晚或阴天时喷施。（4）本配方产品应贮存在避光、通风、干燥、阴凉的农药库房中。

二、防虫害多功能肥料

[**配方**] 尿素 33 千克、磷酸二铵 10 千克、硫酸钾 10 千克、复硝酚钠 0.02 千克、胺鲜酯 0.04 千克、40%乐果·氰戊菊酯 1.56 千克、25%高氯·辛硫磷 1.8 千克、增效剂 3 千克、辅料 40.58 千克。

[**安全施用技术**] 本配方产品是根据草莓需肥特性和常见虫害设计的防虫害多功能肥料，一般在害虫为害时施用，每亩地每次用量 2 千克，对水 50～90 千克，搅拌，使颗粒溶解完全，再充分搅匀后喷雾或灌根。防治蚜虫、白粉虱，在害虫为害期，每 7～10 天喷施一次；防治叶螨，在叶螨发生期内喷施；防治斜纹夜蛾，在 4 龄后于傍晚前后喷施；防治盲蝽，在若虫期和成虫产卵盛期喷施；防治金龟子、草莓芽线虫、草莓叶甲、地下害虫，在害虫为害期灌根，每株灌溶液 0.3～0.8 千克。本配方产品施用后可防治多种害虫，并有一定的追肥和调节草莓生长的作用。

施用次数视虫情而定，安全间隔期应为 10 天左右。

[注意事项]（1）不可与碱性物质混用。（2）本配方产品中的杀虫活性成分对家蚕、鱼虾、蜜蜂等高毒，施用时不要污染河流、池塘、桑园、养蜂场所。（3）要随配随用，水溶解液不可放置。（4）配方中的乐果对牛、羊胃毒性较大，喷施过的杂草 30 天内不可喂牛、羊。10 天内不能放牧，对家禽胃毒性更大，施用时要注意。（5）本配方产品应贮存在阴凉、干燥、通风的农药库房内。

三、除草多功能肥料

[配方] 尿素 32 千克、磷酸一铵 10 千克、硫酸钾 10 千克、复硝酚钠 0.02 千克、氨基酸螯合稀土 0.6 千克、50% 大惠利 10 千克、增效剂 3 千克、辅料 34.38 千克。

[安全施用技术] 本配方产品是用于草莓定植前土壤处理的除草多功能肥料。每亩地每次用量 2 千克，对水 50～60 千克，搅拌溶解颗粒后，再充分搅匀，对地表土壤均匀喷雾，然后立即浅耙，混土 5～7 厘米，即可种植。施用后可防除稗草、马唐、狗尾草等一年生禾本科杂草和一些阔叶杂草如藜、猪殃殃、马齿苋、苣荬菜等。施用本产品时，要注意将土壤保持一定的温度，以提高防除效果。本配方产品除草持效期长，其活性成分半衰期可达 70 天左右，一次施用可基本解决一些草害问题。施用本配方产品后，还为土壤补充了速效营养元素和调节作物生长的活性物质，可促进作物健壮生长。

[注意事项]（1）不可与碱性物质混用。（2）施用时要随用随配，溶液不可放置。（3）大惠利对芹菜、茴香等敏感作物有害。（4）如施后盖地膜，应适当减少用量，一般减少 30% 左右。（5）本配方产品对已出土的杂草效果差，应在杂草出土前施用。（6）一般而言，土壤黏重时应适当提高施用量。（7）本配方产品应贮存在阴凉、干燥、通风的农药库房内。

第十章
果树安全施肥技术与专用肥配方

果树何时施肥，施何种肥，施肥方式和施肥量，直接影响施肥效果。果树安全施肥应根据不同地区的物候条件、果树种类、需肥特性、目标产量、土壤供肥能力和肥料性质等因素来确定。为了推广果树安全施肥技术，使果农获得优质高产、高效益，根据我国目前果树施肥状况，在广泛收集国内果树施肥技术的基础上，结合多年研发果树合理施肥经验，编写了具有综合性和代表性的果树安全施肥技术与专用肥配方，供读者参考。在实际应用中还应结合当地的物候条件、产量要求、土壤供肥能力和施肥方法等因素进行调整，以获最佳施肥效益。

第一节　苹　果　树

一、营养特性与需肥规律

1. 营养特性　苹果树年周期发育过程中存在两个营养转换时期。第一个营养转换期，是从以利用树体储存养分为主，向以利用当年吸收养分为主时期的过渡期，即在新梢开始生长后 42 天左右的时期；第二个营养转换期，是叶片中的同化养分回流至枝干、根系中储存起来的时期，即落叶前 1 个月至落叶结束，这一时期的树体营养特点是营养物质以积累为主，向枝干和根系等储存器官的转运量大，全树有较高的碳氮比。

不同营养元素对果实品质的影响不同，如锌、氮、锰对果肉硬度影响最大；果实色泽主要受钾、锌、磷的影响；果实总酸量受铝、锌、铁影响，总糖量受氮、锌、镁影响。大量元素中氮、磷、钾、镁构成果品品质的主要因素。就提高果品质量而言，氮肥施用时期比氮肥施用量更为重要，如红富士苹果 5～6 月大量施氮肥就会影响果实着色。

一般亩产 3 000 千克的苹果园，每年需从土壤中吸取氮（N）6.0～9.0 千克，磷（P_2O_5）1.5～3 千克，钾（K_2O）7.0～10 千克，氮、磷、钾吸收比例（N：P_2O_5：K_2O，下同）大致为 1：0.2：1.3。丰产期的苹果树，每生产 1 000 千克果实需约从土壤中吸收氮（N）4.1 千克、磷（P_2O_5）0.7 千克、钾（K_2O）5.1 千克，其吸收比例约为 1：0.17：1.24。亩产 2 000 千克果实的成年树，每生产 1 000 千克果实约需吸收氮（N）3.0～3.4 千克、磷（P_2O_5）0.8～1.1 千克、钾（K_2O）2.1～3.2 千克，氮、磷、钾吸收比例大约为 1：0.3：0.8。

不同品种吸收氮、磷、钾的比例不同，如 12 年生的富士苹果，在每亩 55 株的栽培条件下，氮、磷、钾比例为 1：0.2：1.0；14 年生的金冠苹果，在每亩 33 株的栽培条件下，氮、磷、钾比例为 1：0.2：1.6；30 年生的元帅苹果，在每亩 83 株的栽培条件下，氮、磷、钾比例为 1：0.2：1.3。

苹果树对磷的吸收较少，对钾、氮吸收较多，但多数情况下，钾的吸收比例超过氮素，特别是高产优质栽培条件下，苹果树对钾素的需求程度更为迫切，应重视施用钾肥。

2. 需肥规律

（1）苹果树在不同年龄时期需肥特点　苹果树在幼树期和初果期，树体生长迅速，需氮较多，需磷、钾较少。盛果期苹果树对养分需求量最大，养分的主要作用是保持树体健壮生长，保证产量，提高果实品质，对钾、磷需求量增大，氮的需求相对减少。衰老期的苹果树需要进行树体更新，对氮的需要量相对增加。

（2）果树年周期需肥特点　春季果树萌芽、展叶、开花、坐果、幼果发育和新梢生长连续进行，主要消耗上年树体储存的养分，养分供求矛盾突出，此期需氮较多，需磷、钾较少。夏季营养生长与生殖生长同期进行，需大量的磷、钾，对氮的需求相对较少。初秋果实继续发育，花芽持续分化，中熟苹果也开始着色，需要较多磷、钾。秋季（果实采收前后）吸收的养分主要用于储藏，对各种营养元素都需要。

二、营养失调诊断与补救措施

1. 营养失调症状及矫治方法　见表 10-1。

表 10-1　苹果树营养失调症状及矫治方法

营养元素	缺素症状	叶面喷施矫治
氮（N）	树叶色从基部老叶开始出现均匀失绿黄化，叶小直立，无枯斑，新梢生长细而短，秋天落叶早，秋季叶脉稍红，树皮由淡褐至褐红色，果实小而色浓，产量低。	喷施 0.3%～0.5%尿素＋氨基酸复合微肥，每 7～8 天喷一次，至症状消失。
磷（P）	从基部老叶开始，叶片狭长、圆形，嫩叶深绿色（暗绿），较老叶青铜色或深红褐色，老叶叶脉间常有淡绿色斑点，叶柄及枝干不正常紫色，新梢变短，果实早熟，对花芽形成和结实极为不利。	喷施 0.1%～0.3% KH_2PO_4＋氨基酸复合微肥，每7～8 天喷一次，至症状消失。
钾（K）	中部叶先黄化，继而老叶最后新叶叶脉间失绿，叶尖枯焦，变枯树子发皱并两边卷起，果实色泽、大小、品质均降低。	喷施 0.1%～0.3% KH_2PO_4或 0.5% K_2SO_4＋氨基酸复合微肥，每 7～8 天喷一次，至症状消失。

（续）

营养元素	缺素症状	叶面喷施矫治
钙（Ca）	首先出现在梢顶部，顶芽易枯死，叶中心有大片失绿变褐和坏死斑点，梢尖叶片卷缩向上发黄，果实易发生苦痘病、水心病等。	对果实和叶面喷施 0.3% $CaCl_2$＋氨基酸复合微肥，每 7～10 天喷一次，一般喷 2～3 次症状消失。
镁（Mg）	失绿首先出现在基部叶叶脉间，脉间枯焦一直延伸到边缘。	叶面喷施 0.1%～0.2% $MgSO_4$＋氨基酸复合微肥，每 7～8 天喷一次，至症状消失。
锰（Mn）	新梢顶部和中部叶片呈人字形，主脉中间有黄绿色斑块，外部围着深绿色圈。	喷 0.05%～0.1%$MnSO_4$＋氨基酸复合微肥，每 7～10 天喷一次，至症状消失。
铁（Fe）	新梢顶部嫩叶淡黄色或白色，逐渐向老叶发展，严重时叶片呈棕黄色枯斑，叶角焦枯新梢先端枯死。	喷 0.2%～0.3%柠檬酸铁或 $FeSO_4$＋氨基酸复合微肥，每 7～10 天喷一次，至症状消失。
锌（Zn）	近新梢顶部叶片小，有不规则小斑点，边缘呈波纹状，成束长在一起，莲座状叶（小叶病），花芽减少，果实小，产量低。	新梢生长期喷 0.2%～0.3% $ZnSO_4$＋氨基酸复合微肥，每 7～10 天喷一次，至症状消失。
硼（B）	枝条上出现小的内陷坏死斑点和木栓化干斑，果实表现为缩果病。	喷 0.1%～0.2%硼酸或硼砂＋氨基酸复合微肥，每 7～10 天喷一次，至症状消失。
钼（Mo）	低 pH 时发生梢尖叶片脉间黄色，下部叶片边缘焦灼，比较少见。	喷 0.05%钼酸铵＋氨基酸复合微肥，每 7～10 天喷一次，至症状消失。
铜（Cu）	新梢死去，叶色似火，梢尖叶变黄，结果少，早期落叶，比较少见。	喷 0.2%～0.3%$CuSO_4$＋氨基酸复合微肥，每 7～10 天喷一次，至症状消失。

2. 苹果树叶分析　苹果树叶分析很适用于营养诊断，正确

取样、预处理和元素含量分析技术，是对果树体内营养状况做出客观判断的基础。

选株：6～30亩的果园，对角线法至少取样25株以上，取样时植株要尽量均匀分布于园内，避免特殊情况如病株等。

采样时期：各地略有差异，最好在7月中旬，大约花后8～12周，尽量避开打药、喷肥等处理。

采叶方法：新梢基部向上第七至第八片叶。在采叶和洗叶前要洗手，避免污染叶片。取树冠外围中部枝，新梢中位健康叶（带叶柄）。取树冠东西南北四个方向的叶，每株8片，共取200片叶。长方形或近长方形的园片可用折线法布点，方形或近方形园片可用对角线法布点，形状不规则的园片可划分为几个近方形或近长方形，再分别按长方形或方形园片布点。

叶样清洗：按化验操作规程洗净。

烘干、收贮：105℃烘箱中烘20分钟左右杀青（淋水后先在80～90℃下烘20分钟左右），然后在75℃下烘干，于不锈钢磨或玛瑙磨机中粉碎保存备用。测定结果可与表10-2对照，进而判断肥效情况。

表10-2　苹果树叶片营养元素的浓度范围

营养元素	缺乏	较低 （无症状）	适量	过量
氮（%）	1.70～2.00	2.00～2.4	2.40～2.80	＞3.00
磷（%）	0.07～0.10	0.10～0.15	0.20～0.25	＞0.30
钾（%）	0.04～0.07	0.80～1.20	1.30～1.60	＞2.00
钙（%）	0.50～0.75	0.80～1.00	1.00～1.60	＞2.00
镁（%）	0.06～0.15	0.15～0.20	0.25～0.30	＞0.30
铜（毫克/千克）	1～3	3～5	5～10	＞20
锌（毫克/千克）	1～5	5～15	15～25	＞30
硼（毫克/千克）	5～15	15～20	25～30	＞40
锰（毫克/千克）	5～20	20～25	30～100	＞100

3. 土壤测试 土壤测试也能帮助揭示营养问题的原因，当作为叶分析的补充时，土壤测试最有价值。3 月初或采收后取样，对土壤相对一致面积不大的果园取 12 点，采样点定在树冠外缘 4 个点、树干距树冠 2/3 处 4 个点、行间 4 个点（按照根系分布的百分比取土样）。普通土样用土钻垂直采集，微量元素土样的采集与普通土样同步进行，采样时避免使用铁、铜等金属器具。

普通土样采集 1 千克左右，微量元素土样采集 1.5 千克左右，采样深度 0～100 厘米，每 20 厘米为一层，且上下层采集数量相等。样品经过风干、粉碎、过筛后，用四分法提取一部分，过 0.25 毫米筛（过筛孔径根据测定项目定），留取样品不超过 200 克。

通过果园土壤分析，掌握土壤养分的丰缺程度，作为确定施肥种类和数量的重要参考。

三、安全施肥技术

1. 基肥 一般在苹果采摘后重施有机肥，到落叶前开沟施入树冠下，每亩施腐熟的有机肥 3 000～5 000 千克＋生物有机肥 50～100 千克＋过磷酸钙 50～100 千克和苹果树专用肥 40～60 千克（配合施用）。1～4 年生的幼树，每棵树施腐熟有机肥 50～80 千克＋生物有机肥 5～10 千克和苹果树专用肥 1～3 千克，混匀后施用；5～10 年的初结果树，每棵施腐熟有机肥 100～160 千克＋生物有机肥 10～15 千克和苹果树专用肥 2～5 千克。亩产苹果 2 000 千克左右的成年苹果园，亩施有机肥（农家肥）3 000～5 000 千克＋生物有机肥 30～50 千克和苹果树专用肥 30～50 千克，混匀后施用；亩产 3 000 千克的苹果园，亩施有机肥 4 000～7 000 千克＋生物有机肥 40～70 千克和苹果树专用肥 40～60 千克。基肥一般采用环状沟施法，以树基为中心，逐年向外扩展，以上年的环状沟外缘为今年的内缘，也可采用放射状沟施法。

2. 追肥　苹果萌芽或花前追肥，可在花前 15～20 天内进行，平均每棵施苹果树专用肥 1～2 千克，以穴施为宜。花后追肥在苹果树落花后立即进行，平均每棵施苹果树专用肥 1～2 千克，应注意与上次施肥的位置错开。花芽分化前追肥，在春梢将停止生长时进行，平均每棵追施苹果树专用肥 2～3 千克，以促进新梢生长。果实膨大期追肥，平均每棵成年苹果树施苹果树专用肥 2～3 千克，此次追肥对果实膨大、着色、含糖量及产量提高都有很好的作用。根外追肥从花期至采收前均可进行，叶面喷施农海牌氨基酸复合微肥＋0.2％磷酸二氢钾，每 7～10 天喷一次，在果实膨大期另加 0.3％硝酸钙喷施，也可结合喷药同时进行（碱性农药除外），对果树防病、抗逆、抗早衰、提高产量和商品价值都有明显效果。

如果发生缺素症时，可对症喷施有关元素肥料，一般 1～2 次即可矫正。

四、专用肥配方

配方 I

氮、磷、钾三大元素含量为 40％的配方：

$$40\% = N\ 14 : P_2O_5\ 12 : K_2O\ 14 = 1 : 0.86 : 1$$

原料用量与养分含量（千克/吨产品）：

硫酸铵 100　$N = 100 \times 21\% = 21$　$S = 100 \times 24.2\% = 24.2$

尿素 255　$N = 255 \times 46\% = 117.3$

磷酸一铵 213　$P_2O_5 = 213 \times 51\% = 108.63$

$N = 213 \times 11\% = 23.43$

硫酸钾 100　$K_2O = 100 \times 50\% = 50$

$S = 100 \times 18.44\% = 18.44$

氯化钾 150　$K_2O = 150 \times 60\% = 90$

$Cl = 150 \times 47.56\% = 71.34$

氨化过磷酸钙 100　$P_2O_5=100\times16\%=16$

　　　　　　　　　$CaO=100\times24\%=24$

　　　　　　　　　$S=100\times13.9\%=13.9$

　　　　　　　　　$Z=100\times3.5\%=3.5$

氨基酸硼 8　$B=8\times10\%=0.8$

氨基酸螯合锌、锰、铜、铁 15

生物制剂 20

增效剂 10

调理剂 29

配方Ⅱ

氮、磷、钾三大元素含量为30％的配方：

　　$30\%=N\ 12:P_2O_5\ 6:K_2O\ 12=1:0.38:0.92$

原料用量与养分含量（千克/吨产品）：

硫酸铵 100　$N=100\times21\%=21$　$S=100\times24.2\%=24.2$

尿素 193　$N=193\times46\%=88.78$

磷酸一铵 80　$P_2O_5=80\times51\%=40.8$　$N=80\times11\%=8.8$

过磷酸钙 150　$P_2O_5=150\times16\%=24$

　　　　　　　$CaO=150\times24\%=36$

　　　　　　　$S=150\times13.9\%=20.85$

钙镁磷肥 15　$P_2O_5=15\times18\%=2.7$　$CaO=15\times45\%=6.75$

　　　　　　　$MgO=15\times12\%=1.8$　$SiO_2=15\times20\%=3$

硫酸钾 240　$K_2O=240\times50\%=120$

　　　　　　$S=240\times18.44\%=44.26$

氨基酸硼 10　$B=10\times10\%=1$

氨基酸螯合铁、锌、钙、稀土 20

硝基腐植酸铵 100　$HA=100\times60\%=60$

　　　　　　　　　$N=100\times2.5\%=2.5$

生物制剂 30

增效剂 10

调理剂 52

配方Ⅲ

氮、磷、钾三大元素含量为 25％的配方：

　　25％＝N 8：P₂O₅ 8：K₂O 9＝1：1：1.13

原料用量与养分含量（千克/吨产品）：

硫酸铵 100　　N＝100×21％＝21　S＝100×24.2％＝24.2

尿素 113　　N＝113×46％＝51.98

磷酸一铵 50　　P₂O₅＝50×51％＝25.5　N＝50×11％＝5.5

过磷酸钙 357　　P₂O₅＝357×16％＝57.12

　　　　　　　　CaO＝357×24％＝85.68

　　　　　　　　S＝357×13.9％＝49.62

钙镁磷肥 25　　P₂O₅＝25×18％＝4.5

　　　　　　　　CaO＝25×45％＝11.25

MgO＝25×12％＝3　SiO₂＝25×20％＝5

硫酸钾 180　　K₂O＝180×50％＝90

　　　　　　　　S＝180×18.44％＝33.19

氨基酸硼 8　　B＝8×10％＝0.8

氨基酸螯合锌、锰、铁、稀土 15

硝基腐植酸铵 95　　HA＝95×60％＝57

　　　　　　　　　　N＝95×2.5％＝2.38

生物制剂 20

增效剂 10

调理剂 27

第二节　梨　　树

一、营养特性与需肥规律

1. 营养特性　梨树根系发达，在土层较厚的土壤中可深达

3米以上，水平分布可达到树冠的4倍，集中分布于20～60厘米的土层。因此，梨树可吸收较大范围内土壤中的养分。

从萌芽到5月下旬，利用树体储存营养为主，是梨树新生器官中氮素含量增长最快的时期，也是花和新梢旺盛生长期。此期的氮素供应主要来自于树体内储存的营养，梨树营养生长的好坏，主要取决于树体储存营养的状况。秋季采收之后及时供给氮、磷、钾等养分，有助于促进营养积累，是来年高产稳产的重要保障措施。6月上旬以后，则以利用当年吸收的养分为主。

不同树龄的梨树营养特点不同。幼树以长树、扩大树冠、搭好骨架为主，以后逐步过渡到以结果为主。幼树需要的主要养分是氮和磷，成年果树对营养的需求主要是氮和钾。梨树随树龄增加结果部位不断更替，对养分需求的数量和比例也随之发生变化。

梨树花芽是在上一年6月开始分化的，开花和果实的发育则在当年内完成，整个发育过程需要两年的时间，因此在栽培管理上需要特别注意营养生长和生殖生长的协调平衡。

2. 需肥规律

（1）梨树年周期中对主要元素的吸收　梨对主要养分的需求以氮、钾最多，钙次之，磷较少，需要较高的硼。在保证磷、钾肥供应的基础上，适当增加氮肥，能有效提高叶片功能，促进生长和提高产量。

一年中，梨树对主要营养元素的吸收量因树龄和树冠大小、产量高低以及品种和土壤、气候条件不同而有很大差异。通过对树体各部分年生长量的测定及其养分含量的分析，大致可知道梨树在一年中对主要营养元素的吸收量。每生产1 000千克梨果实，约需吸收氮（N）4～6千克、磷（P_2O_5）1.0～2.5千克、钾（K_2O）4～6千克，吸收氮、磷、钾的比例大致为1：0.35：1。11年生梨吸收氮（N）4.3千克、磷（P_2O_5）1.6千克、钾（K_2O）4.1千克，其比例约为1：0.37：0.95。梨树氮、磷、钾吸收量因品种不同、产量水平不同，其养分吸收数量有较大差别。产量越高，对养分吸收利用的情况则越经济。

（2）主要元素吸收量的季节性变化　梨树年周期内各物候期对主要元素的吸收量是不平衡的。不同生长时期对不同养分吸收量的变化，是适期、适量施肥的主要依据。

梨树萌芽开花期，对养分的需要非常迫切，主要是利用树体内储存的养分。

新梢旺长期是树体生长量最大的时期，也是树体吸收三大主要元素数量最多的时期。此时期吸收氮肥数量最多，其次是钾肥，对磷肥的吸收较少。

果实迅速膨大期对养分的需求数量较大，其中又以对钾的需求更为突出，该时期吸收钾元素的数量要高于氮，而磷的吸收量仍比钾和氮少。

在果实采收以后至落叶休眠前这段时期，主要是养分回流及有机物质的储藏，虽然仍能吸收一部分营养物质，但吸收的数量显著减少。

（3）不同龄期梨树对主要营养元素的吸收　幼树吸收氮最多，钾略微偏少，磷约为氮的 1/5；结果树，氮和钾的吸收大体相似，磷约为氮的 1/3。生产中以土壤施用氮肥为主，特别是一些施肥不足的梨园，增施氮肥对产量的提高最为明显。但对一些产量高、历年以施氮肥为主的梨园，适当增施磷、钾肥，对于提高产量和品质，增强树体抗性，都有明显效果。

二、营养失调诊断与补救措施

1. 营养失调的主要症状

（1）梨树缺氮，自上而下叶片均匀黄化。

（2）梨树缺磷，叶小而少，且呈紫红色。

（3）梨树缺钾，枝条下位叶常黄化，枯焦，萎缩。

（4）梨树果实缺钙，顶端褐变，有时呈褐腐。

(5) 树缺钙，幼叶皱缩，叶缘焦枯。

(6) 梨树缺镁，叶脉间失绿，呈现黄斑花叶。

(7) 梨树果实缺硼，果实小而硬，果内维管束褐变。

(8) 梨树缺铁，新叶呈现网状花叶。

(9) 梨树缺锰，上部叶片脉间褪绿黄化。

(10) 树缺锌，新枝萎缩，簇生，叶小而黄化。

2. 营养诊断及补救措施　梨树在生长过程中如果营养元素供应不足，会出现相应的缺素症状。

发现缺素症后，要首先从土壤紧实度、pH、施肥及矿质营养亏缺、旱涝灾害、环境等方面进行综合分析，确定造成发育异常的原因。必要时应将病叶与正常叶片进行比较、测定、分析，从而判断出病因，进而采取合理的施肥等补救措施（表 10-3）。

表 10-3　梨树营养诊断表

元素	成熟叶片含量指标		缺素症状	元素缺乏症的补救办法
氮 (N)	正常	20~24 克/千克干重	生长衰弱，叶小而薄，呈灰绿或黄绿色，老叶变成橙红色或紫色，易早落；花芽、花、果实少；果小但着色较好，口感较甜。	雨季和秋梢迅速生长期，在树冠喷施 0.3%~0.5%尿素溶液和氨基酸复合微肥，每 7~8 天喷一次。
	缺乏	<13 克/千克干重		
磷 (P)	正常	1.2~2.5 克/千克干重	糖类物质积累在叶片转变为花青素，使叶色呈紫红色；新梢和根系发育不良，植株瘦长或矮化，易早期落叶，果实较少；树体抗寒性减弱。	展业期叶面喷施 0.3%磷酸二氢钾和氨基酸复合微肥，碱性土壤施硫酸铵加以酸化。
	缺乏	<0.9 克/千克干重		
钾 (K)	正常	10~20 克/千克干重	当年生枝条中下部叶片边缘先产生枯黄色，后呈焦枯状，叶片皱缩，严重时整叶枯焦；枝条生长不良，果实小，品质差。	果实膨大期每株追施硫酸钾 0.4~0.5 千克或氯化钾 0.3~0.4 千克；6~7 月叶片喷施氨基酸复合微肥和二氢钾 2~3 次，每 7~8 天一次。
	缺乏	<5 克/千克干重		

（续）

元素	成熟叶片含量指标		缺素症状	元素缺乏症的补救办法
钙 (Ca)	正常	10~25克/ 千克干重	新梢嫩叶形成褪绿斑，叶尖及叶缘向下卷曲，几天后褪绿部分变成暗褐色枯斑，并逐渐向下部叶片扩展。	叶面喷施氨基酸复合微肥和0.3%氯化钙或氨基酸螯合钙，易发病树喷施4~5次，每7~8天喷一次。
	缺乏	<7克/千克干重		
镁 (Mg)	正常	2.5~8克/ 千克干重	叶绿素渐少，先从基部叶开始出现失绿症，枝条上部花叶呈深棕色，叶脉间出现枯死斑，严重时从枝条基部开始落叶。	严重时根施镁肥，轻微的6~7月叶面喷施氨基酸复合微肥、2%~3%硫酸镁3~4次，每7~8天喷一次。
	缺乏	<0.6克/ 千克干重		
硫 (S)	正常	1.7~2.6克/ 千克干重	初期幼叶边缘淡绿或黄色，逐渐扩大，仅在主、侧脉结合处保持一块呈楔形绿色，最后幼嫩叶全面失绿。	结合补铁、锌，喷硫酸亚铁、硫酸锌＋氨基酸复合微肥，每7~10天喷一次。
	缺乏	<1.0克/ 千克干重		
铁 (Fe)	正常	80~120毫克/ 千克干重	出现黄叶病，多从新梢顶部嫩叶开始，初期叶片较小，叶肉失绿变黄；随病情加重，全叶黄白，叶缘出现褐色焦枯斑，严重时焦枯脱落，顶芽枯死。	严重发病的，发芽后喷施0.5%硫酸亚铁和氨基酸复合微肥，每7~10天喷一次，或树干注射0.05%~0.1%酸化硫酸亚铁溶液。
	缺乏	<21~30毫克/千克干重		
锌 (Zn)	正常	20~60毫克/ 千克干重	叶小而窄，簇生，有杂色斑点，叶缘向上或不伸展，叶呈淡黄绿色，节间缩短，细叶簇生成丝状，花芽减少，不易坐果。	落花后3周，用0.1%硫酸锌加0.3%尿素与氨基酸复合微肥混合喷施，每7~10天喷一次。
	缺乏	<10毫克/ 千克干重		
锰 (Mn)	正常	30~60毫克/ 千克干重	叶片出现肋骨状失绿（叶脉仍为绿色），多从新梢中部开始失绿。	叶片生长期喷施0.2%硫酸锰溶液和氨基酸复合微肥液，每7~8喷一次。
	缺乏	<4毫克/ 千克干重		

(续)

元素	成熟叶片含量指标		缺素症状	元素缺乏症的补救办法
硼 (B)	正常	20～25 毫克/ 千克干重	小枝顶端枯死，叶稀疏；果实开裂，未熟先黄；树皮出现溃烂。	花前、花期或花后喷0.5%硼砂液和氨基酸复合微肥，每7～10天喷一次。
	缺乏	<10 毫克/ 千克干重		
铜 (Cu)	正常	8～14 毫克/ 千克干重	叶绿素稳定性下降，顶叶失绿，梢间变黄，结果少，品质差。	叶面喷 0.05%硫酸铜和氨基酸复合微肥，每7～10天喷一次。

三、安全施肥技术

1. 基肥 基肥以有机肥为主，配合梨树专用肥料。秋季是施基肥的最佳时间，早熟品种在果实采收后进行，中晚熟品种在果树采收前进行。成年梨树一般每棵施腐熟优质有机肥80～160千克、生物有机肥8～15千克和梨树专用肥2～3千克，初结果树每棵施优质有机肥60～100千克、生物有机肥6～10千克和梨树专用肥1～2千克，1～5年生的幼树每棵施优质有机肥30～60千克、生物有机肥3～5千克和梨树专用肥0.5～1.5千克。施肥方法以环状沟施或放射性沟施为佳，沟深一般50厘米，与挖出的土混匀后施入，不可长期施用一种方式施肥，各种方法应交替施用。

2. 追肥 追肥可采取环状沟、放射状沟施或穴施，与挖出的土混匀后施入沟内，沟深一般15～20厘米，每次施肥交换施肥部位，尽量使肥料接近更多的树根，以便根系吸收。

（1）萌芽前追肥 在萌芽前14天左右进行，用量为全年氮肥总用量的30%；盛果期的成年树，每棵可追施梨树专用肥1千克或尿素1千克，对促进新梢生长和增强树势有明显效果。

（2）花后追肥 在梨树落花后进行，用量为全年用量的20％～25％；盛果期的成年树每棵追施梨树专用肥1.5～2千克或尿素和硫酸钾各0.5～1千克，对提高坐果率、促幼果生长有明显作用。

（3）花芽分化期追肥 在中、短梢停止生长前8天左右进行，每棵梨树追施梨树专用肥1.5～2.5千克，以促进花芽分化和果实膨大。

（4）果实膨大期追肥 果实膨大期是果实增重的关键时期，盛果期梨树每棵追施梨树专用肥2～3千克，对果实膨大有促进作用。

根外追肥从春季至秋季每10～15天喷施一次含磷酸二氢钾、锌、硼、锰、铜、铁、钙的农海牌氨基酸复合微肥，对增强树势、预防因缺素而引起的生理病害、提高产量和品质有显著效果。

四、专用肥配方

配方 I

氮、磷、钾三大元素含量为40％的配方：

$$40\% = N\ 14 : P_2O_5\ 12 : K_2O\ 14 = 1 : 0.86 : 1$$

原料用量与养分含量（千克/吨产品）：

硫酸铵 100 　N＝100×21％＝21　S＝100×24.2％＝24.2

尿素 208 　N＝208×46％＝95.68

磷酸一铵 200 　P_2O_5＝200×51％＝102

　　　　　　　N＝200×11％＝22

过磷酸钙 100 　P_2O_5＝100×16％＝16

　　　　　　　CaO＝100×24％＝24

　　　　　　　S＝100×13.9％＝13.9

钙镁磷肥 10 　P_2O_5＝10×18％＝1.8

　　　　　　　CaO＝10×45％＝4.5

$MgO=10\times12\%=1.2$　　$SiO_2=10\times20\%=2$

氯化钾 233　　$K_2O=233\times60\%=139.8$

　　　　　　　$Cl=233\times47.56\%=110.81$

氨基酸硼 8　　$B=8\times10\%=0.8$

氨基酸螯合锌、铜、锰、铁、稀土 17

硝基腐植酸铵 80　　$HA=80\times60\%=48$　　$N=80\times2.5\%=2$

生物制剂 13

增效剂 10

调理剂 21

配方 Ⅱ

氮、磷、钾三大元素含量为 35% 的配方：

　　　　$35\%=N\ 13：P_2O_5\ 8：K_2O\ 14=1：0.62：1.08$

原料用量与养分含量（千克/吨产品）：

硫酸铵 100　　$N=100\times21\%=21$　　$S=100\times24.2\%=24.2$

尿素 185　　$N=185\times46\%=85.1$

磷酸二铵 131　　$P_2O_5=131\times45\%=58.95$

　　　　　　　$N=131\times17\%=22.27$

过磷酸钙 120　　$P_2O_5=120\times16\%=19.2$

　　　　　　　$CaO=120\times24\%=28.8$

　　　　　　　$S=120\times13.9\%=16.68$

钙镁磷肥 10　　$P_2O_5=10\times18\%=1.8$　　$CaO=10\times45\%=4.5$

　　　　　　　$MgO=10\times12\%=1.2$　　$SiO_2=10\times20\%=2$

氯化钾 233　　$K_2O=233\times60\%=139.8$

　　　　　　　$Cl=233\times47.56\%=110.81$

氨基酸螯合锌、稀土 6

氨基酸硼 5　　$B=5\times10\%=0.5$

硝基腐植酸铵 129　　$HA=129\times60\%=77.4$

　　　　　　　　　　$N=129\times2.5\%=3.23$

氨基酸螯合中量元素 20

生物制剂 20

增效剂 10

调理剂 31

配方Ⅲ

氮、磷、钾三大元素含量为 30％的配方：

$$30\% = N\ 10 : P_2O_5\ 9 : K_2O\ 11 = 1 : 0.9 : 1.1$$

原料用量与养分含量（千克/吨产品）：

硫酸铵 100　$N = 1010 \times 21\% = 21$　$S = 100 \times 24.2\% = 24.2$

尿素 134　$N = 134 \times 46\% = 6.64$

磷酸一铵 132　$P_2O_5 = 132 \times 51\% = 67.32$

$N = 132 \times 11\% = 14.52$

过磷酸钙 130　$P_2O_5 = 130 \times 16\% = 20.8$

$CaO = 130 \times 24\% = 31.2$

$S = 130 \times 13.9\% = 18.07$

钙镁磷肥 10　$P_2O_5 = 10 \times 18\% = 1.8$　$CaO = 10 \times 45\% = 4.5$

$MgO = 10 \times 12\% = 1.2$　$SiO_2 = 10 \times 20\% = 2$

氯化钾 183　$K_2O = 183 \times 60\% = 109.8$

$Cl = 183 \times 47.56\% = 87.03$

氨基酸硼 10　$B = 10 \times 10\% = 1$

氨基酸螯合锌、铜、锰、铁、稀土 18

硝基腐植酸铵 188　$HA = 188 \times 60\% = 112.8$

$N = 188 \times 2.5\% = 4.7$

氨基酸螯合钙、镁 37

生物制剂 20

增效剂 12

调理剂 26

第三节　桃　　树

一、营养特性与需肥规律

1. 营养特性　果实膨大生长有三个主要时期：一是从落花至果实硬核前，细胞开始迅速分裂；二是从核层开始硬化到硬化完成，细胞数迅速增加；三是从核层硬化结束至果实成熟，这时细胞增长迅速，果实在采收前 20 天增长十分明显。新梢生长从果实生长的第一期至第二期的前半期都处于急速生长状态，到果实逐渐成熟时，新梢生长逐步缓慢，渐至停止。要获得优质高产，克服果实和新梢生长在养分竞争上的矛盾，合理安全施肥至关重要。

桃树对各种营养元素的吸收，主要有以下三个特点：一是幼果期钾肥的作用十分明显，在结果阶段需大量钾肥；二是桃树对氮素比较敏感，幼树和初果期树容易出现氮素过多引起的徒长和延迟结果现象。盛果期桃树，氮肥施用过多时，新梢和果实间对养分、水分竞争激烈，容易引起落果；三是当土壤 pH4.9～5.2 时生长良好，当 pH 4 时，则会发生严重的缺镁症，因此在酸性土壤中单独施用酸性肥料时，会助长病害发生，但过多施用石灰，土壤 pH7 左右，会引起缺锰症的发生。

2. 需肥规律　桃树生长发育对主要营养的需求量较大、反应敏感。营养不足，树势明显衰弱，果实品质变劣。桃树对营养的需求有如下特点：一是需钾素较多，吸收量是氮素的 1.6 倍，尤其以果实的吸收量最大，其次是叶片，满足桃树对钾素的需要是优质丰产的关键；二是需氮量较高，反应敏感，以叶片吸收量最大，供应充足的氮素是保证丰产的基础；三是磷、钙的吸收量也较大，与氮吸收量的比值分别为 1∶0.4 和 1∶2。磷在叶、果吸收多，钙在叶片中含量最高，在易缺钙的沙性土中更需注意补充钙；四是各器官对氮、磷、钾三要素吸收量以氮为准，比值分别为叶 1∶0.26∶1.37，果 1∶0.52∶2.4，根 1∶0.63∶0.54。对三要素总吸收量的比值为 1∶(0.3～0.4)∶(1.3～1.6)。

桃树坐果后，从硬核期开始，对主要营养元素的吸收量迅速增加，大约至采收前 20 天达最高峰。在这段时期，以磷、钾的吸收量增长较快。钾充足时，桃果实大，含糖量高，风味浓，色泽鲜艳。缺钾时，最先反映在果实大小上，轻度缺钾对果实生长的影响，一般要到果实发育的中后期才表现出来。说明及时供应充足的钾肥是桃增产的关键之一。桃需磷量稍少，但缺磷时桃果灰暗，肉质松软，味酸，果实有时有斑点或裂皮。桃对氮素的吸收量仅次于钾，吸收量上升较平稳，但桃对氮素较敏感。幼树和初果期树易出现因氮素过多而徒长和延迟结果，要注意适当控制。桃对氮、磷、钾吸收的比例一般为 1∶(0.3～0.5)∶(0.6～1.6)。每生产 1 000 千克果实，氮（N）、磷（P_2O_5）、钾（K_2O）的吸收量分别为 4～10 千克、2～5 千克、6～10 千克。

二、营养失调诊断与补救措施

1. 土壤营养诊断指标　见表 10-4。

表 10-4　桃园土壤营养分级参考值

肥力水平	有机质（%）	碱解氮（毫克/千克）	速效磷（毫克/千克）	速效钾（毫克/千克）
低	<1.4	<90	<20	<120
中	1.4～1.8	90～115	20～50	120～160
高	>1.8	>115	>50	>160

2. 叶片分析诊断指标　叶分析技术是果树营养诊断的有效方法，其关键是建立起叶片养分丰缺指标。我国华北地区桃树叶片营养元素含量标准见表 10-5。

表 10 - 5　我国华北地区桃树叶片营养元素含量丰缺指标

营养元素	缺乏	低值	适量	高值
氮　%	<1.7	1.7~2.4	2.8~4.0	>4.0
磷　%	<0.1	0.1~0.15	0.15~0.29	0.29~0.50
钾　%	<0.94	0.94~1.5	1.5~2.7	>2.7
钙　%	<1.0	1.0~1.5	1.5~2.2	>2.2
镁　%	<0.13	0.13~0.3	0.3~0.7	>0.7
硼　毫克/千克	11~17	18~30	40~60	61~80
铁　毫克/千克	<73	73~100	100~250	>250
锌　毫克/千克	6.9~15	15~20	20~60	>60
锰　毫克/千克	5~20	20~35	35~280	>280
铜　毫克/千克	<3.0	3~4	7~25	25~30

　　取样的代表性和取样时间对叶分析至关重要，7~8 月份是我国桃树营养分析叶片样品采集的最佳时期，一个供分析的叶片样品至少应有 50 片成熟的叶片，从一定区域的若干株桃树树冠中部外围新生枝的中部采集。

　　3. 缺素症状和补救措施

　　（1）缺氮　土壤缺氮会使全株叶片变成浅绿色至黄色，重者在叶片上形成坏死斑。缺氮枝条细弱，短而硬，皮部呈棕色或紫红色。缺氮的植株，果实早熟，上色好，离桃核的果肉风味淡，含纤维多。

　　缺氮的植株易于矫正。桃树缺氮应在施足有机肥的基础上，适时追施氮素化肥。①早春或晚秋，最好是在晚秋，按 1 千克桃果 2~3 千克有机肥的比例开沟施有机肥。②追施氮素化肥，如硫胺、尿素。施用后症状很快得到矫正。在雨季和秋梢迅速生长期，树体需要大量氮素，而此时土壤中氮素易流失。除土施外，也可用 0.1%~0.3%尿素溶液喷布树冠。

　　（2）缺磷　磷肥不足，则根系生长发育不良，春季萌芽开花推迟，影响新梢和果实生长，降低品质，且不耐贮运。增施有机肥料，改良土壤是防治缺磷症的有效方法。施用过磷酸钙或磷酸二氢钾，防治缺磷效果明显。但必须注意，磷肥施用过多时，可引起缺铜缺锌现象。① 秋季施入腐熟的有机肥，施入量为桃果产量的 2～3 倍，将过磷酸钙和磷酸二氢钾混入有机肥中一并施用，效果更好。② 追施速效磷肥。可施入磷酸二铵或专用肥料，轻度缺磷的园片，生长季节喷 0.1%～0.3% 的磷酸二氢钾溶液 2～3 遍，可缓解症状。

（3）缺钾　主要特征是叶片卷曲并皱缩，有时呈镰刀状。晚夏以后叶片变浅绿色。严重缺钾时，老叶主脉附近皱缩，叶缘或近叶缘处出现坏死，形成不规则边缘和穿孔。桃树缺钾，应在增施有机肥的基础上注意补施一定量的钾肥，避免偏施氮肥。生长季喷施 0.2% 硫酸钾或硝酸钾 2～3 次，可明显防治缺钾症状。

（4）缺钙、镁　桃树对缺钙最敏感，主要表现在顶梢上的幼叶从叶尖端或中脉处坏死，严重缺钙时，枝条尖端及嫩叶似火烧般坏死，并迅速向下部枝条发展。有的还会出现裂果。防治方法：①提高土壤中钙的有效性。增施有机肥料，酸性土壤施用适量的石灰，可以中和土壤酸性，提高土壤中有效钙的释放。②土壤施钙。秋季施肥时，每株施 500～1 000 克石膏（硝酸钙或氧化钙），与有机肥混匀，一并施入。③叶面喷施。在砂质土壤上叶面喷施 0.5% 硝酸钙，重病树一般喷 3～4 次。

缺镁的桃树可见到较老的绿叶产生浅灰色或黄褐色斑点，位于叶脉之间，严重时斑点扩大至叶边。初期症状出现褪绿，颇似缺铁，严重时引起落叶，从下向上发展，只有少数幼叶仍然附着于梢尖。当叶脉之间绿色消退，叶组织外观像灰色的纸，黄褐色斑点增大至叶的边缘。在缺镁桃园，应在增施有机肥、加强土壤管理的基础上，进行叶面或根施镁肥。防治方法：①根部施镁。在酸性土壤中，为中和酸度，可施镁石和碳酸镁，中性土壤可施用硫酸镁。也可每年结合施有机肥，混入适量硫酸镁。②叶面喷施。一般 6～7 月份喷 0.2%～0.3% 的硫酸镁，效果较好。但叶面喷施可先做单株实验，不出现药害后再普遍喷施。

（5）缺铁、锰、硼、锌　桃树缺铁主要表现叶脉保持绿色，而脉间褪绿，严重时整片叶全部黄化，最后白化，导致幼叶、嫩梢枯死。防治缺铁症应以控制盐碱为主，增加土壤有机质，改良土壤结构和理化性质，增加土壤的透气性为根本措施，再辅助其他防治方法，才能取得较好效果。①碱性土壤可施用石膏、硫黄粉、生理酸性肥料加以改良，促使土壤中被固定的铁元素释放出来。②控制盐害是盐碱地区防治桃树缺铁症的重要措施。主要方法：不用含碳酸盐较多的硬水浇地；修筑排灌设施或台田，以便及时灌水压盐，在灌水后及时中耕。③黄叶病严重的桃园，必须补充可溶性铁。

桃树对缺锰敏感，缺锰时嫩叶和叶片长到一定大小后呈现特殊的侧脉间褪绿，严重时脉间有坏死斑，早期落叶，整个树体叶片稀少，果实品质差，有时出现裂皮。防治方法：①增施有机肥。酸性土壤避免施用生理酸性肥料，控制氮、磷的施用量。碱性土壤可施用生理酸性肥料。②叶面喷施锰肥。早春喷硫酸锰400倍液，效果明显。③土壤施锰。将适量硫酸锰混合在其他有机肥中施用。

桃树缺硼可使新梢在生长过程中发生"顶枯"，也就是新梢从上往下枯死，在枯死部位的下方会长出侧梢，使大枝呈现丛枝反应。在果实上表现为发病初期果皮细胞增厚、木栓化、果面凹凸不平，以后果肉细胞变褐，木栓化。桃叶片硼含量低于20毫克/千克，表现缺硼症。防治方法：①土壤补硼。秋季或早春结合施有机肥加入硼砂或硼酸。可根据树干直径确定硼的施用量。离地面30厘米处，树干直径为10、20、30厘米的树，每株分别施100、150、250克。一般每隔3～5年施一次。②树上喷硼。强盐碱性土壤，由于硼易被固定，采用喷施效果更好，发芽前枝干喷施1％～2％硼砂水溶液，或分别在花前、花期和花后各喷一次0.2％～0.3％硼砂水溶液，有利于提高坐果率。

桃树缺锌主要表现为小叶，所以又叫"小叶病"。新梢节间短，顶端叶片挤在一起呈簇状，有时也称"丛簇病"。桃叶片锌含量低于 17 毫克/千克，表现缺锌症。防治方法：①发芽前喷 0.3%～0.5%硫酸锌溶液，或发芽初喷 0.1%硫酸锌溶液，花后 3 周喷 0.2%硫酸锌加 0.3%尿素，可明显减轻症状。②结合秋施有机肥，每株成龄树加施 3～5 千克硫酸锌，次年见效，持续期长达 3～5 年。

三、安全施肥技术

1. 基肥

①桃树定植肥　每亩施腐熟有机肥 1 000～2 000 千克，生物有机肥 50～100 千克，磷酸二铵 5 千克。

②成龄树基肥　在秋季果实采收后及时施基肥，以有机肥为主，配合无机肥料。一般丰产桃园每亩施优质有机肥 3 000～4 000 千克和桃树专用肥 30～50 千克，混匀后即可施入土壤，也可用尿素 5～8 千克、25～50 千克过磷酸钙和硫酸钾 5～8 千克代替专用肥施用。

2. 追肥

①萌芽肥　一般在桃树萌芽前 14 天左右进行，促使开花整齐，提高坐果率。一般每棵桃树施桃树专用肥 1～1.5 千克或硫酸铵 0.8～1.2 千克和过磷酸钙 1 千克。

②花后肥　一般在花后 7 天左右进行，每棵树追桃树专用肥 0.5～1 千克或尿素 0.5～0.8 千克和磷酸二氢钾 0.2～0.5 千克。

③果实膨大肥　一般在桃核硬化始期进行，每棵树施桃树专用肥 1.5～3 千克、高钾复混肥 2～3 千克，沟或穴深 15～20 厘米。一般在果实采收前 20 天不再施肥。

④采后肥　一般在果实采收后立即进行，每棵施腐熟有机肥 50～100 千克和桃树专用肥 0.3～0.5 千克，促根系生长，提高树势，增强抗逆能力。

3. 根外追肥　叶面喷施含 0.2%磷酸二氢钾、0.2%尿素、

0.2％硝酸钙和硼等微量元素的农海牌氨基酸复合微肥，一般每7～10天一次，对增强树势、提高产量和品质有明显效果。

四、专用肥配方

氮、磷、钾三大元素含量为30％的配方：

配方 I

30％＝N 11：P_2O_5 7：K_2O 12＝1：0.64：1.09

原料用量与养分含量（千克/吨产品）：

硫酸铵 100　　N＝100×21％＝21　　S＝100×24.2％＝24.2

尿素 163　　N＝163×46％＝74.98

磷酸一铵 102　　P_2O_5＝102×51％＝52.02
　　　　　　　　N＝102×11％＝11.22

过磷酸钙 100　　P_2O_5＝100×16％＝16
　　　　　　　　CaO＝100×24％＝24
　　　　　　　　S＝100×13.9％＝13.9

钙镁磷肥 10　　P_2O_5＝10×18％＝1.8
　　　　　　　　CaO＝10×45％＝4.5

MgO＝10×12％＝1.2　　SiO_2＝10×20％＝2

氯化钾 200　　K_2O＝200×60％＝120
　　　　　　　　Cl＝200×47.56％＝95.12

硼砂 20　　B＝20×11％＝2.2

氨基酸螯合锌、铁、稀土 12

硝基腐植酸 200　　HA＝200×60％＝120
　　　　　　　　　　N＝200×2.5％＝5

生物制剂 25

氨基酸 28

增效剂 12

调理剂 28

配方 II

氮、磷、钾三大元素含量为 35％的配方：

$$35\% = N13 : P_2O_5 9 : K_2O13 = 1 : 0.7 : 1$$

原料用量与养分含量（千克/吨产品）：

硫酸铵 100　$N = 100 \times 21\% = 21$　$S = 100 \times 24.2\% = 24.2$

尿素 172　$N = 172 \times 46\% = 79.12$

磷酸二铵 160　$P_2O_5 = 160 \times 45\% = 72$

　　　　　　　$N = 160 \times 17\% = 27.2$

过磷酸钙 100　$P_2O_5 = 100 \times 16\% = 16$

　　　　　　　$CaO = 100 \times 24\% = 24$

　　　　　　　$S = 100 \times 13.9\% = 13.9$

钙镁磷肥 10　$P_2O_5 = 10 \times 18\% = 1.8$

　　　　　　　$CaO = 10 \times 45\% = 4.5$

　　　　　　　$MgO = 10 \times 12\% = 1.2$

　　　　　　　$SiO_2 = 10 \times 20\% = 2$

氯化钾 217　$K_2O = 217 \times 60\% = 130.2$

　　　　　　$Cl = 217 \times 47.56\% = 103.21$

硼砂 20　$B = 20 \times 11\% = 2.2$

氨基酸螯合锌、铁、稀土 12

硝基腐植酸 120　$HA = 120 \times 60\% = 72$

　　　　　　　　$N = 120 \times 2.5\% = 3$

生物制剂 25

氨基酸 30

增效剂 12

调理剂 22

配方Ⅲ

氮、磷、钾三大元素含量为 25％的配方：

$$25\% = N 9 : P_2O_5 6 : K_2O 10 = 1 : 0.67 : 1.1$$

原料用量与养分含量（千克/吨产品）：

硫酸铵 130　$N = 130 \times 21\% = 27.3$

$$S=130×24.2\%=31.46$$

尿素 113　　$N=113×46\%=51.98$

磷酸一铵 74　　$P_2O_5=74×51\%=37.74$

　　　　　　$N=74×11\%=8.14$

过磷酸钙 120　　$P_2O_5=120×16\%=19.2$

　　　　　　$CaO=120×24\%=28.8$

　　　　　　$S=120×13.9\%=16.68$

钙镁磷肥 10　　$P_2O_5=10×18\%=1.8$

　　　　　　$CaO=10×45\%=4.5$

$MgO=10×12\%=1.2$　　$SiO_2=10×20\%=2$

氯化钾 167　　$K_2O=167×60\%=100.2$

　　　　　　$Cl=167×47.56\%=79.43$

水硫酸锌 20　　$Zn=20×23\%=4.6$　　$S=20×11\%=2.2$

七水硫酸亚铁 20　　$Fe=20×19\%=3.8$

　　　　　　$S=20×11.63\%=2.33$

硼砂 20　　$B=20×11\%=2.2$

氨基酸螯合稀土 1

硝基腐植酸 223　　$HA=223×60\%=133.8$

　　　　　　$N=223×2.5\%=5.58$

生物制剂 30

氨基酸 35

增效剂 12

调理剂 25

第四节　枣　　树

一、营养特性与需肥规律

1. 营养特性　枣树各个生长时期所需养分，从萌芽到开花期以氮素为主，满足前期枝叶、花蕾生长发育对氮素的需要，促进营养生长，提高花的分化发育质量。6 月至 8 月上旬为幼果期和根系生长高峰时期，以氮、磷、钾配合，适当增施磷、钾肥，以利果实发育、品质提高和根系生长。果实成熟至落叶前，树体主要进行养分积累和储存。根系对肥料的吸收显著减少，为减缓叶片组织的衰老过程，提高后期光合能力，可在叶面喷施氮肥。4～5 月为枝叶生长高峰期，可喷施氮肥，6～7 月为开花坐果期，可喷施磷、钾肥，效果良好。

2. 需肥规律　枣树从萌芽至开花对氮吸收较多，供氮不足时影响前期枝叶和花蕾生长发育；开花期对氮、磷、钾吸收增多。幼果期是根系生长高峰，果实膨大期是对养分吸收的高峰，养分不足果实生长受到抑制，会发生严重落果。果实成熟至落叶前，树体主要进行养分积累和储存，根系对养分的吸收减少，但仍需要吸收一定量的养分，为减缓叶片组织的衰老过程，提高后期光合作用，可喷施含尿素的农海牌氨基酸复合微肥。

据研究，每亩生产 1 000 千克鲜枣，需氮（N）15 千克、磷（P_2O_5）10 千克、钾（K_2O）13 千克，对氮、磷、钾的吸收比例为 1∶0.67∶0.87。

二、营养失调诊断与补救措施

1. 土壤肥力指标　枣树通过合理安全施肥，使各个生长时期都有较充足的土壤营养。高产枣园的土壤肥力要求：枣树根际土壤全氮含量达到 1.5 克/千克，速效磷达到 50 毫克/千克，速效钾达到 200 毫克/千克以上。

2. 叶片分析　枣树营养诊断叶片采集的适期为 7 月上旬至 8 月中旬。

采样方法：随机选取树冠外围枣吊中部的叶片，不区分结果吊和不结果吊。每吊取一片叶，每棵枣树在树冠东南西北 4 个方位采 4～8 片叶，每个果园采 100～300 片叶，取样高度，成龄大树一般在距地面 1.2～1.7 米的范围内取样，幼树和生长结果期树取树冠中部外围叶片。

叶片带回实验室后要马上进行处理，首先擦去叶表面的浮土和农药残渣，然后用 0.1％洗涤剂清洗 10～20 秒钟，再用蒸馏水和无离子水各洗 2～3 次，用滤纸吸去叶片表面水分，放在烘箱中于 105℃烘 20 分钟，再用 70～75℃烘至恒重，一般要持续烘 36 小时以上。烘干后用不锈钢粉碎机粉碎，进行化验测定。

枣树叶片氮、磷、钾等元素的诊断指标见表 10-6 和表 10-7。

表 10-6　枣树氮、磷、钾叶片分析诊断指标参考值（干重,％）

元素种类	品种	缺乏	轻度缺乏	潜在缺乏	适量范围	过量
N	板枣	<1.55	1.55～2.42	2.42～2.66	2.66～3.32	>3.32
N	婆枣	1.64	1.64～2.31	2.31～2.52	2.52～3.21	>3.21
P	婆枣	<0.1	0.1～0.12	0.12～0.15	0.15～0.68	>0.68
K	婆枣	<0.5	0.54	0.6～1.50	1.53～2.85	>2.86

表 10-7　金丝小枣丰产园叶片矿质元素含量参考值

N (％)	P (％)	K (％)	Ca (％)	Mg (％)	Fe (毫克/千克)	Mn (毫克/千克)	Cu (毫克/千克)	Zn (毫克/千克)	B (毫克/千克)
2.88	0.17	1.72	2.45	0.42	182.8	54.4	10.4	20.3	47

注：丰产园标准为株产鲜枣 40 千克。

3. 营养失调症状与补救措施

（1）缺氮　从老叶开始黄化，逐渐到嫩叶。叶小，落花落果，落叶早；果实小，早熟，着色好，产量低。新梢生长量小，树体生长缓慢，树势衰弱；长期缺氮，寿命缩短。补救措施：喷施 1％的尿素溶液。

氮过剩，叶片增大，色浓，多汁；枝梢旺长，花芽分化少，易落花落果；果实产量低，品质差；抗病力下降，树体休眠延迟，抗寒性差。有过剩症状时停止施氮肥，增施磷钾肥和其他肥料。

（2）缺磷　展开的幼叶呈青铜色或紫红色（暗红色），边缘和叶尖焦枯，叶片稀疏，叶小质硬；新梢短，叶片与枝梢呈锐角。花芽发育不良，开花和坐果减少，春节开花较晚；果实发育不良，果小，产量降低，果实含糖量减少。对不良环境的抵抗力弱。补救措施：喷施磷肥水溶液。

磷过剩，土壤磷素过多降低锌、铁、铜、硼的有效性，易引起缺锌等缺素症的发生。有过剩症状时根据作物需要增施其他肥料。

（3）缺钾　叶缘和叶尖黄化失绿，呈棕黄色或棕黑色，叶缘上卷；叶片边缘出现焦枯状褐斑，然后逐渐焦枯。通常缺钾症状最先在枣树枝条的中下部的叶片上表现出来，随着病势的发展向上、向下扩展。缺钾树体营养物质积累少，根系和枝的生长受阻；果实小，产量低，品质差，储藏性严重下降。补救措施：喷施 $0.5\%\sim1\%$ 磷酸二氢钾。

钾过剩，土壤钾素过多易引起镁、钙、锰、锌等元素的缺乏症。补救措施：增施其他肥料。

（4）缺镁　新梢中下部叶片失绿黄化，后变为黄白色或呈条纹状、斑点状，逐渐扩大至全叶，进而形成坏死焦枯斑，叶脉（包括细小的支脉）仍保持绿色，多见于枣树的下部近主干枝条上，缺镁严重时叶片大量黄化脱落，仅留下枝条尖端淡绿色呈莲座状的叶丛。果小畸形，不能正常成熟，品质降低。补救措施：喷施 $0.1\%\sim0.2\%$ 硫酸镁。

毛叶枣（又称印度枣、台湾青枣）对缺镁比较敏感，当叶片镁含量低于 0.4% 时，即表现出明显的缺镁症状，叶片从叶脉间开始黄化，呈斑点状失绿，但主脉附近组织仍维持绿色，严重缺乏时，整个叶片除主脉外其余均呈黄白色。黄化症状一般以下位叶和中位叶出现居多，台湾青枣缺镁以枝条中下部叶片（严重者扩展至中上部叶片）叶脉间呈黄条状（严重者全叶黄化），且叶片易脱落为主要特征，果实产量和品质下降，缺镁症常发生于酸性沙质土壤。补救措施：改良土壤，喷施硫酸镁水溶液。

（5）缺钙 新梢幼叶叶脉间和叶缘失绿，叶片呈淡黄色，叶脉间有褐色斑点，后叶缘焦枯，新梢顶端枯死，严重时大量落叶；叶片小，花朵萎缩；根系生长粗短弯曲，甚至形成根癌病，造成植株死亡；果实小而畸形，淡绿色或出现裂果。一次大量施入氮肥或钾肥，阻碍根系对钙素的吸收，诱发缺钙。补救措施：合理施肥，喷施 0.2% 硫酸镁。

（6）缺铁 新梢顶部叶片呈黄绿色，逐渐变为黄白色，发白的叶片组织出现褐色斑点。中度缺铁时，叶脉转绿，这种绿色复原的现象比较常见，是枣树缺铁的特征，叶脉绿色呈网纹状。严重缺铁时叶片变白变薄，叶脉变黄，叶缘坏死，叶片脱落，顶端新梢及叶片焦枯，幼树和大树的新梢部位最严重。果实少，皮发黄，果汁少，品质下降，常表现为成片果园发病。枣树缺铁黄化病主要发生在盐碱地和石灰质过高的地方，是枣园常见的缺素症。土壤干旱或过湿时，易表现缺铁。补救措施：喷施 0.3% 硫酸亚铁或 800~1 000 倍氨基酸螯合铁水溶液。

（7）缺锌 新梢顶端叶片狭小丛生，叶肉褪绿，叶脉浓绿；枝细节短；花芽减少，不易坐果；果实畸形，果小产量低。补救措施：喷施 0.4% 硫酸锌。

（8）缺硼 枝梢顶端停止生长，从早春开始发生枯梢，到夏末新梢叶片呈棕色，幼叶畸形，叶片扭曲，叶柄紫色，叶脉出现黄化，叶尖和叶缘出现坏死斑，继而生长点死亡，并由顶端向下枯死，新梢节间短，花序小，落花落果严重。果实出现褐斑，果实畸形，出现大量缩果。幼果最重，严重时果实尾尖处出现裂果，顶端果肉木质栓化，呈褐色斑块坏死，失去商品价值。果核变为褐色。有资料介绍，台湾青枣缺硼症状的主要特征是：枝条顶端枯死，上部枝条丛生，且叶片畸形（卷曲），果实外观畸形（裂果、皱果）、果实内部呈褐色硬块状，落花落果极为严重。补救措施：喷施 0.4％硼酸水溶液。

硼过剩，小枝枯死，枝条流胶、爆裂，落果严重，早熟，果实木栓化，储藏期短。补救措施：根据枣树需要追施其他肥料。

（9）缺锰　一般多从新梢中部叶片开始脉间失绿；逐渐向上下两个方向扩展，严重时失绿部位出现焦灼斑点。叶脉保持绿色，呈肋骨状失绿。缺锰在叶片充分展开以后才能出现症状。台湾青枣生理性缺锰以枝条上部叶片黄化、顶叶卷曲、生长缓慢为主要特征。大枣在碱性土壤中易表现缺锰。土壤干旱时，常出现缺锰。补救措施：及时浇水，喷施 0.2％硫酸锰溶液。

（10）缺钼　生长发育不良，植株矮小；叶片失绿枯萎，最后坏死。补救措施：喷施 0.1％钼酸铵溶液。

三、安全施肥技术

枣树施肥应考虑土壤肥力水平、树龄、树势、目标产量、物候情况等因素综合考虑，对于旺长树，应适当控制氮肥施用量，对于树势弱的枣园，应增加氮肥用量。不同树龄枣树施肥量参考见表 10-8。

表 10-8　不同树龄枣树的施肥量参考值（以亩计，千克）

树龄（年）	有机肥	尿素	过磷酸钙	硫酸钾
1～3	1 000～1 600	6～12	30～50	5～10
4～10	2 000～3 500	10～30	30～65	10～25
11～15	3 000～4 500	20～40	50～80	15～30
16～20	3 000～4 500	60～120	60～120	20～40
21～30	4 000～5 000	20～40	50～80	25～40
>30	4 000～5 000	40	50～80	20～40

1. 基肥 基肥是一年中长期供应枣树生长与结果的基础肥料，在秋季采收前施基肥为好。施肥量一般占全年施肥量的50%～70%，间作枣园每棵枣树施有机肥150～250千克、复合微生物肥2千克和枣树专用肥2～3千克。混匀后施入枣树根系附近的土壤，密植园或专用枣园每棵枣树施有机肥60～120千克和枣树专用肥2～3千克，或尿素、磷酸二铵、硫酸钾各0.5～1千克，混匀后施入枣树根系附近，施肥方法以沟施、环状沟施、放射状沟施均可。

（1）环状沟施法 宜于幼树施用，在幼树冠外围挖宽和深各40厘米环型沟，将肥料与挖出的土混匀后施入沟内，用土覆盖后浇水。

（2）放射状沟施法 在树冠下从树干到外围挖6～8条放射状施肥沟，宽和深各40厘米，将肥料施入沟内，混入表土，然后浇水。

（3）沟施法 宜于成龄树施用，在树冠下株间和靠近行间的两侧挖宽和深各40厘米的沟，施入肥料，混入表土后浇水。

（4）全园撒施法 根据枣树水平根发达的特点，结合间作物施肥，将肥料均匀撒于树冠下和行间，然后翻耕，此法只能作为辅助性的施肥措施。

2. 追肥

（1）萌芽肥 在萌芽前7～10天施入，成龄结果树每棵施枣树专用肥0.5～1千克或硫酸铵0.5～1千克，促进花芽分化、开花坐果、提高产量。

（2）花期肥 在枣树开花期施入，成龄枣树每棵施枣树专用肥1～3千克或磷酸二铵0.5～0.8千克，硫酸钾0.5～1千克。

（3）助果肥 枣树坐果期后，果实迅速生长，应施肥供给养分。成龄结枣树每棵施专用肥1.5～2.5千克或40%氮磷钾复合肥1.5～2.5千克。可采用环状沟、短条状沟、穴施等方法，施入土壤10～15厘米深处，将肥料与土混匀，施后覆土，旱时应配合浇水。

(4) 后期追肥 一般在 8 月上旬或中旬施用，结果大树每株施专用肥 1.5～2 千克或磷酸二铵和硫酸钾各 0.5～0.7 千克，可促进枣果上色、糖分多、果实饱满。

(5) 根外追肥 叶面喷施配入尿素、磷酸二氢钾的农海牌氨基酸复合微肥，在果实膨大期每 7～10 天喷施一次，对提高产量和品质有明显效果（表 10-9）。

表 10-9 枣树喷施氨基酸肥的增产效果

处　理	供试株数	坐果数（个）	与对照比较	平均株产（千克）	与对照比较增产（％）
叶面喷施农海牌氨基酸复合微肥	8	822	193	18.96	28.98
喷水对照	8	427	100	14.70	—

四、专用肥配方

氮、磷、钾三大元素含量为 30％的配方：

30％＝N 12：P_2O_5 8：K_2O 10＝1：0.67：1.83

原料用量与养分含量（千克/吨产品）：

硫酸铵 100　　N＝100×21％＝21　　S＝100×24.2％＝24.2

尿素 158　　N＝158×46％＝72.68

磷酸二铵 138　　P_2O_5＝138×45％＝62.1

　　　　　　　　N＝138×17％＝23.46

过磷酸钙 100　　P_2O_5＝100×16％＝16

　　　　　　　　CaO＝100×24％＝24

　　　　　　　　S＝100×13.9％＝13.9

钙镁磷肥 10　　P_2O_5＝10×18％＝1.8

　　　　　　　　CaO＝10×45％＝4.5

　　　　　　　　MgO＝10×12％＝1.2

　　　　　　　　SiO_2＝10×20％＝2

硫酸钾 160　$K_2O=160\times50\%=80$

$S=160\times18.44\%=29.5$

硼砂 20　$B=20\times11\%=2.2$

氨基酸螯合锌、铜、铁、锰 15

硝基腐植酸 200　$HA=200\times60\%=120$

$N=200\times2.5\%=5$

生物制剂 20

氨基酸 37

增效剂 12

调理剂 30

第五节　葡　萄　树

一、营养特性与需肥规律

1. 营养特性　葡萄树体中约有 63.5% 的氮集中于茎、叶，足够的氮能使树体枝叶繁茂；约 66.6% 的磷集中于茎、根，足够的磷有利于根系发育；约 48.4% 的钾集中于果实，钾的丰缺对果实产量、质量影响极大；约 56% 的钙集中在茎、枝，50% 的镁集中在主干。在对树体各部位主要营养元素含量分析的基础上得出葡萄全树含氮、磷、钾、钙、镁的比例是 1:0.59:1.10:1.36:0.09，葡萄 5 种主要营养元素含量的顺序为钙>钾>氮>磷>镁，但生产中施肥要视具体情况区别对待，氮、磷、钾三要素的平衡施用依然是首要考虑的问题。

据研究，每生产 1 000 千克果实，当年养分吸收大致为氮 3.97 千克、磷 1.83 千克、钾 5.53 千克、钙 5.93 千克、镁 1.01 千克，其比例为 1:0.46:1.39:1.50:0.26。

葡萄树对钾元素敏感，是典型的喜钾果树，葡萄在生长发育过程中对钾的吸收量比一般果树都高，为梨树的 1.7 倍、苹果的

2.25倍。氮、磷、钾三要素相比，果实中含钾量为氮的1.4倍，约为含磷量的3.5倍；葡萄叶片中的含钾量虽仅相当于含氮量的75%，但却是含磷量的4倍多。因此，葡萄有"喜钾果树"或"钾质植物"之称。施肥时应特别注意增施钾肥。

葡萄需钙、镁、硼元素较多，特别是钙素在葡萄吸收的营养中占有重要比例，葡萄对钙的需求远高于苹果、梨、柑橘等，且对产量和品质影响较大。葡萄整个生育期直至果实完熟期都不断吸收钙。

葡萄茎、叶中的钙不能向果实中移动，因此需全年供应，在施肥中绝不能忽视钙、镁的施用。钙和钾一样，在着色以后缺乏能使产量降低，果实糖度减少，所以生长后期供钙十分重要。镁也是葡萄不可缺少的营养素之一，但其吸收量只为氮素的1/5以下，大量施用钾肥易导致镁缺乏。葡萄是需硼量较高的果树，它对土壤中含硼量极为敏感，如不足就会发生缺硼症。

2. 需肥规律 葡萄在一年内的不同物候期对氮、磷、钾三要素的吸收量不同。开花期和浆果生长期葡萄体内含氮（N）、磷（P_2O_5）、钾（K_2O）养分最多。树体6月中旬前以异化作用为主，生长发育主要靠秋季储存的营养。6月中旬后吸收氮量增加，7月初开始对磷、钾的吸收增加，8月上旬是吸收钾的高峰，中旬是吸收磷的高峰。因此，秋季施入足量的氮、磷、钾肥，果实膨大期再进行补充，对提高产量和质量尤为重要。

我国葡萄丰产园每生产1 000千克葡萄吸收氮（N）7.5千克、磷（P_2O_5）4.2千克、钾（K_2O）8.3千克。在一般产量水平下，每亩葡萄植株每年从土壤中吸收氮（N）5～7千克、磷（P_2O_5）2.5～3.5千克、钾（K_2O）6～8千克、钙（Ca）4.63千克、镁（Mg）0.026千克，其相应比例为1：（0.3～0.6）：（1～1.4）：1.19：0.07。产量越高需钾量越高。

二、营养失调诊断与补救措施

1. 土壤诊断　由于各地葡萄园土壤理化性状千差万别，因此只能提供葡萄园土壤诊断参考指标（表 10 - 10）。如果某种养分含量在中等以下时（低于临界值容易发生缺素症），就应及时补充。

表 10 - 10　土壤营养元素有效含量分级参考值（毫克/千克）

养分	很低	低	中等	高	很高	临界值
P	<3	3～8	8～15	15～20	>20	8
K	<30	30～80	80～150	150～200	>200	80
Cu	<0.8	0.8～1.5	1.5～4.0	4.0～8.0	>8.0	2
Zn	<1.2	1.2～2.5	2.5～5.0	5.0～10	>10	1.5
Mo	<0.1	0.1～0.15	0.15～0.20	0.20～0.30	>0.30	0.15
B	<0.2	0.2～0.5	0.5～1.0	1.0～2.0	>2.0	0.5
Mn	<25	25～50	50～100	100～200	>200	50
Fe	<40	40～80	80～200	200～400	>400	—
有机质（%）	<0.5	0.5～1.0	1.0～3.0	3.0～6.0	>6.0	—

综合各地经验，要实现葡萄丰产优质，土壤须具备下列主要肥力指标：有机质含量 1%～2%，全氮含量 0.1%～0.2%，全磷含量 0.1% 以上，全钾含量 2.0% 以上，速效氮、磷、钾分别为 50 毫克/千克、10～30 毫克/千克、150～200 毫克/千克。

2. 叶片分析　生长发育期间的葡萄叶片能较及时准确地反映树体营养状况。分析叶片，不仅能查得直观症状，分析出多种营养元素不足或过剩，分辨两种不同元素引起的相似症状，且能在症状出现前及早测知。因此，借助叶分析可及时施入适宜的肥料种类和数量，以保证葡萄正常生长与结果。

在应用叶分析技术进行营养诊断时，叶内各元素含量的标准值是判断待测叶片中各元素含量是否盈亏、元素之间是否平衡的基础。标准值是指一个树种或品种的果树处于不同营养生理状态时叶内的矿质元素含量，包括它的正常值、低值、缺值、过高等浓度范围，作为营养诊断对比之用。葡萄叶片营养元素含量适宜值见表 10-11。

表 10-11　葡萄叶片营养元素含量适宜值（%）

地　区	N	P	K	Ca	Mg
全国平均值	1.30～3.90	0.14～0.41	0.45～1.30	1.27～3.19	0.23～1.08
北京	0.60～2.40	0.10～0.44	0.44～3.00	0.72～2.60	0.26～1.50
中国台湾	0.85～1.08	0.30～0.60	1.50～2.50	0.77～1.66	0.50～0.86

我国一般盛花后 4 周，在有一次果的果枝上取果穗上一节的叶柄，不同品种采样时期也不相同，对于欧洲种葡萄，在盛花期采第一穗花序节位上的叶柄或花后 4 周结果新梢中部的叶柄；对于美洲种葡萄和圆叶葡萄，盛花后 4～8 周取果穗上一节的叶柄。

把所诊断的葡萄园叶分析结果与适合当地的标准值进行比较，可以看出植株中每种元素的丰缺状况，然后根据土壤条件施肥、灌水等因素综合分析，根据养分平衡原理提出施肥建议。

3. 营养失调症状与防治措施

（1）缺氮症状与防治措施

①症状特点　氮素不足时，发芽早，叶片小而薄，呈黄绿色，影响碳水化合物和蛋白质等形成；枝叶量少，新梢生长势弱，停止生长早，成熟度差；叶柄细。花序小，不整齐，落花落果严重，果穗果粒小，品质差。长期缺氮，导致葡萄利用储存在枝干和根中的含氮有机化合物，从而降低葡萄氮素营养水平。萌芽开花不整齐，根系不发达，树体衰弱，植株矮小，抗逆性降低，树龄缩短。

②发生规律　土壤肥力低，有机质和氮素含量低；管理粗放，杂草丛生，消耗氮素。

③补救措施　秋施基肥时混以无机氮肥。生长期施追效氮肥2～3次。叶面喷施0.3%～0.5%尿素水溶液。

（2）缺钙症状与补救措施

①症状特点　叶淡绿色，幼叶叶脉间和边缘失绿，叶脉间有褐色斑点，叶缘焦枯，新梢顶端枯死。在叶片出现症状的同时，根部也出现枯死症状。

②发生规律　过多的氮、钾明显阻碍了对钙的吸收；空气湿度小，蒸发快，补水不足时易缺钙；土壤干燥，土壤溶液浓度大，阻碍对钙的吸收。

③补救措施　避免一次用大量钾肥和氮肥；适时灌溉，保证水分充足；叶面喷洒0.3%氯化钙水溶液。

（3）缺钾症状与防治措施

①症状特点　新梢生长初期表现纤细、节间长、叶片薄、叶色浅，然后基部叶片叶脉间叶肉变黄，叶缘出现黄色干枯坏死斑，并逐渐向叶脉中间蔓延。有时整个叶缘出现干边，并向上翻卷，叶面凹凸不平，叶脉间叶肉由黄变褐而干枯。直接受光的老叶有时变成紫褐色，也是先从叶脉间开始，逐渐发展到整个叶面，严重缺钾的植株，果穗少且小，果粒小、着色不均匀，大小不整。

钾在葡萄体内处于游离状态，影响体内60多种酶的活性，对植物体内多种生理活动如光合作用、碳水化合物的合成、运转、转化等方面都起着重要的作用。钾主要存在于幼嫩器官如芽、叶片中，含量可高达30%～60%。葡萄是喜钾作物，其对钾的需要总量接近氮的需要量。植株缺钾时，因叶内碳水化合物合成少，过量硝态氮积累而引起叶烧，使叶肉出现坏死斑和干边。

②发生规律　在黏质土、酸性土及缺乏有机质的瘠薄土壤上易表现缺钾症。果实负载量大的植株和靠近果穗的叶片表现尤重。果实始熟期，钾多向果穗集中，因而其他器官缺钾更为突

出。轻度缺钾的土壤，施氮肥后刺激果树生长，需钾量大增，更易表现缺钾症。

③防治措施　增施优质有机肥。葡萄吸收钾肥必须以氮、磷充足为前提，在合理施用钾肥时，应注意与氮、磷的平衡，钾肥又有助于提高氮肥、磷肥的效益，在一般葡萄园平衡施肥的比例是纯氮：纯磷：纯钾＝1：0.4：1，因此施足优质有机肥是平衡施肥的基础；也可在生长期对叶面喷2％草木灰浸出液或2％氯化钾液等；或者于6～7月份对土壤追施硫酸钾，一般每株80～100克，也可施草木灰或氯化钾等。

（4）缺磷症状与防治措施

①症状特点　葡萄缺磷时，在植株某些形态方面表现与缺钾相同。如新梢生长细弱、叶小、浆果小。此外，叶色初为暗绿色，逐渐失去光泽，最后变为暗紫色，叶尖及叶缘发生干枯，叶片变厚变脆。果实发育不良，含糖量低，着色差，果穗变小，落花落果严重，果粒大小不均。磷过多时，会影响氮和铁吸收而使叶黄化或白化。

②发生规律　葡萄萌芽展叶后，随着枝叶生长，开花和果实膨大，对磷的吸收量增多，应及时适量供给磷肥，其后储藏于茎叶中的磷向成熟的果实移动，收获后，茎、根部磷含量增多。磷素易被土壤吸收不易流动。

③补救措施　磷肥最好结合秋季施有机肥时深施，追肥也应比氮肥稍深。追肥和根外追肥应在浆果生长期及浆果成熟期施用，以促进果实着色和成熟，提高浆果品质，根外追肥一般喷氨基酸复合微肥600倍水溶液，加入2％磷酸二氢钾，每7～10天喷一次，至症状消失。

（5）缺锌症状与防治措施

①症状特点　在夏初新梢旺盛生长时常表现叶斑驳；新梢和副梢生长量少，叶片小，节间短，梢端弯曲，叶片基部裂片发育不良，叶柄洼浅，叶缘无锯齿或少锯齿；在果穗上的表现是坐果

率低和果粒生长大小不一，正常生长的果粒很少，大部分为发育不正常的含种子很少或不含种子的小粒果以及保持坚硬、绿色、不发育、不成熟的"豆粒"果。

②发生规律　在通常情况下，沙滩地、碱性地、碱性土或贫瘠山坡丘陵果园常出现缺锌现象。在自然界中，土壤中的含锌量以土表最高，主要是因为植株落叶腐败后，释放出的锌存在于土表的缘故。所以，去掉表土的果园常出现缺锌现象。据报道，葡萄植株缺锌量很少，每亩约需37克，但绝大多数土壤能固定锌，植株难于从土壤中吸收。因此，靠土壤中施锌肥不能解决实际问题。

③防治措施　改良土壤，加厚土层，增施有机肥料，是防止缺锌的基本措施。也可花前2～3周喷碱性硫酸锌，配制方法和浓度：在100千克水中加入480克硫酸锌和360克生石灰，调制均匀过滤后喷雾；冬春修剪后，用硫酸锌涂结果母枝，配制方法：每千克水中加入硫酸锌117克，随加随快速搅拌，使其完全溶解，然后使用。也可喷施氨基酸复合微肥每7～10天喷一次。

（6）缺铁症状与防治措施

①症状特点　主要表现在刚抽出的嫩梢叶片上。新梢顶端叶片呈鲜黄色，叶脉两侧呈绿色脉带。严重时叶面变成淡黄色或黄白色，后期叶缘、叶尖发生不规则坏死斑，受害新梢生长量小，花穗变黄色，坐果率低，颗粒小，有时花蕾全部落光。

②发病条件　土壤中含铁量不足，原因是多方面的，其中最主要的是土壤的酸碱度（pH）和氧化还原过程。在高pH值土壤中以氧化过程为主，从而使铁沉淀、固定，是引起发生缺铁黄叶病的主要原因。如土壤中的石灰过多，铁会转化成不溶性的化合物而使植株不能吸收铁进行正常代谢作用。第二，土壤条件不佳限制了根对铁的吸收。第三，树龄和结果量对发病有一定影响，一般是随着树龄的增长和结果量的增加，发病程度显著加重。因铁在植物体内不能从一部分组织转移到另一部分组织，所

以缺铁症首先在新梢顶端的嫩叶上表现。这也是该病与其他黄叶病的主要区别之一。

③防治措施　叶片刚出现黄叶时，喷施氨基酸复合微肥加1%～3%硫酸亚铁，以后每隔10～15天再喷一次。冬季修剪后，用25%硫酸亚铁加25%柠檬酸混合液涂抹枝蔓，或在葡萄萌芽前在架的两侧开沟，沟内施入硫酸亚铁，每株施0.2～0.3千克，若与有机肥混合后施用，效果会更好。

（7）缺硼症状与防治措施

①症状特点　最初症状出现在春天刚抽出的新梢。缺硼严重时新梢生长缓慢，致使新梢节间短、两节之间有一定角度，有时结节状肿胀，然后坏死。新梢上部幼叶出现油渍状斑点，梢尖枯死，其附近的卷须形成黑色，有时花序干枯。在植株生长的中后期表现基部老叶发黄，并向叶背翻卷，叶肉表现褪绿或坏死，这种新梢往往不能挂果或果穗很少。在果穗上表现为坐果率低、穗小、果粒大小不整齐，豆粒现象严重，果粒呈扁圆形，无种子或发育不良。根系短而粗，有时膨大呈瘤状，并有纵向开裂现象。因缺硼轻重不同，以上症状并非全部出现。

②防治措施　于开花前2～3周对叶面喷氨基酸复合微肥加0.1%的硼砂，可减少落花落果，提高坐果率。也可在葡萄生长前期对根部施硼砂，一般距树干30厘米处开浅沟，每株施30克左右，施后及时灌水。

（8）缺镁症状与防治措施

①症状特点　多在果实膨大期呈现症状，以后逐渐加重。首先在植株基部老叶叶脉间褪绿，继而脉间发展成带状黄化斑点，多从叶片内部向叶缘发展，逐渐黄化，最后叶肉组织变褐坏死，仅剩下叶脉保持绿色，其坏死的褐色叶肉与绿色的叶脉界限分明，病叶一般不脱落。缺镁植株其果实一般成熟期推迟，浆果着色差，糖分低，果实品质明显降低。

②发病规律　首先是基部老叶先表现褪绿症状，然后逐渐扩

大到上部幼叶。一般在生长初期症状不明显，从果实膨大期开始表现症状并逐渐加重，尤其是坐果量过多的植株，果实尚未成熟便出现大量黄叶，一般黄叶不早落。此外，酸性土壤和多雨地区沙质土壤中的镁元素较易流失，所以在南方的葡萄园发生缺镁症状最为普遍。另一个原因是钾肥施用过多也会影响镁的吸收，从而造成缺镁症。

③防治措施　多施优质有机肥，增强树势。勿过多施用钾肥，为满足作物的营养需求，钾、镁都应维持较高水平。镁、钾平衡施肥对高产优质有明显效果。在植株出现缺镁症状时，叶面可喷3%～4%硫酸镁，生长季节连喷3～4次，有减轻病情的效果。也可在土壤中开沟施入硫酸镁，每株0.2～0.3千克。

（9）缺锰症状与防治措施

①症状特点　夏初新梢基部叶片变浅绿，然后叶脉间组织出现较小的黄色斑点。斑点类似花叶病症状，黄斑逐渐增多，并为最小的绿色叶脉所限制。褪绿部分与绿色部分界限不明显。严重缺锰时，新梢、叶片生长缓慢，果实成熟晚，在红葡萄品种的果穗中常夹生部分绿色果粒。

②发生规律　主要发生在碱性土壤和沙质土壤中，土壤中水分过多也影响锰的吸收。锰离子存在于土壤溶液中，并被吸附在土壤胶体内，土壤酸碱度影响植株对锰的吸收，在酸性土壤中，植株吸收量增多。碱性土、沙土、土质黏重、通气不良、地下水位高的葡萄园常出现缺锰症。

③防治措施　增施优质有机肥，可预防和减轻缺锰症。在葡萄开花前对叶面喷氨基酸复合微肥加0.3%硫酸锰溶液，连喷2次，相隔时间为7天，可调整缺锰症状。

三、安全施肥技术

1. 基肥　基肥应在葡萄采收后立即进行，占全年施肥量的50%～60%，一般亩施土杂肥5 000～6 000千克，折N 13～

15 千克、P_2O_5 10～13 千克、K_2O 10～15 千克和专用肥 80～120 千克，再加复合微生物肥 3 千克；也可按树施肥，初结果的幼树每棵施有机肥 20～50 千克和葡萄专用肥 0.2～0.3 千克，单株结果量 20 千克左右的成年植株，每株施有机肥 65～100 千克（或饼肥 6～10 千克）和葡萄专用肥 1～3 千克，再加复合微生物肥 1 千克。混匀后沟施或撒施，撒施后将肥料翻入地下深 20 厘米左右处，有利于植株根系全面吸收利用。施肥方法应更替施用。

2. 追肥　在葡萄生长季节，一般丰产园每年需施追肥 2～3 次。在早春芽开始膨大时进行第一次追肥，这时花芽正继续分化，新梢即将开始旺盛生长，需要大量氮素养分，宜施用腐熟人粪尿掺混专用肥或尿素，施用量占全年用肥量的 10%～15%，每亩应追施专用肥 10～20 千克、有机肥 50～80 千克加复合微生物肥 1 千克。在谢花后幼果膨大初期进行第二次追肥，以氮肥为主，结合施磷、钾肥，这次追肥不但能促进幼果膨大，而且有利于花芽分化；这一阶段是葡萄生长的旺盛期，也是决定下一年产量的关键时期，追肥以施专用肥或腐熟人粪尿或尿素、草木灰等速效肥为主，施肥量占全年施肥总量的 20%～30%，一般亩追施专用肥 20～30 千克和有机肥 100～150 千克加复合微生物肥 1.5 千克，混合后施入。在果实着色初期进行第三次追肥，以磷、钾肥或专用肥为宜，施肥量占全年用的 10% 左右，亩追施专用肥 10～15 千克，可结合灌水或雨天直接施入植株根部的土壤中。

3. 根外追肥　根外追肥可选用农海牌氨基酸复合微肥喷施，每 10 天左右一次。应该强调的是，根外追肥只是补充葡萄营养的一种方法，但根外追肥代替不了基肥和追肥。要保证葡萄健壮生长，必须施基肥和追肥。

四、专用肥配方

配方 I

氮、磷、钾三大元素含量为 30％的配方：

  $30\% = N\ 10 : P_2O_5\ 8 : K_2O\ 12 = 1 : 0.8 : 1.2$

原料用量与养分含量（千克/吨产品）：

硫酸铵 130　$N = 130 \times 21\% = 27.3$

　　　　　　$S = 130 \times 24.2\% = 31.46$

尿素 132　$N = 132 \times 46\% = 60.72$

磷酸一铵 106　$P_2O_5 = 106 \times 51\% = 54.06$

　　　　　　　$N = 106 \times 11\% = 11.66$

过磷酸钙 150　$P_2O_5 = 150 \times 16\% = 24$

　　　　　　　$CaO = 150 \times 24\% = 36$

　　　　　　　$S = 150 \times 13.9\% = 20.85$

钙镁磷肥 10　$P_2O_5 = 10 \times 18\% = 1.8$

　　　　　　　$CaO = 10 \times 45\% = 4.5$

　　　　　　　$MgO = 10 \times 12\% = 1.2$

　　　　　　　$SiO_2 = 10 \times 20\% = 2$

硫酸钾 240　$K_2O = 240 \times 50\% = 120$

　　　　　　　$S = 240 \times 18.44\% = 44.26$

氨基酸硼 10　$B = 10 \times 10\% = 1$

氨基酸螯合锌、铜、铁 15

硝基腐植酸铵 100　$HA = 100 \times 60\% = 60$

　　　　　　　　　$N = 100 \times 2.5\% = 2.5$

氨基酸螯合钙、镁 32

生物制剂 20

增效剂 10

调理剂 45

配方Ⅱ

氮、磷、钾三大元素含量为 25％的配方：

  $25\% = N\ 8 : P_2O_5\ 6 : K_2O\ 11 = 1 : 0.75 : 1.38$

原料用量与养分含量（千克/吨产品）：

硫酸铵 150　N＝150×21％＝31.5

$\qquad$ S＝150×24.2％＝36.3

尿素 65　N＝65×46％＝29.9

磷酸二铵 94　P_2O_5＝94×45％＝42.3

$\qquad$ N＝94×17％＝15.98

过磷酸钙 100　P_2O_5＝100×16％＝16

$\qquad$ CaO＝100×24％＝24

$\qquad$ S＝100×13.9％＝13.9

钙镁磷肥 10　P_2O_5＝10×18％＝1.8

$\qquad$ CaO＝10×45％＝4.5

$\qquad$ MgO＝10×12％＝1.2

$\qquad$ SiO_2＝10×20％＝2

硫酸钾 220　K_2O＝220×50％＝110

$\qquad$ S＝220×18.44％＝40.57

氨基酸硼 10　B＝10×10％＝1

氨基酸螯合锌、铜、铁 15

硝基腐植酸铵 246　HA＝246×60％＝147.6

$\qquad$ N＝246×2.5％＝6.15

氨基酸螯合钙、镁 30

生物制剂 20

增效剂 10

调理剂 30

配方Ⅲ

氮、磷、钾三大元素含量为 35％ 的配方：

$\quad$ 35％＝N 12.5：P_2O_5 7.5：K_2O 15＝1：0.6：1.2

原料用量与养分含量（千克/吨产品）：

硫酸铵 100　N＝100×21％＝21

$\qquad$ S＝100×24.2％＝24.2

尿素 173　N＝173×46％＝79.58

磷酸二铵 127　$P_2O_5 = 127 \times 45\% = 57.15$

　　　　　　　$N = 127 \times 17\% = 21.59$

过磷酸钙 100　$P_2O_5 = 100 \times 16\% = 16$

　　　　　　　$CaO = 100 \times 24\% = 24$

　　　　　　　$S = 100 \times 13.9\% = 13.9$

钙镁磷肥 10　$P_2O_5 = 10 \times 18\% = 1.8$

　　　　　　　$CaO = 10 \times 45\% = 4.5$

　　　　　　　$MgO = 10 \times 12\% = 1.2$

　　　　　　　$SiO_2 = 10 \times 20\% = 2$

硫酸钾 300　$K_2O = 300 \times 50\% = 150$

　　　　　　　$S = 300 \times 18.44\% = 55.32$

氨基酸硼 10　$B = 10 \times 10\% = 1$

氨基酸螯合锌、铜、铁 15

硝基腐植酸铵 100　$HA = 100 \times 60\% = 60$

　　　　　　　　　$N = 100 \times 2.5\% = 2.5$

生物制剂 20

增效剂 12

调理剂 33

第六节　猕猴桃树

一、营养特性与需肥规律

1. 营养特性　猕猴桃树属于贪肥果树，对营养元素的吸收量比其他果树大得多，施肥量大时，不仅不会使猕猴桃树产生徒长，相反还能促进其当年产量增加，并为来年长势和丰产打下良好基础。猕猴桃树当年的植株生长和结果 70%以上取决于上年的树体营养储存。因此，上年施肥水平特别是秋季施肥量对其当年生长和挂果影响很大。

猕猴桃对铁的需求量高于其他果树,要求土壤有效铁的临界值为 11.9 毫克/千克。铁在土壤 pH 值高于 7.5 的情况下,有效值很低,因此偏碱性土壤栽培猕猴桃,更要注重施用铁肥。

猕猴桃树体内氯的含量较高,但并不忌氯,而是忌钠,生产上可以适量施用含氯钾肥。幼龄猕猴桃园不能施用过量含氯离子的肥料,即使是成龄的结果园,施用时应注意在当土壤中氯离子达到 800 毫克/千克时即产生毒害作用。

2. 需肥规律　猕猴桃挂果早,萌芽率高,成花量大,挂果率极高,年生长量较大,是一种贪肥、喜水性植物。猕猴桃树的根为水平状肉质根,须根多。主根少,对土壤 pH 值、各元素的浓度、水、气、热等要求严格,反应敏感,猕猴桃生长前期(3～5 月)营养生长占优势,中期(6～8 月)生殖生长占主导地位,后期(9～10 月)是营养生长和生殖生长并进期,前期需氮多,中期需磷量大,后期钾元素吸收旺盛。前期钙、镁、硫、铁吸收多,花期需硼量大,后期氮的吸收有所增加。猕猴桃发芽、开花、长梢、坐果所需养分主要来自上一年秋季树体储存的营养,秋季施足基肥十分重要。

猕猴桃有 3 个需肥高峰期。营养元素主要依靠根系吸收,根系生长高峰期也是根大量吸收养分的时期。猕猴桃树根系第一次生长高峰期在早春 2～3 月,到了萌芽和树叶生长时,根系又停止生长;第二次是在第一次新梢停止生长时,即 6 月初,由于新梢停止生长而叶片制造的养分又大量转入地下根系,根系生长达到了高峰;第三次是采果后,即 10 月上旬到 12 月上旬,养分又向下运转,根系又一次进入生长高峰。依据上述生育特点,猕猴桃园施肥通常也被分为 3 次,即秋季肥、春季肥和夏初肥。

猕猴桃不同的树龄对营养需要差异很大。幼龄果园,即新栽果园主要是促进枝蔓和根系生长,需肥量不大,但对肥料很敏感,要求施足氮肥、磷肥;结果初期在施用氮肥的基础上,加强磷肥、钾肥的施用；结果盛期要注意氮肥、磷肥、钾肥配合施用，并合理搭配其他微量元素；老龄猕猴桃园应多施氮肥。不论哪种树龄猕猴桃园在管理上都要注意营养生长与生殖生长的均衡。

综合各地实验资料，每生产 1 000 千克猕猴桃，需要吸收氮（N）13.1 千克、磷（P_5O_5）6.5 千克、钾（K_2O）15 千克，其吸收比例为1：0.50：1.15，猕猴桃对钾的吸收量既相当于磷的 2 倍多，又超过氮素，因此猕猴桃是比较典型的喜钾果树之一。

二、营养失调诊断与补救措施

1. 土壤诊断　猕猴桃园土壤诊断指标参见表 10 - 12。

表 10 - 12　猕猴桃园土壤诊断指标参考值（毫克/千克）

营养元素	过剩	充足	不足	缺乏	严重缺乏
碱解氮	>180	140～180	100～140	60～100	<60
速效磷	>80	60～80	40～60	20～40	<20
速效钾	>200	160～200	120～160	80～120	<80

2. 叶片分析　猕猴桃叶片诊断，应采取营养发育枝中部的成熟叶片，采样时期为 7～8 月份。可在 7 月下旬至 8 月中旬，随机从每株树的树冠外围中部四周采集结果枝上成熟健康叶片，每个果园取混合叶 80 片，含叶片和叶柄。采下的叶子迅速带回室内，经自来水→0.1％洗涤剂溶液→自来水→0.2％盐酸溶液→蒸馏水→无离子水系列漂洗程序后，于 105℃恒温杀青 20 分钟，再在 80℃条件下烘至恒重，用不锈钢粉碎机粉碎，过 40 目筛，放阴凉干燥处保存备用。

猕猴桃叶片营养诊断指标见表 10 - 13。

表 10 - 13 猕猴桃叶片营养诊断指标参考值

营养元素	缺乏	适宜范围	过量
N（%）	1.5	2.2～2.8	5.5
P（%）	0.12	0.18～0.22	2.4
K（%）	1.5	1.8～2.2	3
Ga（%）	0.2	3.0～3.5	6
Mg（%）	0.1	0.38	0.5
S（%）	0.18	0.25～0.45	0.6
B（毫克/千克）	20	40～50	100
Fe（毫克/千克）	60	80～100	160
Mn（毫克/千克）	30	50～150	1 200
Zn（毫克/千克）	12	15～28	1 100
Cu（毫克/千克）	3	10	15
Mo（毫克/千克）	0.008	0.02～0.04	2

张林森等（2001）研究指出，秦美猕猴桃丰产园叶片营养标准适宜范围为：氮 2.27%～2.77%，磷 0.16%～0.20%，钾 0.20%～1.60%，钙 3.29%～4.43%，镁 0.40%～1.13%，氯 0.6%～1.0%，锌 23.6～44.2 毫克/千克，铁 90.1～257.9 毫克/千克，锰 14.5～173.1 毫克/千克，铜 7.0～21.8 毫克/千克，硼 38.5～79.9 毫克/千克。

3. 营养失调诊断与补救措施 无机营养元素缺乏或过量都会影响植株生长发育。猕猴桃对各类元素的失调特别敏感，一旦失调就会明显地在外观形态上表现出来，特别是在叶片上。缺乏时叫"缺素症"，过量时叫"中毒症"，一般称为"生理病害"。其症状表现与补救措施见表 10 - 14。

表 10 - 14　猕猴桃营养失调与补救措施参考

营养元素	7月份叶片含量（克/千克干重）		症状表现	补救措施
氮(N)	适宜	20～28	叶片从深绿变为淡绿，甚至完全转为黄色，但叶脉仍保持绿色，老叶顶端叶缘为橙褐色日灼状，并沿叶脉向基部扩展，坏死组织部分微向上卷曲，果实不能充分发育，达不到商品要求的标准。	叶面喷 0.3％～0.5％尿素液和氨基酸复合微肥，每7～8天喷施一次至症状消失。
	缺乏	<1.5		
磷(P)	适宜	1.8～2.2	老叶从顶端向叶柄基部扩展叶脉之间失绿，叶片上面逐渐呈红葡萄酒色，叶缘更为明显，背面主、侧脉红色，向基部逐渐变深。	全树喷施氨基酸复合肥 500～800 倍稀释液，加 0.5％磷酸二氢钾，每7～8天喷一次，至病症状消失。
	缺乏	<0.12		
钙(Ca)	适宜	30～35	在新成熟叶的基部叶脉颜色暗淡，坏死，逐渐形成坏死组织片，然后质脆干枯，落叶，枝梢死亡，下面腋芽萌发后或成莲叶状，也会发展到老叶上。严重时影响根系发育，根端死亡，或在附近大面积坏死。	全树喷施氨基酸复合微肥 500～800 倍稀释液，加 0.5％硝酸钙，每7～8天喷一次，至症状消失。
	缺乏	<2.0		
镁(Mg)	适宜	3.8	在生长中、晚期发生。当年生成熟叶上出现叶脉间或叶缘淡黄绿色，但叶片基部近叶柄处仍保持绿色，呈马蹄形。	叶面喷施 2％硫酸镁或 2％硝酸镁，每7～10天喷一次，至症状消失。
	缺乏	<1.0		
硫(S)	适宜	2.5～4.5	初期症状为幼叶边缘淡绿或黄色，逐渐扩大，仅在主、侧脉结合处保持一块呈楔形的绿色，最后幼嫩叶全面失绿	结合补铁、锌，喷硫酸亚铁、硫酸锌、氨基酸复合微肥。
	缺乏	<1.8		

（续）

营养元素	7月份叶片含量（克/千克干重）		症状表现	补救措施
铁（Fe）	适宜	80～200	外观症状先为幼叶脉间失绿，变成淡黄和黄白色，有的整个叶片、枝梢和老叶的叶缘都会失绿，叶片变薄，容易脱落。	喷施氨基酸复合微肥500～800倍稀释液，加1%硫酸亚铁，每7～8天喷一次。
	缺乏	<60		
锌（Zn）	适宜	15～28	出现小叶症状，老叶脉间失绿，开始从叶缘扩大到叶脉之间，叶片未见坏死组织但侧根的发育受到影响。	每千克硫酸锌用100升水稀释喷洒叶部或喷施农海牌氨基酸复合微肥500～800倍稀释液，7～8天喷一次。
	缺乏	<12		
氯（Cl）	适宜	1.0～3.0	先在老叶顶端主、侧脉间出现分散状失绿，从叶缘向主、侧脉扩张，有时边缘连续状，老叶常反卷呈杯状，幼叶叶面积减小，根生长减少，离根端2～3厘米的组织肿大，常被误认为是根结线虫的囊肿。	可补充氯化钾肥料或喷施1%氯化钾溶液，每7天喷一次，至症状消失。
	缺乏	<0.8～2.0		
锰（Mn）	适宜	50～150	新成熟叶缘失绿，主脉附近失绿，小叶脉间的组织上隆起，并像蜡色有光泽，最后仅叶脉保持绿色。	喷施农海牌氨基酸复合微肥或1%硫酸锰水溶液。
	缺乏	<30		
硼（B）	适宜	40～50	幼叶中心出现不规则黄色，随后在主、侧脉两边连接大片黄色，未成熟幼叶变成扭曲，畸形，枝蔓生长受到严重影响。	喷施农海牌氨基酸复合微肥或0.5%～1%硼酸水溶液。
	缺乏	<20		
铜（Cu）	适宜	6～10	开始幼叶及未成熟叶失绿，随后发展为漂白色，结果枝生长点死亡，还出现落叶。	喷施农海牌氨基酸复合微肥或0.1%硫酸铜水溶液。
	缺乏	<3		

（续）

营养元素	7月份叶片含量（克/千克干重）		症状表现	补救措施
钼（Mn）	适宜	0.04～0.20	无明显症状，说明猕猴桃对钼不很敏感，但也必须经常检查，避免引起体内硝酸盐因缺钼而积累过多。	喷施0.05%钼酸铵水溶液，每7天左右喷一次，至症状消失。
	缺乏	<10		

三、安全施肥技术

猕猴桃树的施肥原则是以腐熟优质有机肥为主，无机肥为辅，充分满足猕猴桃树对各种营养元素的需求，增强土壤肥力。施肥量应根据目标产量、树龄大小、土壤肥力状况、需肥特性等因素确定。一般采用基肥、追肥和叶面喷肥等方式施肥。

1. 定植肥与幼树安全施肥技术 幼龄猕猴桃定植前基肥施用非常重要，具体做法：在定植穴底层施入秸秆、树叶等粗有机质，中层施入土杂肥50千克左右或过磷酸钙、其他长效性复合肥料，肥料与土充分混匀，穴面20厘米以上以土为主。定植2～3个月开始，适当追肥1～2次稀薄速效完全肥料。冬季落叶后结合清园翻土每株施饼肥0.5～1千克或10～15千克人粪尿。从第二年开始视树势发育状况，一般4月中下旬花蕾期每株施尿素0.05～0.1千克或碳酸氢铵0.15～0.2千克；7月份根据植株长势每株施复合肥0.25～0.35千克。

由于定植后1～3年生幼树根浅、嫩，吸肥不多，这时应"少吃多餐"。这一时期树冠在扩展，如果时间允许，3～6月份可每月追一次肥，其中尿素每株0.2～0.3千克，氯化钾0.1～0.2千克，过磷酸钙0.2～0.25千克。城市周围结合灌水施入粪尿。一律开沟放入，不和根直接接触。

必须在7月份以前结束追肥，以利于枝梢及时停止生长，防止冻死，同时促进组织成熟。

2. 成龄树安全施肥技术

（1）基肥　猕猴桃树施基肥应在秋季，宜早施，可采用行间、株间开深沟或穴施等方法，沟深 50～60 厘米，宽 40 厘米，将肥土混匀，施入沟内，及时浇水。一般 4 年生树每棵施腐熟有机肥 50～80 千克和猕猴桃专用肥 1.5～2 千克（或生物有机肥 5～10 千克、过磷酸钙 0.5～1 千克），也可用 40%（20 - 10 - 10）复合肥 1.5～2 千克取代专用肥。

（2）追肥　早春追施催芽肥，猕猴桃树在结果前三年每次追肥量要小于成龄树，追肥次数要多。一般从萌芽前施用，每棵每次追施猕猴桃专用肥 1～1.5 千克［或尿素 0.2～0.3 千克、氯化钾 0.1～0.2 千克、过磷酸钙 0.2～0.3 千克］，有条件的地方每棵每次追施腐熟人粪尿 15～20 千克，促进腋芽新梢生长。进入盛果期的成龄树，一般每棵追施猕猴桃专用肥 0.5～1 千克（或过磷酸钙 0.4～0.6 千克、氯化钾 0.2～0.4 千克）。

花后追施促果肥，落花后 30～40 天是果实迅速膨大期，一般 4 年生猕猴桃树可冲施专用肥 0.2～0.4 千克或 40%氮磷钾复合肥 0.2～0.5 千克，施后全园浇水一次。

盛夏追施壮果肥，6～7 月每亩冲施专用肥 30～50 千克（或尿素 12 千克、过磷酸钙 23 千克、氯化钾 9 千克）。

（3）叶面喷肥　从展叶至采果前均可喷施农海牌氨基酸复合微肥 600 倍液，并配入 1%尿素、0.1%～0.2%磷酸二氢钾、1%硝酸钙、0.1%硫酸亚铁稀释液，每 7～10 天喷施一次，对增强树势、改善果实品质和提高产量均有明显效果。

四、专用肥配方

氮、磷、钾三大元素含量 35%的配方：

$35\% = N15 : P_2O_5 8.5 : K_2O 11.5 = 1 : 0.6 : 0.77$

原料用量与养分含量（千克/吨产品）：

硫酸铵 100　$N = 100 \times 21\% = 21$

$$S=100\times24.2\%=24.2$$

尿素 243　$N=243\times46\%=111.78$

磷酸一铵 132　$P_2O_5=132\times51\%=67.32$

$$N=132\times11\%=14.52$$

过磷酸钙 100　$P_2O_5=100\times16\%=16$

$$CaO=100\times24\%=24$$

$$S=100\times13.9\%=13.9$$

钙镁磷肥 10　$P_2O_5=10\times18\%=1.8$

$$CaO=10\times45\%=4.5$$

$$MgO=10\times12\%=1.2$$

$$SiO_2=10\times20\%=2$$

氯化钾 192　$K_2O=192\times60\%=115.2$

$$Cl=192\times47.56\%=91.32$$

硼酸 15　$B=15\times17\%=2.55$

氨基酸螯合锌、锰、铁、铜 20

硝基腐植酸 91　$HA=91\times60\%=54.6$

$$N=91\times2.5\%=2.28$$

氨基酸 30

生物制剂 25

增效剂 12

调理剂 30

第七节　山　楂　树

一、营养特性与需肥规律

1. 营养特性　山楂树体在春季进行根系生长、花芽分化、萌发新芽、新梢及叶片生长等生命活动消耗较多的养分，而树体所需要的养分主要依赖于上年树体内的储存养分。

山楂树接近开花时，新梢和叶仍在较旺盛地生长，叶片制造营养的能力还很低，前一年储存的养分基本消耗完，进入营养转换期。粗放管理的果园，上年储存营养少，当年制造营养又迟迟不能满足需要，营养转换期会拖得很长，当春梢和叶片完全停止生长时，树体已能大量制造营养，生长发育所需的营养都是当年制造的，基本不再利用上年的储存营养，此期生长发育器官主要是果实，这是一年中关键的营养时期，对当年的产量、质量有直接影响。

当秋梢停止生长和果实采收以后，树体消耗营养已很少，叶片等器官还具有较强的光合能力，营养物质逐渐由叶片、新梢 1～2 年生枝向树体的干枝和根系转移，成为储存营养。

2. 需肥规律　山楂的根系生长能力较强，但主根不发达、侧根分布浅。在北方地区一年内有 3 次根系发育高峰；第一次在地温上升到约 6℃ 到 5 月上旬，根系开始生长后，吸收根的密度逐渐增大，至发芽时达到高峰，以后逐步下降；第二次是在 7 月，吸收根急剧增加，并很快进入发根高峰，之后逐渐下降进入缓慢期；第三次在 9～10 月，发根时间长，强度小。

由于山楂树早春萌芽较早，花期前后营养消耗多，果实进入发育期；根系生长和花芽分化相对集中，山楂施基肥应在果实采前施，在萌芽前和开花期早追速效氮肥，氮磷钾复混肥在果实着色期早施。一般成年山楂树每年每株施肥量 N 0.5～2 千克，P_2O_5 0.3～1 千克，K_2O 0.25～2 千克，N：P_2O_5：K_2O 比例为 1：0.5：1.3。

二、营养失调诊断与补救措施

1. 叶片分析　5 月春梢停止生长时，选择有代表性的标准株，在每株树冠中上部选 4 个方向的营养枝中部无病虫危害叶片，组成混合样作为分析样品，每组分析样需 0.5 千克，避免采集过大、过小、畸形或受害叶片。清洗后在 70～80℃ 恒温烘箱中烘干备用。山楂树叶片营养成分参考指标见表 10 - 15。

表 10 - 15　山楂树叶片营养元素参考指标

营养元素	N (%)	P (%)	K (%)	Mg (%)	Fe (毫克/千克)	Zn (毫克/千克)	Mn (毫克/千克)	Cu (毫克/千克)
含量范围	2.69～3.04	0.23～0.27	0.199～0.20	0.30～0.31	305.1～315.0	48.7～97.6	54.0～59.1	22.35～32.35
指标参考值	2.87	0.25	0.20	0.31	310.2	74.6	56.55	27.35

2. 营养失调症状与补救措施

（1）缺氮　氮素不足，根系不发达，树体衰弱，新梢生长不良；下位叶黄化，叶片自下而上变黄绿色，叶片薄而小；花芽少，落花落果严重，果实小而少。对病虫害及不良环境的抵抗能力减弱，树体寿命缩短。土壤瘠薄且不施肥的果园常缺氮，管理粗放、杂草多的果园易缺氮。补救措施：加强果园管理，增施速效氮肥，在氨基酸复合微肥 600～800 倍液中加入 1％尿素进行叶面喷施，每 7 天喷施一次，连续喷施 3～4 次。

氮素过多，枝条徒长，花芽不能正常分化，生长过旺、消耗过多的营养物质而引起落花落果；延迟进入休眠期，在寒冷地区还易出现"灼条"现象。补救措施：加强水肥管理，增施磷钾肥。

（2）缺磷　缺磷时，根系和新梢生长减弱，叶片变小；果实发育不良，含糖量减少，产量降低；抗寒、抗旱能力降低，生理活动大为减弱。补救措施：增施速效磷肥，在氨基酸复合微肥 600～800 倍液中加入 1％磷酸一铵进行喷施，每 7～8 天喷一次，连续喷施 3 次。

磷在树体中的分布基本上和氮相同，凡是生命活动强烈的部分，磷的含量就较多。如嫩梢、幼叶，比老叶、老枝含量多，幼树含磷量比老树多，所以要获得幼树早期丰产，增施磷肥是很重要的。

（3）缺钾 钾不足时，树体内碳水化合物合成减弱，养分消耗增多，新梢生长量和叶面积减小，影响根和枝加粗生长；抗寒、抗旱、抗低温或高温能力减低；果实含糖量减少，品质下降；严重缺钾时，叶片边缘出现褐色焦枯。补救措施：增施速效钾肥，在氨基酸复合微肥 600～800 倍液中加入 1‰磷酸二氢钾叶面喷施，每 7～10 天喷施一次，连续喷 2～3 次。

（4）缺钙 树体缺钙时新生根短粗、弯曲，根尖易死亡。钙不易流动，果实易缺钙，有时叶子不缺钙而果实可能缺钙，果实储藏性下降。补救措施：在氨基酸复合微肥 600～800 倍液中加入 0.5％～1％硝酸钙对叶面和果实喷施，每 7～8 天喷施一次，连续喷施 3～4 次。

（5）缺镁 镁不足时，植株生长停滞，基部叶片叶缘间出现黄绿或黄白色斑点，以后变褐色斑块。严重缺镁时叶片从基部脱落。补救措施：喷施 0.5％～1％硫酸镁水溶液，每 7～8 天喷一次，连续喷施 2～3 次。

（6）缺铁 山楂缺铁症又称"黄叶病"，特点是新叶黄白化，多从新梢顶端的幼嫩叶片开始出现症状。初期叶脉间变成黄绿色或黄白色，叶片小而薄，叶脉两侧仍为绿色，叶呈绿色网纹状。严重时，全叶呈白色，叶缘枯焦，叶片上出现坏死斑。植株下部叶片仍为绿色。盐碱地和含钙质多的碱性土壤中，易表现缺铁黄叶症。干旱时，黄叶发生重。土壤黏重、排水较差且常灌水的果园，黄叶较重。根部受损时，也易出现黄叶。补救措施：加强果园管理，喷施 1‰硫酸亚铁水溶液或 0.5％～1％的氨基酸螯合铁水溶液，每 7～10 天喷一次，连续喷施 2～3 次。

（7）缺硼 可促进花粉萌发和花粉管生长，提高坐果率。缺硼时，会引起碳水化合物和蛋白质代谢的破坏，造成糖和铵态氮积累，呈现出各种病态。补救措施：喷施硼酸水溶液或农海牌氨基酸复合微肥，每 7～8 天喷施一次，连续喷施 2～3 次。

在石灰质土壤中，硼还能消除石灰过多造成的毒害。

（8）缺锌　缺锌时易引起小叶病，萌芽晚，顶芽不萌发，下部腋芽先萌发；新生枝条上部叶片狭小，枝条纤细，节间缩短，呈丛生状，枝梢生长量小，叶向上卷，叶色呈黄绿色；树势衰退，影响产量和品质。补救措施：喷施农海牌氨基酸复合微肥600～800 倍液或 0.3%～0.5%硫酸锌水溶液，每 7～8 天喷施一次，连续喷 2～3 次。

三、安全施肥技术

山楂树施基肥应在果实采前早秋施；速效氮肥自萌芽前和开花前早追施；氮磷钾混合肥在果实着色期早施。

肥料施用量需根据土壤养分的供应能力、树龄大小、品种特点、产量高低、气候因素等灵活确定。土壤肥力低、树龄高、产量高的果园，施肥量要高一些；土壤肥力较高、树龄小、产量低的果园施肥量应适当降低。品种较耐肥、气候条件适宜、水分适中，施肥量要高一些；反之，施肥量应适当降低。若有机肥施用量较多，则化学肥料的用量就应少一些。

一般成年山楂树每年株施量为：氮肥（N）0.25～2 千克，磷肥（P_2O_5）0.3～1.0 千克，钾肥（K_2O）0.25～2.0 千克。三要素的比例为 1.5∶1∶2。据辽宁、吉林等省的经验，氮磷钾混合施用优于氮肥、磷肥等单独施用。N∶P_2O_5∶K_2O 的最佳配比为 2∶1∶2。山楂园施肥主要有基肥、花期追肥、果实膨大前期追肥、果实膨大期追肥等。

1. 基肥　最好在晚秋果实采摘后结合秋翻及时施入。如果春施基肥，应在土壤解冻后早进行，并结合浇水。冬春干旱又无水源条件的山区及丘陵地也可在雨季施基肥。基肥最好以有机肥为主，适量施用氮磷钾肥，可促进树体对养分的吸收积累，有利于花芽分化。施用量一般占全年施肥总量的 60%～70%，一般株施腐熟优质有机肥 100～150 千克，复合微生物肥 1 千克，专用肥 1～2 千克。施入土壤后浇水。

2. 追肥

（1）发芽期和展叶期追肥　有利于新梢生长和叶片增大。以氮肥为主，一般为年施用量的25%左右，相当于初果树每株施用 N 0.1～0.25 千克，结果大树株施 N 0.3～0.5 千克。根据实际情况也可适当配施一定量的磷钾肥，每株施专用肥1～2 千克，结合灌溉开小沟施入。

（2）果实膨大前期追肥　以氮磷肥为主，结果大树株施尿素0.25～0.5 千克、过磷酸钙 1.5～2.5 千克，主要为花芽的前期分化改善营养条件，促进花芽分化和克服大小年。一般根据土壤肥力状况与基肥、花期追肥的情况灵活掌握。土壤较肥沃，基肥、花期追肥较多的可不施或少施。土壤较贫瘠，基肥、花期追肥较少应适当追施。

（3）果实膨大期追肥　以钾肥为主，配施一定量的氮磷肥。主要作用是促进果实生长，提高碳水化合物含量，提高产量改善品质。每株施专用肥1～2 千克（或硫酸钾 0.2～0.5 千克，配施0.25～0.5 千克碳酸氢铵和0.5～1.0 千克过磷酸钙）。

（4）根外追肥　山楂树叶面喷施氨基酸复合微肥 600 倍水溶液，加尿素 0.3%～0.5%、磷酸二氢钾 0.3%～0.5%，每7～15 天喷施一次，至采果前 20 天停止喷施。

四、专用肥配方

配方 I

氮、磷、钾三大元素含量为 35% 的配方：

$$35\% = N\ 12 : P_2O_5\ 8 : K_2O\ 15 = 1 : 0.67 : 1.25$$

原料用量与养分含量（千克/吨产品）：

硫酸铵 100　$N = 100 \times 21\% = 21$

$S = 100 \times 24.2\% = 24.2$

尿素 180　$N = 180 \times 46\% = 82.8$

磷酸一铵 122　$P_2O_5 = 122 \times 51\% = 62.22$

$N = 122 \times 11\% = 13.42$

过磷酸钙 100 $P_2O_5 = 100 \times 16\% = 16$

$CaO = 100 \times 24\% = 24$

$S = 100 \times 13.9\% = 13.9$

钙镁磷肥 10 $P_2O_5 = 10 \times 18\% = 1.8$

$CaO = 10 \times 45\% = 4.5$

$MgO = 10 \times 12\% = 1.2$

$SiO_2 = 10 \times 20\% = 2$

氯化钾 250 $K_2O = 250 \times 60\% = 150$

$Cl = 250 \times 47.56\% = 118.90$

硼砂 15 $B = 15 \times 11\% = 1.65$

氨基酸螯合铁、锰、锌 20

硝基腐植酸 130 $HA = 130 \times 60\% = 78$

$N = 130 \times 2.5\% = 3.25$

氨基酸 23

生物制剂 20

增效剂 10

调理剂 20

配方Ⅱ

氮、磷、钾三大元素含量为 30% 的配方：

$30\% = N\ 12 : P_2O_5\ 6 : K_2O\ 12 = 1 : 0.5 : 1$

原料用量与养分含量（千克/吨产品）：

硫酸铵 100 $N = 100 \times 21\% = 21$

$S = 100 \times 24.2\% = 24.2$

尿素 127 $N = 127 \times 46\% = 58.42$

磷酸二铵 207 $P_2O_5 = 207 \times 45\% = 93.15$

$N = 207 \times 17\% = 35.19$

过磷酸钙 150 $P_2O_5 = 150 \times 16\% = 24$

$CaO = 150 \times 24\% = 36$

$$S=150\times13.9\%=20.85$$

钙镁磷肥 15　$P_2O_5=15\times18\%=2.7$

$$CaO=15\times45\%=6.75$$

$$MgO=15\times12\%=1.8$$

$$SiO_2=15\times20\%=3$$

氯化钾 200　$K_2O=200\times60\%=120$

$$Cl=200\times47.56\%=95.12$$

硼砂 15　$B=15\times11\%=1.65$

氨基酸螯合铁、锰、锌、铜 25

硝基腐植酸 100　$HA=100\times60\%=60$

$$N=100\times2.5\%=2.5$$

氨基酸 14

生物制剂 15

增效剂 12

调理剂 20

第八节　板　栗　树

一、营养特性与需肥特点

1. 营养特性　板栗属高大乔木，结果期长。板栗对土壤的适应性较广，但以肥沃、微酸性的砾质壤土、壤土及沙质壤土最适。适宜酸碱度范围为 pH4.6～5.7，含盐量不超过 0.2%。板栗为深根性树种，大多数根系分布在 20～80 厘米土层内。板栗根系强大，寄生有很多共生菌，能分解吸收栗根不能直接吸收的氮，供根系生长用，还能增强根系吸收能力和扩大吸收面积。板栗树根于 4 月上旬开始活动，吸收根 7 月下旬大量生长，8 月下旬达到高峰。板栗的花芽分化开始于新梢生长缓慢或停止之后，分化期长而缓慢，一般 6 月下旬先开始雄花序分化，秋季幼果发育期暂停一段时间，到冬季休眠前继续进行器官发育，到第二年春季完成性器官分化而开花。一般雌花簇分化是在雄花序已经分化的基础上于次年春季萌芽前（4月中旬）开始。板栗雌花簇主要在春季发芽前后进行分化，加强板栗后期肥水管理，提高树体贮藏营养水平，可促进雌花形成，达到增产的目的。在果实生长发育过程中，营养物质的积累变化分为两个时期，前期主要是形成总苞的干物质，后期主要是形成果实，特别是种子的干物质。当前梢停止生长后，幼果开始迅速生长，体积增大较快，成熟前的1个月中果实重量增加最快，采收前10多天果肉充实最快。在果实成熟的同时，总苞的营养物质部分转移到果实中去。

氮素是板栗树生长和结果的最重要营养成分。板栗枝条含氮0.6%，叶片含2.3%，根0.6%，雄花2.16%，果实0.6%。氮素的吸收从早春根系活动开始，随着发芽、展叶、开花、新梢生长、果实膨大，吸收量逐渐增加，直到采收前还在上升。采收后开始下降，到休眠期停止吸收。春季生长期消耗氮素最多，因此，春季补充氮肥有利于新梢生长，使叶片肥厚，呈深绿色，提高光合效率，也能促进花芽分化、果实生长发育，对产量有很大影响。但是后期氮素过多会引起枝条徒长，影响枝条充实和花芽分化，有时二次生长时产生二次开花结果，但果实不能成熟，影响第二年的产量。因此，氮素的供应重点是前期。

磷素在正常的枝、叶、根、花和果实中的含量分别为0.2%、0.5%、0.4%、0.51%和0.5%左右。虽然数量比氮素少，但对板栗树的生长发育也起着重要的作用。在开花前磷吸收很少，从开花到采收期，吸收磷比较多而稳定，采收后吸收量很少，落叶前即停止吸收。缺乏磷元素时花芽分化不良，影响产量和品质，同时抗寒、抗旱能力减弱。增施磷肥可促进新根的发生和生长，促进花芽分化和果实发育，提高产量和品质，增强抗逆能力。

钾素虽不是植物体的组成成分，但能促进叶片的光合作用，可促进细胞分裂和增大，使果实增大，提高坚果的品质和耐藏性，并促进枝条加粗生长和机械组织形成。钾元素不足时，枝条细弱，有枯梢现象，产量和品质明显降低。板栗树在开花前吸收钾很少，开花后迅速增加。从果实膨大期到采收期吸收最多。钾肥施用的重要时期是果实膨大期。

板栗是喜锰作物，需锰量比其他果树高。酸性土壤有利于对锰的吸收，所以板栗适宜在酸性土壤上种植。钙也是板栗需要的大量元素之一。

2. 需肥特点　板栗树生长迅速，适应性强，抗旱，耐瘠薄，产量稳定，寿命长，一年栽树，百年受益。合理施肥是促进树体健壮、增强抗逆性、延长结果年限和提高产量的重要措施，板栗树需肥量较多，是需要氮、钾较多的果树，在开花结果期还需要较高的硼。

据报道，每生产 1 000 千克板栗果实需吸收氮（N）14.7 千克、磷（P_2O_5）7 千克、钾（K_2O）12.5 千克，其吸收比例为 1∶0.48∶0.85。氮素在萌芽、开花、新梢生长和果实膨大期吸收量逐渐增加，直到采收前还有上升，以新梢快速生长期和果实膨大期吸收量最多。磷自开花后到 9 月下旬采收期吸收比较多，磷的吸收期比氮、钾都短，吸收量也较少。钾在开花后吸收量开始增加，在果实膨大期至采收期吸收量最多，采收后急剧下降。近年发现板栗树对镁敏感，需求量大，尤其是果实发育期缺镁相当普遍，应注意施含镁肥料。

板栗根系发达，而且新生根多有外生菌根，在土壤 pH 5.5～7.0 的良好条件时菌根多，能提高板栗对磷、钙养分的吸收，施肥应考虑这一特点。

二、营养失调诊断与补救措施

1. 土壤肥力指标　耕地土壤肥力等级指标见表 10 - 16。

表 10 - 16　板栗树生长土壤肥力等级指标

土壤养分	不同肥力等级		
	Ⅰ级	Ⅱ级	Ⅲ级
有机质（克/千克）	＞20	15～20	＜15
全氮（克/千克）	＞1.0	0.8～1.0	＜0.8
有效磷（毫克/千克）	＞10	5～10	＜5
有效钾（毫克/千克）	＞100	50～100	＜50

　　研究结果表明，亩产超过 150 千克的栗园，土壤有机质含量
＞1.2％，全氮＞6.6 克/千克、水解氮（有效氮）＞96 毫克/千
克，有效磷＞6 毫克/千克，有效钾＞40 毫克/千克，一般情况下
可按该指标作为营养诊断的参考。

　　2. 叶片分析　栗树叶片主要养分含量的适宜指标为：
N2.1％～2.7％、P_2O_5 0.08％～0.12％、K_2O 0.39％～0.59％、
Ca0.06％～1.1％、Mg0.21％～0.37％。

　　栗树叶片分析适宜的取样时期为雄花脱落后至坚果速生期
前，丹东地区在 7 月中旬至 8 月中旬。叶片多种营养元素含量分
析的取样，宜采树冠外围中部营养枝自基部起第 5～6 片叶。在
因产量造成树冠外围营养枝少或其质量差的样地中取样，可在坚
果速生期前取果枝上部叶片。取叶数量对叶分析影响较大，一般
1 亩样地中，样树不少于 7 株，每株取 10～15 片叶。

　　3. 营养失调症状与补救措施

　　（1）缺氮　缺氮的特征是叶面积小，叶色变黄，新梢生长量
小，树势弱。缺氮老叶变黄，新叶小而薄；抽生结果枝少，不易
形成雌花，空苞多，栗果发育不良，果粒变小。严重时引起早期
落叶，大量落果，抗逆性差。新梢生长期缺氮，新梢生长量显著
降低，容易出现枝叶二次生长，老叶干枯脱落；果实肥大期缺
氮，导致果实发育不良；缺氮花芽分化不良，影响翌年产量。叶
子变黄脱落，从枝条下部开始，逐渐向上发展。多发生在土壤瘠

薄的丘陵山地。补救措施：合理施用氮肥，喷施 1% 尿素水溶液，每 7 天左右喷一次，至症状消失。

氮素过多，则导致营养生长，枝条徒长，叶片宽大，色浓绿。制造纤维素多，淀粉含量少，同时也会使果实着色迟，光泽差，味淡，易发生蒂隙果，成熟迟而不耐储。在北方后期氮素过多，会引起枝条徒长，影响枝条充实和花芽分化，坚果肉质松散，易腐烂，品质下降；有时二次生长产生二次花和果，但果实不能成熟，影响第二年产量。补救措施：停施氮肥，适量增施磷、钾肥料。

（2）缺磷　磷在树体内容易移动，缺磷时老组织内的磷向幼嫩组织转移，所以老叶首先出现缺磷症。缺磷栗树叶色呈暗绿而缺少光泽，向内卷曲，叶脉间出现黄斑等，抗寒、抗旱力减弱。板栗枝条变得细弱，侧枝短小，雌花分化困难，栗果发育不良，严重影响产量和品质。磷在土壤中移动性极差，易被土壤固定，特别是在强酸、强碱性土壤或干旱坡地常表现缺磷。补救措施：喷施 0.5%～1% 磷酸一铵每 7 天左右喷一次。

磷素过量时，叶片变小，叶脉间失绿，叶的生长严重受影响，甚至出现小孔洞，栗果变小，严重影响果实产量和品质。

（3）缺钾　缺钾的特征是下位叶边缘呈黄褐色、焦枯上卷、叶面呈现黄褐色坏死斑块、焦枯边缘和斑块易脱落，脱落后边缘清晰，叶面呈穿孔状。钾在体内移动容易，主要集中在生长活动旺盛的部分，缺钾症状从老叶开始，逐渐扩展至新叶，最后表现为全株或全园发病。叶片症状，先从侧叶脉尖端或侧叶脉间发黄，产生黄斑后变褐，褐斑逐渐扩大，连成波纹形向主叶脉方向扩展，焦枯部分前端的黄色部分为黄色带。极度缺钾时，叶缘先呈淡绿色，之后逐渐焦枯，向下卷曲、干焦枯死；树体生长缓慢，新梢细弱，叶面积减小，抗逆性降低。缺钾时果小，色泽不良，产量和品质明显降低，重症园可减产 30% 以上。土壤干旱或过湿时容易发生缺钾。补救措施：加强水肥管理，喷施 1% 磷酸二氢钾，每7～8天喷一次。

钾肥过多时，不仅使果皮粗糙而厚、石细胞多、着色迟、糖度低、品质差，同时也会妨碍镁的吸收，而呈现缺镁症，应注意合理施用钾肥。

（4）缺钙　钙在开花和花后4～5周内才能运往果实，因此往往果实缺钙症状比较多见。由于钙在树体内不易移动，因此老叶中的钙比幼叶多。栗树严重缺钙时，植株矮小，幼叶卷曲，叶缘焦黄坏死，根系少而短，树体抗逆性差，果实不耐储藏。在高氮低钙的情况下发病更多。补救措施：在发生缺钙时，喷施1%硝酸钙或氨基酸螯合钙每7天喷一次。

（5）缺镁　缺镁的特征是中下部叶片黄化，叶脉保持绿色呈鱼刺状。缺镁叶绿素合成减少，叶片变黄，叶肉组织变褐死亡。镁的移动性强，在树体内可迅速流入新生器官，因此幼叶比老叶含镁量高，缺镁时，老叶首先变绿。果实成熟时，镁又流入种子。缺镁枝条细而弯曲，出现坏死斑点。补救措施：喷施1%硫酸镁溶液，每7天喷一次。

（6）缺锰　缺锰叶片失绿变黄，幼叶的叶脉深绿色呈网纹状，叶脉之间黄绿色或淡黄色，叶脉间出现坏死斑块脱落成穿孔状。严重缺锰时从幼嫩叶开始发生焦灼，使板栗空苞增多。缺锰症状较难辨认，主要特征与缺镁、缺钾相似，但多从中部开始危害至全株，叶易形成穿孔，但新生叶不失绿。

土壤为碱性时，土壤中的锰不易被吸收，易出现缺锰症。生长期干旱，易发生缺锰。

补救措施：加强水肥管理，喷施1%硫酸锰溶液，每7天喷一次。

（7）缺硼　缺硼新叶先发病，先从叶片边缘侧叶脉间发黄，产生黄点，随之变褐，褐斑逐渐扩大，连成波纹形向主叶脉方向扩展。重症园叶片可造成全叶焦枯。整个叶片向下或向上反卷，将病叶在阳光下照射，可发现焦枯部分的前端有1条黄色亮线。

板栗空苞现象主要是土壤中缺硼，因为硼是板栗受精过程中的必要元素，板栗缺硼时雌花不能正常发育。空苞多数长到核桃大小时停止生长，一直保持绿色，挂在树上不易脱落。栗树空苞率一般 15%～20%，个别栗园可高达 50%。栗园施硼肥是减少空苞的关键，也是优质、丰产板栗的关键。补救措施：合理施硼，喷施 0.5%硼酸水溶液每 7 天喷一次。

硼过量时症状主要表现在叶片上，一般硼中毒现象春季不明显，但一到雨季，硼在土壤中溶解，造成叶片烧伤，受硼害叶脉间和叶边缘有明显干枯状，尤其是叶脉间干枯状分布非常对称均匀，这是与缺钾症状的显著区别。

（8）缺锌 缺锌表现为发芽晚，新梢节间变短；叶片变小而窄，簇生、质脆，称为小叶病。严重时枯梢，病枝花果小而少，畸形。由于灌水过多、重茬地、重修剪、多伤根等原因也容易出现缺锌症状。补救措施：喷施氨基酸螯合锌或硫酸锌水溶液，每 7 天喷施一次。

（9）缺铁 缺铁叶片失绿，严重时叶脉也变黄，叶片上出现褐色枯斑或枯边，发生黄叶病。铁在树体内移动性差，所以缺铁首先表现在幼叶上。缺铁严重时叶片枯边，并逐渐枯死脱落。补救措施：喷施氨基酸螯合铁水溶液或 0.5%～1%硫酸亚铁水溶液，每 7 天喷一次。

三、安全施肥技术

1. 基肥 以秋季采果前后施入为好，也可在春季萌芽前施入，不能过晚。基肥用量一般每亩施有机肥 3 000～5 000 千克，并配施磷酸二铵 30 千克、硫酸钾 50 千克、硼砂 3 千克。也可按每生产 1 千克板栗施优质有机肥 8～10 千克计，或初结果幼龄板栗树每棵施优质有机肥 50～60 千克和板栗树专用肥 0.5～1.5 千克，成龄大树每棵施优质有机肥 150～250 千克和板栗专用肥 2～3 千克。加入复合微生物肥 0.5～1 千克，硼砂 100 克，混匀后施入土壤。施肥方法一般采用放射沟状、条状沟、穴施或全园撒施等，注意将肥土混合，施后浇水。

2. 追肥　追肥可分 2 次进行。第一次在新梢速长期（4 月下旬至 5 月上旬），第二次在果实膨大期（7 月至 8 月）。1～5 年生幼树每亩施板栗专用肥 1～2 千克，6～10 年生初结果树每棵追施板栗专用肥 2～3 千克，11 年以上成龄板栗大树每棵追施板栗专用肥 2～5 千克。也可施尿素 0.5～1 千克，过磷酸钙 1～2 千克，氯化钾 0.5～1 千克或 45% 的三元复混肥 0.8～1.5 千克。追肥的方法以放射状沟法为好，在距主干 15～30 厘米处开沟，向外挖 5～7 条放射状沟，沟宽 20～30 厘米（里窄外宽），沟深 10～30 厘米（里深外浅），长度超过树冠外缘，注意肥土混合均匀，施后浇水。

3. 叶面喷肥　在整个生育期内均可喷施配有磷酸二氢钾、尿素、硫酸镁的农海牌氨基酸复合微肥，一般每 10 天左右一次，以增强树势，促进果实膨大。增加产量和提高品质。也可喷施尿素、硫酸铵、磷酸二氢钾及硼酸等微量元素肥料。

四、专用肥配方

配方 I

氮、磷、钾三大元素含量为 30% 的配方：

　　30% ＝ N 11.8 ： P_2O_5 7.6 ： K_2O 10.6 ＝ 1 ： 0.64 ： 0.9

原料用量与养分含量（千克/吨产品）：

硫酸铵 100　N＝100×21%＝21

　　　　　　S＝100×24.2%＝24.2

尿素 172　N＝172×46%＝79.12

磷酸二铵 89　P_2O_5＝89×45%＝40.05

　　　　　　N＝89×17%＝15.13

过磷酸钙 200　P_2O_5＝200×16%＝32

　　　　　　CaO＝200×24%＝48

$$S＝200×13.9\%＝27.8$$

钙镁磷肥 20　$P_2O_5＝20×18\%－3.6$

　　　　　　$CaO＝20×45\%＝9$

　　　　　　$MgO＝20×12\%＝2.4$

　　　　　　$SiO_2＝20×20\%＝4$

氯化钾 176　$K_2O＝176×60\%＝105.6$

　　　　　　$Cl＝176×47.56\%＝83.71$

硼砂 15　$B＝15×11\%＝1.65$

氨基酸螯合铁、硼、锰、锌、稀土 17

硝基腐植酸 156　$HA＝156×60\%＝93.6$

　　　　　　　　$N＝156×2.5\%＝3.9$

生物制剂 25

增效剂 10

调理剂 20

配方Ⅱ

氮、磷、钾三大元素含量为 35% 的配方：

　　$35\%＝N\ 14：P_2O_5\ 9：K_2O\ 12＝1：0.64：0.86$

原料用量与养分含量（千克/吨产品）：

硫酸铵 100　$N＝100×21\%＝21$

　　　　　　$S＝100×24.2\%＝24.2$

氯化铵 100　$N＝100×25\%＝25$

　　　　　　$Cl＝100×66\%＝66$

尿素 170　$N＝195×46\%＝89.7$

磷酸一铵 120　$P_2O_5＝120×51\%＝61.2$

　　　　　　　$N＝120×11\%＝13.2$

过磷酸钙 150　$P_2O_5＝150×16\%＝24$

　　　　　　　$CaO＝150×24\%＝36$

　　　　　　　$S＝150×13.9\%＝20.85$

钙镁磷肥 30　$P_2O_5＝30×18\%＝5.4$

$$CaO=30×45\%=13.5$$
$$MgO=30×12\%=3.6$$
$$SiO_2=30×20\%=6$$

氯化钾 200　$K_2O=200×60\%=120$
$$Cl=200×47.56\%=95.12$$

七水硫酸锌 20　$Zn=20×23\%=4.6$
$$S=20×11\%=2.2$$

硼砂 20　$B=20×11\%=2.2$

氨基酸螯合稀土 1

七水硫酸镁 30　$MgO=30×16.35\%=4.91$
$$S=30×13\%=3.9$$

生物制剂 30

增效剂 12

调理剂 17

配方 Ⅲ

氮、磷、钾三大元素含量为 25% 的配方：

$$25\%=N\,10：P_2O_5\,6：K_2O\,9=1：0.6：0.9$$

原料用量与养分含量（千克/吨产品）：

硫酸铵 100　$N=100×21\%=21$
$$S=100×24.2\%=24.2$$

尿素 139　$N=195×46\%=63.94$

磷酸二铵 72　$P_2O_5=72×45\%=32.4$
$$N=72×17\%=12.24$$

过磷酸钙 150　$P_2O_5=150×16\%=24$
$$CaO=150×24\%=36$$
$$S=150×13.9\%=20.85$$

钙镁磷肥 20　$P_2O_5=20×18\%=3.6$
$$CaO=20×45\%=9$$
$$MgO=20×12\%=2.4$$

$$SiO_2 = 20 \times 20\% = 4$$

氯化钾 150　$K_2O = 150 \times 60\% = 90$

$$Cl = 150 \times 47.56\% = 71.34$$

硼砂 15　$B = 15 \times 11\% = 1.65$

氨基酸螯合铁、锰、锌、稀土 22

七水硫酸镁 143　$MgO = 143 \times 16.35\% = 23.38$

$$S = 143 \times 13\% = 18.59$$

硝基腐植酸 100　$HA = 100 \times 60\% = 60$

$$N = 100 \times 2.5\% = 2.5$$

氨基酸 34

生物制剂 25

增效剂 10

调理剂 20

第九节　杏　　树

一、营养特性与需肥规律

1. 营养特性　营养元素是维持杏树正常生长发育、优质高产所必需的。营养元素在树枝叶上的含量因生育期不同而有变化。在叶内，4月中下旬叶片生长初期氮、磷最高，钙、钾、镁低；成叶期磷较低而稳定，氮7月最高，其他时期低，5月钾稍高，7~9月钾、钙高，但波动大，镁在5月中旬到6月中旬和8~9月有两次高峰，即春梢、秋梢生长期。在新梢内，5月上中旬嫩梢期氮、钾最高，磷、钙、镁较低。之后，氮、钾低而较稳定，钙、磷6~12月均高，波动也大，镁在5~7月和11月至次年1月有两个高峰期，主要营养元素都在2~4月的萌动期、开花期、展叶期和新梢期生长初期的一年生枝内含量低。这种动态变化是不同物候期对各元素需求的反应。在杏树栽培中，应在施足基肥、向树体提供完全营养的前提下，根据不同生长发育阶段对营养元素的需求进行追肥。

不同树龄的杏树树体积累矿质元素的量也有差异。幼龄杏树与成龄杏树叶内营养元素的含量是不同的，有的元素含量差别很大，如锰元素，大树含量（43.36 毫克/千克）比幼树含量（14 毫克/千克）高 29.36 毫克/千克，但锌元素却与之相反，大树含量（12.95 毫克/千克）却比幼树含量（35.27 毫克/千克）低 22.32 毫克/千克。因此，杏叶营养分析与施肥时，对不同年龄时期的杏树应区别对待，要有针对性地据其含量指标确定适宜的施肥量。

2. 需肥规律

（1）杏树对大量元素的吸收 杏树对主要营养元素的吸收数量因树龄和树冠大小、产量高低以及品种和土壤、气候条件不同而有很大差异。一般亩产 2 000 千克杏园，每年吸收纯氮 10.6 千克、磷 4.5 千克、钾 8.1 千克，折算成每生产 1 000 千克果实，需要从土壤中吸收纯氮 0.53 千克、磷 0.23 千克、钾 0.41 千克，其吸收比例为 1∶0.42∶0.76；每生产 1 000 千克鲜果需要施用纯氮 11 千克、磷 7.5 千克、钾 10 千克，其施用比例为 1∶0.68∶0.91。

年周期内各物候期杏树各种营养元素的吸收是不均衡的。以结果杏树为例：萌芽开花期，在开放的花朵、新梢和幼叶内，氮、磷、钾三要素的含量都较高，尤其是氮的含量很高，说明萌芽开花期对养分的需求量较大，但此时主要是利用树体内上年储藏的养分，而对土壤中主要养分吸收的数量并不多；在新梢旺长期（此时期为果实发育前期），树体生长量大，是三要素吸收最多的时期，其中以氮的吸收量最多，其次为钾，磷较少；在花芽分化和果实迅速膨大期，花芽分化，果实膨大，需要主要营养元素的数量较多，且钾、磷的需求量明显高于其他时期；在果实采收期及采收后，由于大量结果，消耗营养物质较多，且果实采收后，新梢又有萌芽发生长，主要营养元素的需要量较大。

（2）杏树吸肥规律　杏树与其他果树不同，果实生长发育期短，而且是先花后叶，营养生长与生殖生长同步进行，再加上杏树生长是爆发式的，即在盛花6～8周达到最大生长量，所以杏树对秋季和早春施肥反应非常敏感，如果秋季和早春肥水供应充足，雌蕊败育率明显降低，树势健壮，产量和品质大幅度提高，并可延长树体寿命。杏树的需肥量在春季盛花后8周以前占总量的70%以上，只有满足杏树爆发式生长的养分需求，才能获得优质高产，因此要在重施基肥的基础上，早春提前追施速效氮肥。

二、营养失调诊断与补救措施

1. 叶片分析　目前，叶分析是判断果树营养状况的主要方法，其关键是取样的代表性和取样时间。通常是采用叶中养分含量与临界养分浓度进行比较，以确定营养补给量，表10-17列出了杏树叶片主要养分的适宜含量范围，可供参考。

表 10-17　杏叶内营养元素含量指标参考值

营养元素	浓度范围				
	缺乏值	低值	适宜值	高值	过量或中毒
氮（%）	<1.7	1.7～2.3	2.4～3.0	3.1～4.0	>4.0
磷（%）	<0.09	0.09～0.13	0.14～0.25	0.26～0.40	>0.4
钾（%）	<1.0	1.0～1.9	2.0～3.5	3.6～4.0	>4.0
钙（%）	<1.0	1.0～1.9	2.0～4.0	4.1～4.5	>4.5
镁（%）	<0.2	0.20～0.29	0.3～0.8	0.9～1.1	>1.1
铜（毫克/千克）	<3.0	3～4	5～16	17～30	>30
锌（毫克/千克）	<15	15～19	20～60	61～80	>80
锰（毫克/千克）	<20	20～39	40～160	161～400	>400
铁（毫克/千克）	<60	60～99	100～250	251～500	>500
硼（毫克/千克）	<15	15～19	20～60	61～80	>80

据研究，杏树要达到高产，叶中矿质元素最适宜的含量为：氮 2.80%～2.85%，磷 0.39%～0.40%，钾 3.90%～4.10%。同时叶中的氮、钾比例保持在 0.86～0.92，则可保证达到最高产量。

杏树对营养元素的吸收及树体内营养元素的含量随生长季节的变化而变化，不同树龄的杏树树体积累营养元素的量也有差异。幼龄杏树与成龄杏树叶内营养元素的含量是不同的，有的元素含量差别很大。各地区的土壤、气候环境、栽培管理措施都影响杏树对矿质营养的吸收与积累水平。杏树叶片中的矿质元素主要是由根系从土壤吸收，因此土壤的营养元素水平直接影响树体的营养水平。

杏树营养诊断的取样方法：在盛花后 8～12 周或结果树新梢顶芽形成后 2～4 周，在 0.4～2.0 公顷果园里可用对角线法，至少在 25 株树上取样，也可在第 5～10 株上取样，取树冠外围中部东西南北 4 个方向新梢（带叶柄）的中位叶，每株 4～8 枚，混合样不少于 100 枚，按分析规程处理后进行分析。

2. 营养失调症状及补救措施

（1）缺氮 缺氮时，树体生长势弱；叶片小而薄，呈灰黄绿色，容易早落；花芽少，质量差，坐果率低，果个变小，产量下降，品质变差。缺氮的时间和程度不同，症状也有差异。春季旺长期缺氮，叶片停止生长早而显小，并会影响花芽分化，多是由于上一年氮素储存不足引起的，春季施肥可以恢复。夏季缺氮严重时，最初新梢基部的老叶逐渐失绿转黄色，并不断向顶端发展，新梢嫩叶呈黄色，新生叶片变小。轻度缺氮时，果形没有变化，极度缺氮时，果个显著减小，提早成熟并易脱落。补救措施：喷施氨基酸复合微肥 600～800 倍水溶液，加入 2% 尿素，每 7～8 天喷施一次，至症状消失。

氮素过多，引起流胶，生长过旺，推迟结果，果实品质欠佳，当杏叶片中氮素含量超过 4.0% 时，会导致杏树中毒，叶片烧焦、脱落，严重时整株死亡。补救措施：增施磷、钾速效肥，适时浇水。

（2）缺磷　缺磷时，易引起生长停滞，新根少，枝条细弱，叶片变小易脱落，花芽分化不良，坐果率低，果实小，品质差，产量大幅度降低。轻度缺磷时，叶色正常或较深，有些施氮肥过多，但新生的叶片较小，枝条明显变细而分枝少；叶柄及叶背的叶脉均呈紫红色。严重缺磷时，迅速生长的幼嫩部分呈紫色或紫红色，因为缺磷时糖分不能充分利用，累积在组织中，形成了较多的花青素；老叶片往往形成黄绿色和深绿色相间的花叶，很快脱落，枝条特别纤细，树体易受冻害；生长的中后期在枝条顶端形成轮生叶。补救措施：喷施氨基酸复合微肥600～800倍水溶液，加入1%磷酸二氢钾，每7～8天喷一次。

磷素过量会抑制杏树对氮素和钾素的吸收，引起生长不良，应注意合理施磷肥，喷施氨基酸复合微肥。

（3）缺钾　杏树对钾的需求量较大。缺钾时，叶片小而薄，呈黄绿色，光合作用效率低，叶片边缘焦枯，焦梢以至越冬后枯死，影响树体生长和结果，果实不耐储藏。轻度缺钾和轻度缺氮的症状很相似，叶片呈黄绿色。严重缺钾时，当顶芽抽生20厘米左右就开始出现症状。发病初期多只在叶缘附近出现紫色病斑，这主要是由于细胞液流到细胞间隙，使组织呈水渍状的缘故。降雨后病斑常转茶褐色，随后整个叶片皱缩卷曲。这些病斑在夏季往往只需几小时或1天就变焦枯（称为烧边）。病叶最初常出现在新梢中部或稍下部位，随后向下扩展，以后顶部新生的叶片，叶形也显著缩小。严重缺钾时，整个叶片焦枯，而且常附在枝梢上不易脱落。由于钾在树体内较易运转可重复利用，因此枝条伸长生长无明显的阻滞，但显得较为纤细。缺钾能严重影响花芽分化。补救措施：喷施氨基酸复合微肥600～800倍水溶液，配入1.5%硫酸钾，每7～8天喷施一次，至症状消失。

钾元素过多会引起杏树对硼、镁、钙等元素的吸收，应合理施用钾肥。

（4）缺钙　轻度缺钙时，幼根根尖停长，而皮层继续加粗，距根尖较近处生出许多新根。缺钙严重时，幼根逐渐死亡，死根附近活组织中又长出新根，这是根部缺钙的典型症状。地上部缺钙症状常在新梢抽生期出现，先端幼叶开始变色，叶面上形成淡绿色斑，经 1～2 天后即转为茶褐色并形成坏死区，叶片尖端下卷。缺钙时，应注意不可偏施钾肥。钙是新生组织所必需，然而不能从老组织中运转到新生组织中，所以缺钙症状发生在新生组织上。补救措施：喷施 0.2%～0.3%硝酸钙，每 7～8 天喷一次，至症状消失。

（5）缺镁　缺镁时，初期叶色浓绿，少数幼树新梢顶端叶片稍有褪绿，而在新梢基部成熟叶片外缘的叶脉间出现淡绿色斑块，然后变成黄褐色或深褐色，经 1～2 天后，病叶卷缩脱落。幼苗缺镁时，先由基部叶片开始变色脱落，逐渐向顶部发展，最后只剩下一些淡绿色叶片留在顶端。缺镁时，果实变小，且色泽不鲜亮。缺镁现象常见于酸性土壤，尤其在夏季雨后症状特别明显。补救措施：喷施 2%硫酸镁水溶液，每 7 天喷一次，至症状消失。

（6）缺硼　缺硼症状可以表现在新梢和果实上。缺硼时，小枝顶端枯死，叶片小而窄、卷曲，尖端坏死，叶脉与叶脉间失绿，果肉中有褐色斑块，核的附近更为严重，常常引起落果。在果实上主要表现为两种类型，即干斑型和果肉木栓化。干斑型多始于幼果发育初期，于落花后半月内即已形成，最初常在幼果背阴面出现水渍状近圆形半透明病斑，然后变褐硬化，干缩凹陷形成干斑，使果实畸形，果肉汁少。果肉木栓化症状多在落花半个月以后至采收前陆续出现，后期发病多。起初在果肉内出现水渍状病变，很快变为褐色，呈海绵状；幼果期发病时，果实畸形，早落。果实生长后期发病时，果面微见凹凸不平，果肉松软呈海绵状，味淡，木栓化部分味微苦。

枝梢缺硼一是新梢先出现黄叶，叶柄带红色，叶片凸起甚至扭曲，以后叶尖或叶缘坏死，在新梢近顶端腋芽下方的皮层出现坏死斑，以后逐渐扩大，使新梢自顶端往下渐次枯死，这种症状多发现于 8～9 月间；二是枝梢的芽生长停滞，不久即死亡，从新梢顶端往下的枝条渐次枯死，以后在枯枝下方长出许多丛生的细枝；三是枝梢不能往上生长，节间变得异常短，在节上长出细小、厚而脆的全缘小叶片，形成簇生叶丛。有时在同一新梢上既出现顶端死亡，又有簇生叶丛现象。补救措施：喷施 0.1％～0.3％的硼砂或硼酸水溶液，每 7～8 天喷一次。

硼素过多时，1～2 年生枝显著增长，节间缩短并出现胶状物，小枝、叶柄、主脉的背面表皮层出现溃疡。夏季有许多新梢枯死，顶叶变黑脱落，坐果率低，果实大小、形状和色泽正常，但早熟，有少数异常的果实上有似疮痂病的疙瘩，成熟时才脱落。应注意合理施用硼肥。

（7）缺铁　缺铁时，起初新梢顶端嫩叶叶肉变黄，叶脉两侧仍保持正常绿色，叶片出现绿色网状，随着病势的发展和加重，叶片失绿程度逐渐加重，甚至整片叶变白。在失绿部分还出现锈褐色枯斑或叶缘焦枯，数斑相连，使叶片大部分焦枯，引起落叶。在盐碱地和碱性土壤，大量可溶性二价铁易转化成植株不易吸收的不溶性三价铁，造成失绿现象。补救措施：喷施 600～800 倍氨基酸复合微肥水溶液，配入 0.2％～0.3％硫酸亚铁，每7～8 天喷一次，至症状消失。

（8）缺锌　杏树缺锌现象较少见。症状主要表现为小叶。缺锌主要发生在新梢和叶片上，而以树冠外围的顶梢表现最为严重。病梢发芽较晚，仅枝梢顶部数芽能萌发，下部芽多萌动露出绿色尖端或长出极小叶片即停止生长。顶部数芽虽然萌发抽叶，但叶片生长迟缓，叶色萎黄，叶脉间色淡，这种簇生的小叶，节间很短，似轮坐。病枝花朵形小而色淡，坐果率降低。初发病幼树根系发育不良，老病树根系有腐烂现象，树势严重衰弱，树冠稀疏不能扩展。补救措施：喷施 0.3％～0.5％硫酸锌水溶液，每 7～8 天喷一次。

（9）缺铜　缺铜顶梢从尖端枯死，生长停止，顶梢上生成簇状叶，并有许多芽萌发生长。补救措施：喷施 0.04％～0.06％硫酸铜水溶液或氨基酸复合微肥 600 倍水溶液，每 7～8 天喷一次，至症状消失。

三、安全施肥技术

杏树施肥应根据目标产量、树龄、需肥特点、土壤肥力状况等，确定合理用肥量，采用基肥和分次追肥方式。据研究，杏树施用氮、磷、钾三大元素肥料的比例约为 1∶0.4∶0.8。一般成龄杏树每亩施优质有机肥 3 000～5 000 千克、复合微生物肥 2～3 千克、专用肥 30～40 千克或三元复混肥 30～40 千克，混合拌匀施入土壤。

1. 基肥　基肥以 8 月下旬至 9 月施用最好，为下年结果打好基础。1～4 年生的幼树，每棵施腐熟农家肥或其他优质有机肥 50～70 千克和杏树专用肥 0.5～1 千克，也可用 40％（18 - 8 - 14）复合肥 0.5～1 千克替代专用肥。结果树一般每棵施腐熟优质有机肥 150～350 千克和杏树专用肥 1～1.5 千克，再加复合微生物肥 1～1.5 千克，也可用 40％复合肥 1～2 千克代替专用肥。将上述肥料混合拌匀后，可采用环状沟施、放射状沟施、条状沟施或结合耕翻土地进行全园撒施等方法。

2. 追肥　追肥施用时期要根据杏树生长发育规律和物侯期进行。

萌芽肥（花前肥）：一般在萌芽前 7～10 天追施，成年结果树每棵施杏树专用肥 0.5～1.5 千克或 40％氮磷钾复合肥 0.5～1.5 千克，增强树势，促进新梢生长。

花后肥：一般在花后 7 天内追施，每棵杏树追施杏树专用肥

1～2千克或40％氮磷钾复合肥1～2千克，提高坐果率，促进幼果和新梢及根系生长。

花芽分化肥（也称果实硬核肥）：这一时期是杏树大量消耗养分的时期，每棵追施杏树专用肥2.5～3千克或40％的氮磷钾复合肥2.5～3千克，对果实膨大、改善品质和提高产量都有较好的效果。

催果肥：在果实采收前20～70天进行，每棵施专用肥1.5～3千克或40％氮磷钾复合肥1.5～3千克。

采收肥：在果实采收后每棵施专用肥1～2千克或40％氮磷钾复合肥1～2千克，对补充树体营养，为第二年多结果打下基础。

可采用环状沟、放射状沟、短条沟等方法施用，沟深15～20厘米，将肥土混匀后施入，然后覆土盖在施肥沟上面。要注意经常变换施肥位置和方法，以利于树根吸收。

3. 叶面喷肥　一般与病虫害防治相结合，在花芽分化期、果实膨大期喷施农海牌氨基酸复合微肥600倍水溶液，配入1％尿素、0.5％～1％磷酸二氢钾，每7～10天一次。也可喷施尿素、磷酸二氢钾、硫酸亚铁、硼酸等无机营养元素。

四、专用肥配方

氮、磷、钾三大元素含量为35％的配方：

$$35\% = N16 : P_2O_5\ 6.5 : K_2O\ 12.5 = 1 : 0.41 : 0.78$$

原料用量与养分含量（千克/吨产品）：

硫酸铵 100　$N = 100 \times 21\% = 21$
　　　　　　　$S = 100 \times 24.2\% = 24.2$

尿素 274　$N = 274 \times 46\% = 126.04$

磷酸一铵 92　$P_2O_5 = 92 \times 51\% = 46.92$
　　　　　　　$N = 92 \times 11\% = 10.12$

过磷酸钙 100　$P_2O_5 = 100 \times 16\% = 16$

$$CaO=100\times24\%=24$$
$$S=100\times13.9\%=13.9$$

钙镁磷肥 10 　$P_2O_5=10\times18\%=1.8$
$$CaO=10\times45\%=4.5$$
$$MgO=10\times12\%=1.2$$
$$SiO_2=10\times20\%=2$$

氯化钾 208 　$K_2O=208\times60\%=124.8$
$$Cl=208\times47.56\%=98.9$$

硼砂 15 　$B=15\times11\%=1.65$

氨基酸螯合锌、锰、铁、铜 21

硝基腐植酸 100 　$HA=100\times60\%=60$
$$N=100\times2.5\%=2.5$$

氨基酸 28

生物制剂 20

增效剂 12

调理剂 20

第十节　核　桃　树

一、营养特性与需肥规律

1. 营养特性　核桃叶片中氮、磷、钾含量在幼龄叶中最高，整个生育期内核桃叶片中氮、磷、钾含量总体呈逐渐降低趋势。早实核桃的氮、磷含量比同期的晚实核桃高，且差异极显著，钾含量无差异。核桃叶片中钾、钙、镁元素与光合作用呈正相关。钾可以提高叶片光合速率，进而增加树体的营养物质积累，提高果实的品质。钙参与光合放氧过程，较高的钙含量可以维持较高的光合速率，使叶片衰老减慢。镁是叶绿体的组成成分之一，缺镁则绿叶素不能合成，钙在植物体中是一个很稳定的元素，它的吸收主要在生长前期，后期很难吸收，在叶片中含量变化不大。

核桃在整个生育期中氮、磷、钾三种元素以树体萌芽期的叶片含量最高，而钙、镁以9月份的叶片含量较高。叶片中磷和镁、钾和钙的含量变化表现出明显的负相关关系。整个生育期，早实、晚实核桃叶片各元素含量中，氮、磷和钾所占比值呈逐渐下降趋势，而钙和镁所占比值则呈逐渐上升趋势。叶片中氮含量所占比例一直最高，钾与钙含量所占比例次之，磷和镁含量所占比例最低。

养分在树体中的分配，首先满足生命活动最旺盛的器官，萌芽期新梢生长点中较多，花器官中次之；开花期花中最多，坐果期果实中较多，新梢生长点中次之。

一般情况下树体生长与营养元素含量呈正相关，但不一定呈直线相关，因为某一矿质元素高于某一特殊浓度以上时，可能被吸收而不增加任何生长，称为奢侈性消耗。氮、钾在核桃树体内没有奢侈消耗，磷存在奢侈消耗。研究试验表明，磷的增产作用大于氮和钾，对核桃来说磷是关键的元素。

2. 需肥规律 核桃树结果年限长，树体高大，根系发达，产量高，供肥不足对产量和品质影响很大。需肥量尤其是需氮量比其他果树大1~2倍。核桃树对氮、钾养分的需要较高，其次是钙、镁、磷。每产1 000千克坚果，核桃树需从土壤中吸收氮14.65千克、磷1.87千克、钾4.70千克、钙1.55千克、镁0.093千克。如果再加上根、干、枝叶的生长，花芽分化、淋洗流失和土壤固定等，核桃树每年应补充的各种元素应比吸收数量大2倍以上。因此，种植核桃不施肥，单靠土壤供应显然是不能满足需要的。

薄皮核桃需肥期与物候期有关。幼树阶段营养生长旺盛且生长量大，必须保证足够的养分供应。幼树发育的好坏直接影响盛果期的产量；萌芽期新梢生长点较多，对氮的需求量较大；开花期生殖器官生长对磷需要较多；坐果期养分运输量大，需要钾较多；三个急需养分的时期分别在新梢萌动期、谢花期和硬核期。在整个年周期中，开花坐果期需要的养分量最大。

早实核桃进入结果期早，发枝量大，早期产量高，对土壤和肥水要求较高。早实核桃对氮、磷肥的需求要比晚实核桃多，并且为极显著差异，而对钾肥的需求无差异。

二、营养失调诊断与补救措施

1. 土壤肥力指标 研究结果表明：1~6 年园地速效钾、交换性钙、交换性镁、有效锌、有效锰等主要矿质元素含量在中层土（21~40 厘米）高于上层土（0~20 厘米）和下层土（41~60厘米），全氮、全磷、速效钾、交换性钙、交换性镁等主要矿质元素含量上层土高于下层土。盛果期核桃园土壤中层土正常的营养元素含量指标见表 10-18。

表 10-18　盛果期核桃园土层营养元素适宜含量指标参考值

营养元素	全氮（%）	全磷（%）	速效钾（毫克/千克）	交换性钙（毫克/千克）	交换性镁（毫克/千克）	有效锌（毫克/千克）	有效锰（毫克/千克）
适宜含量	0.238~0.242	0.0444~0.0447	191.7~237.6	1.29~1.36	0.0162~0.0176	0.0125~0.0161	0.110~0.119

2. 叶片分析 叶片分析诊断通常是在形态诊断的基础上进行，特别是某种元素缺乏而未表现出典型症状时，需再用叶片分析法进一步确诊，调整果树施肥。营养诊断一般能及时准确地反映树体营养状况，不仅能查出肉眼见到的症状，分析出多种营养元素不足或过剩，分辨两种不同元素引起的相似症状，而且能在症状出现前及早测知。一般来说，叶片分析的结果是核桃营养状况最直接的反应，诊断结果准确可靠。叶片分析方法是用植株叶片元素的含量与事先经过试验研究拟订的临界含量或核桃叶片各

种元素含量标准值相比较，用以确定某些元素的缺乏或失调。借助营养诊断可及时施入适宜的肥料种类和数量，以保证果树的正常生长与结果。

（1）样品采集 进行叶片分析需采集分析样品，核桃树取带叶柄的叶片。核桃树取新梢具有 5～7 个复叶枝条中部复叶的一对小叶。取样时要照顾到树冠四周方位。取样数量不可过少，混合叶样不少于 100 片。取样的时间，核桃树在盛花后 6～8 周取样。有试验指出：核桃叶片中氮、磷、钾含量在 6～7 月底变化较平稳，此期可作为叶片分析采样时期。对晚实核桃叶片进行氮、磷、钾等养分诊断时，采样时期以 7 月份为宜。

（2）样品处理 采集的叶样装在塑料袋中，放在冰壶内迅速带回实验室，用洗涤液立即洗涤。洗涤液配法是用洗涤剂或洗衣粉配成 0.1％ 的水溶液。取一块脱脂棉用竹镊子夹住轻轻擦洗，动作要快，洗几片拿几片，不要全部倒在水中，叶柄顶端最好不要浸在水中，以免养分淋失。如果叶片上有农药或肥料，应在洗涤剂中加入盐酸，配成 0.1 摩尔的盐酸洗涤剂溶液；也可先用洗涤剂洗涤，然后用 0.1 摩尔的盐酸洗。从洗涤剂中取出的叶片立即用清水冲掉洗涤剂。

取相互比较的叶样时，取到的样品要按田间编号、样品号、样品名称、取样地点、取样日期和取样部位等填写标签。

（3）施肥诊断 在形态诊断和叶片分析诊断的基础上，最后确诊可用施肥诊断的方法，即判断某种元素是否缺乏，有针对性地设置含这种元素的施肥处理和不含这种元素的施肥处理，施用或喷施一段时间后观察植株或枝条反应，如果含这种元素的施肥处理缺素症状消失或有明显改善，不含这种元素的施肥处理仍然表现缺素症，那就表明诊断结论及采取的矫正措施是正确的，反之则表明不缺乏这种元素。

核桃叶片营养元素含量指标见表 10-19。

表 10 - 19　核桃树叶片营养元素含量指标参考值

营养元素	缺乏	适宜范围	过量
大量元素和中量元素（干重）%			
氮（N）	<2.1	2.2～3.2	—
磷（P）	<0.09	0.1～0.3	—
钾（K）	<0.9	1.2～3.0	—
钙（Ca）	—	1.25～2.5	—
镁（Mg）	<0.22	0.3～1.0	—
硫（S）	—	0.017～0.04	—
微量元素（干重）毫克/千克			
氯（Cl）	—	—	>3 000
硼（B）	<20	35～300	>300
铜（Cu）	13	4～20	—
锰（Mn）	<20	30～350	—
锌（Zn）	<15	20～200	—

3. 营养失调症状及补救措施

（1）缺氮　核桃轻度缺氮时，叶色呈黄绿色，严重缺氮时为黄色，叶片较早停止生长，叶片显著变小。严重缺氮时，新梢基部老叶逐渐失绿变为黄色，并不断向新梢顶端发展，使新梢嫩叶也变为黄色，同时新生的叶片叶形变小，叶柄与枝条呈钝角，枝条细长而硬，皮色呈淡红褐色，枝叶量小，新梢生长弱；萌芽、开花不整齐，落花、落果严重；长期缺氮，根系不发达，树体衰弱，植株矮小，树龄缩短。补救措施：合理施用氮肥，在发生缺氮症状时喷施1%～2%尿素水溶液或其他水溶性氮肥，每5～7天喷施一次，一般连续喷施2～3次；也可追施氮肥，每株施0.5～1千克，与土拌匀后施入土壤，施后浇水。

氮素过量时，核桃新梢生长旺盛甚至徒长，叶片大而薄，不易脱落，新梢停止生长延迟，营养积累差，不能充分进行花芽分化；枝条不充实，幼树不易越冬；结果树落花、落果严重，果实品质降低。补救措施：控制氮肥用量，增施其他元素肥料，合理施肥。

（2）缺磷　核桃树对磷的需要量比氮、钾少，虽然核桃缺磷不像缺氮在形态上表现那么明显，但树体内的各种代谢过程都受到不同程度的抑制。核桃缺磷时，叶色呈暗绿色，如同氮肥施用过多，新梢生长很慢，新生叶片较小，枝条明显变细，而且分枝少；叶柄及叶背的叶脉呈紫红色，叶柄与枝条呈钝角。严重缺磷时，叶片由暗绿色转为青铜色，叶缘出现不规则坏死斑，叶片早期脱落；花芽分化不良，延迟萌芽期，降低萌芽率；根系发育不良，树体矮化。补救措施：喷施 0.5%～1%磷酸二氢钾水溶液，每 7～10 天喷一次，至症状消失；或追施磷酸二铵，每株 0.5～0.8 千克，施后浇水。

磷素过多增强核桃的呼吸作用，消耗大量糖分，从而使茎、叶生长受到抑制；影响氮、钾的吸收，使叶片黄化；水溶性磷酸盐可与土壤中锌、铁、镁等元素生成溶解度较小的化合物，从而降低其有效性，使核桃表现出缺锌、缺铁、缺镁等症状。防治措施：平衡施肥，控制磷肥用量，喷施氨基酸复合微肥 600～800倍水溶液，每 7 天左右喷一次，连续喷 2～3 次。

（3）缺钾　核桃体内钾的流动性很强，缺钾多表现在生长中期以后。轻度缺钾与轻度缺氮的症状相似，叶片呈黄绿色，枝条细长呈深黄色或红黄色。严重缺钾时，新梢中部或下部老龄叶片边缘附近出现暗紫色病变，夏季几小时即枯焦，使叶片出现焦边现象，然后病变为茶褐色，使叶片皱缩卷曲。核桃树叶在初夏和仲夏则表现为颜色变灰发白，叶缘常向上卷曲。落叶延迟，枝条不充实，耐寒性降低。补救措施：喷施 1%～1.5%硫酸钾水溶液或 0.5%～1%磷酸二氢钾水溶液，每 7～8 天喷施一次，连续喷 3～4 次。

钾素过多，使氮的吸收受阻，也影响钙、镁离子吸收。补救措施：合理施肥，追施其他肥料，叶面喷施具有消抗作用的氨基酸复合微肥 600～800 倍水溶液，每 7～8 天喷一次，至症状消失。

（4）缺钙　长期盲目使用大量化学肥料，尤其是过量的氮肥，不仅造成一定程度面源污染，同时也可能加速林地上层土壤酸碱度变化。如果土壤酸化程度加剧，就会破坏山核桃树适生的土壤微生态环境，导致山核桃树抗病能力下降。同时，增加土壤溶液中主要元素钙离子淋溶，一方面造成林地普遍缺钙，发生大面积缺钙症；另一方面因钙离子不断流失，导致土壤继续酸化，林中发生零星山核桃树死亡的现象有增加的趋势。补救措施：喷施 1 000 倍氨基酸螯合钙或 0.2%～0.3%硝酸钙水溶液，每 7～10 天喷施一次，一般喷施 2～3 次。

（5）缺镁　夏季枝条基部叶片尤其是旺枝上的叶片，叶尖和两侧叶缘黄化，逐渐向叶柄基部扩展，呈 V 字形绿色区。黄化部分逐渐枯死显深棕色。补救措施：喷施 1%～2%硫酸镁水溶液，每 7～10 天喷施一次，至症状消除。

（6）缺锌　缺锌新生枝条上部的叶片狭小、枝条纤细、节间缩短，形成簇生小叶。缺锌严重时，叶片从新梢基部逐渐向上脱落，只留顶端上部几簇小叶，形成光枝；叶小而黄、卷曲，严重时全树叶子小而卷曲，枝条顶端枯死，果实小，易萎缩。有的早春表现正常，夏季则部分叶子开始出现缺锌症状。沙地、盐碱地及瘠薄山坡地核桃园缺锌较为普遍。施用磷肥过多，会引起缺锌或加重缺锌；浇水频繁、伤根多、修剪过重等易发生缺锌。补救措施：叶面喷施氨基酸复合微肥或 0.3%～0.5%硫酸锌水溶液，一般连续喷施 2～3 次。

（7）缺铁　缺铁先从新梢顶端幼嫩叶片开始出现黄叶症状，初期叶肉先为黄色，叶脉呈绿色，严重时全叶变为黄白色，叶片出现棕褐色枯斑或枯边，叶缘呈焦枯状，有的叶片枯死脱落；易出现整株黄化。缺铁失绿症在盐碱地发生较多。补救措施：喷施氨基酸螯合铁 1 000 倍水溶液或 0.2%～0.5% 硫酸亚铁水溶液，每 7 天喷施一次。

（8）缺硼　缺硼时，树体生长迟缓，枝条纤弱，节间变短，枯梢，小叶叶脉间出现棕色小点，小枝上出现变形叶；花芽分化不良，受精不正常，落花、落果严重，尤其是幼果易脱落。补救措施：叶面喷施 0.1%～0.2% 硼酸水溶液，每 7 天左右喷施一次，一般喷施 2～3 次。

（9）缺锰　缺锰叶绿素含量降低，叶片失绿，叶脉之间变为浅绿色，叶肉和叶缘发生枯斑点，叶片早期脱落。补救措施：叶面喷施氨基酸复合微肥 600～800 倍水溶液或 0.2% 硫酸锰水溶液，每 7～8 天喷一次，至消除症状。

（10）缺铜　核桃缺铜，初期叶片呈暗绿色，后期发生斑点状失绿，叶边缘焦枯，好像被烧伤，有时出现与叶边平行的橙褐色条纹，严重缺铜时枝条出现弯曲。常与缺锰同时发生，主要表现为核仁萎缩，叶片早黄脱落，小叶表皮发生黑死斑点，严重的造成枝条死亡。核桃缺铜常发生在碱性土、石灰性土和沙质土地区，大量施用氮肥和磷肥可能引起核桃缺铜。补救措施：叶面喷施 0.3%～0.5% 硫酸铜水溶液或氨基酸螯合铜 1 000 倍水溶液，每 7～8 天喷一次，至消除症状。

（11）缺钼　核桃缺钼症状首先表现在老叶上，最初在叶脉间出现黄绿色或橙色斑点，然后分布在全部叶片上。与缺氮不同的是只在叶脉间失绿，而不是全叶变黄，以后叶片边缘卷曲、干枯，最后坏死。补救措施：叶面喷施 0.1%～0.2% 钼酸铵水溶液或氨基酸螯合钼 1 000～1 500 倍水溶液，每 7～10 天喷施一次，至消除症状。

三、安全施肥技术

核桃树结果年限长，施肥应结合深翻改土进行，以秋季采收后施基肥为主，并适时追肥。

1. 基肥 成龄结果树每棵施优质有机肥 100～200 千克、核桃树专用肥 2～4 千克和复合微生物肥 1 千克，上述肥料混匀后施入土壤，施后适时浇水。基肥的施入时期可在春秋两季进行，以早施效果较好。秋季应在采收后落叶前完成。

2. 追肥 核桃树追肥分 3 次进行。第一次在萌芽开花前，每棵施核桃专用肥 1～2 千克或尿素 1～1.5 千克、硼砂 0.3～0.5 千克，可提高坐果率，促进果实发育，结合深翻改土施肥。第二次在落花后，果实开始形成和膨大期，是养分需要量最多的时期，每棵核桃树施专用肥 3～4 千克或尿素 0.5～1 千克、过磷酸钙 1～1.5 千克、硫酸钾 1～1.5 千克、硫酸镁 0.5～1 千克。开沟后结合灌水进行。第三次在果实硬核期进行，每棵施核桃专用肥 1～2 千克或尿素 0.5～1 千克、硫酸镁 0.5～1 千克，有利于果仁发育，提高产量和品质，可采用条状沟、放射状沟、穴施等方法施肥。

3. 叶面喷肥 根据树势而定，一般在整个生育期内都可喷施农海牌氨基酸复合微肥 600～800 倍水溶液配入 0.5%～1%尿素、1%～2%磷酸二氢钾，每 8～15 天喷一次，可增强树势，提高坐果率，减少落果，预防小叶病等生理病害，对提高产品质量和增加产量都有效果。在发生缺素症状时，也可用化肥微量元素肥等进行喷施，常用的无机肥喷施浓度见表 10-20。

表 10-20 核桃树无机肥喷施常用浓度参考值

肥料名称	喷施浓度（%）	肥料名称	喷施浓度（%）
尿素	0.3～1.0	磷酸二氢钾	0.5～1.0
硝酸钙	0.5～1.0	硫酸镁	1.0～2.0
硫酸亚铁	0.2～0.5	硫酸锌	0.2～0.3
硼砂、硼酸	0.2～0.5	硫酸铜	0.2～0.3

四、专用肥配方

配方 I

氮、磷、钾三大元素含量为 30% 的配方：

30%＝N 13 : P_2O_5 8.5 : K_2O 8.5＝1 : 0.65 : 0.65

原料用量与养分含量（千克/吨产品）：

硫酸铵 100　　N＝100×21%＝21

　　　　　　　S＝100×24.2%＝24.2

尿素 195　　N＝195×46%＝89.7

磷酸二铵 97.78　P_2O_5＝97.78×45%＝44.0

　　　　　　　　N＝97.78×17%＝16.62

过磷酸钙 200　P_2O_5＝200×16%＝32

　　　　　　　CaO＝200×24%＝48

　　　　　　　S＝200×13.9%＝27.8

钙镁磷肥 50　P_2O_5＝50×18%＝9

　　　　　　　CaO＝50×45%＝22.5

　　　　　　　MgO＝50×12%＝6

　　　　　　　SiO_2＝50×20%＝10

氯化钾 141.67　K_2O＝141.67×60%＝85.0

　　　　　　　Cl＝141.67×47.56%＝67.38

七水硫酸锌 20　Zn＝20×23%＝4.6　S＝20×11%＝2.2

硼砂 20　B＝20×11%＝2.2

硝基腐植酸 100　HA＝100×60%＝60

　　　　　　　　N＝100×2.5%＝2.5

氨基酸 23.55

生物制剂 20

增效剂 12

调理剂 20

第十一节　李　子　树

一、营养特性与需肥规律

1. 营养特性　　一般丰产李树的结果枝和营养枝氮、磷、钾含量年周期变化为：氮第一次高峰在 2～4 月，主要来自树体储藏，4～6 月果实发育和新梢生长期含量低，6～8 月出现第二次高峰，主要来自当年吸收。磷在果枝中含量高值在 3 月，营养枝在 5～6 月，之后降低，7 月份开始缓慢上升，8～11 月是树体对磷的主要吸收期。李树在主要生长期所需的磷是储存磷，当年吸收的磷主要用于后期生长和休眠储存。钾在 3 月份含量高，5 月以后营养枝中含量较稳定，结果枝中变化较大，6～8 月果实发育期低，8 月采收后上升很快。生长旺的低产树与丰产树的主要差异是磷、钾低而氮高，以结果枝最明显，特别是休眠期。微量元素在年周期生长中含量变化也各不相同。

2. 需肥规律　　李树栽培以土壤深厚的沙壤至中壤土为好，对盐碱土的适应性也较强。李树正常生长发育必需的营养元素有 16 种，从土壤中吸收氮、磷、钾最多。据研究，每生产 1 000 千克李子鲜果，需氮（N）1.5～1.8 千克、磷（P_2O_5）0.2～0.3千克、钾（K_2O）3～7.6 千克，对氮、磷、钾的吸收比例为 1：0.25：3.21。可见，李树生长发育需钾最多，氮次之，磷最少。在不同的生育时期，李树对各种营养元素的需要量也有不同。李树对氮素敏感，缺少时李树生长量大大减少，当氮量过多时，造成枝叶繁茂，果实着色推迟。钾素充足时果实个大，含糖量高，风味浓香，色泽鲜艳。李树生长前期需氮较多，开花坐果后适当施磷、钾肥，果实膨大期以钾、磷养分为主，特别是钾。果实采收后，新梢又一次生长，应适量施用氮肥，以延长叶片的功能期，增加树体养分的贮存和积累。

二、营养失调诊断与补救措施

1. 土壤肥力指标参考值　据报道，福建永泰芙蓉李树高产优质的土壤养分含量为：有机质 9.1～12.4 克/千克，全氮 0.76～0.86 克/千克，全磷 0.56～1.02 克/千克，速效磷 22～23 毫克/千克，全钾 15.9～20.5 克/千克，速效钾 81～123 毫克/千克，pH6.1～6.2，土壤容重 1.17～1.22，含钙、镁丰富。

2. 叶片分析指标　李树盛花后 8～12 周或新梢顶芽形成后 2～4 周，随机采集树冠外围新梢中部叶片，获得混合样（不少于 100 片叶），根据分析测定，确定是否需要施用氮、磷、钾等常量元素，中、微量元素肥料。李树叶片营养元素适宜含量指标见表 10-21。

表 10-21　李树叶片营养元素适宜含量指标参考值

营养元素 （常量）	缺乏含量 （%）	适宜含量 （%）	过高含量 （%）	营养元素 （微量）	缺乏含量 （毫克/千克）	适宜含量 （毫克/千克）	过高含量 （毫克/千克）
全氮(N)	<1.7	2.4～3.0	>4.0	铁(Fe)	<60	100～250	>500
全磷(P_2O_5)	<0.09	0.14～0.25	>0.40	铜(Cu)	<4	6～16	>30
全钾(K_2O)	<1.0	1.63～3.00	>4.0	锰(Mn)	<20	40～160	>400
钙(Ca)	<1.0	1.5～3.1	>4.0	锌(Zn)	<15	20～50	>70
镁(Mg)	<0.2	0.3～0.8	>1.1	硼(B)	<20	25～60	>80

3. 营养失调症状与补救措施

（1）缺氮　叶淡绿色，老叶橙红或紫色，早落，花芽及花果很少，果实小，着色好。李树对氮肥非常敏感，缺氮使李树生长量大大减少。李园施氮肥量过多，容易造成枝叶繁茂，果实着色期推迟。补救措施：合理施用氮肥，喷施氨基酸复合微肥 600～800 倍水溶液，有缓解作用。在发生缺素症时，喷施 1%～2% 尿素水溶液，每 7 天喷施一次。

（2）缺钾　叶蓝绿色，边缘焦枯并向上卷曲。补救措施：喷施 1% 磷酸二氢钾水溶液或 1%～1.5% 硫酸钾水溶液，每 7 天喷施一次。

（3）缺铁　上部叶片严重失绿，早期细小叶脉仍绿色，出现黄绿相间的花纹叶；铁素缺乏严重时，枝条发生"枯梢"现象。补救措施：喷施 500 倍氨基酸螯合铁水溶液或 0.5％硫酸亚铁水溶液，每 7 天喷施一次。

（4）缺钙　果实褐色软腐。补救措施：喷施 0.3％硝酸钙，每 7 天喷施一次。

（5）缺镁　枝条上较老叶片从边缘附近开始，绿色逐渐减迟，叶脉间可能发生一些腐点。补救措施：喷施 2％硫酸镁水溶液，每 7～8 天喷施一次。

（6）缺锰　叶片从边缘附近开始，叶脉间绿色逐渐减退发黄，然后逐渐向中脉扩展。补救措施：喷施氨基酸复合微肥 600 倍水溶液或 0.2％硫酸锰水溶液，每 7～8 天喷施一次。

（7）缺铜　新梢在停止生长以前发生"枯梢现象，顶端萌生很多芽，成丛生状态，叶脉间淡绿色、亮黄色。补救措施：喷施 0.2％硫酸铜水溶液，每 7～8 天喷施一次。

（8）缺钼　叶片萎缩，有零散花斑，畸形，叶间焦枯，叶缘呈灰褐色。补救措施：喷施 1％钼酸铵水溶液，每 7～10 天喷施一次。

（9）缺硼　果实中出现充满胶质物的空穴。补救措施：喷施 0.2％硼酸水溶液，每 7～10 天喷施一次。

三、安全施肥技术

1. 基肥　以秋季施用为好，早秋施比晚秋施为好，一般在 8 月下旬至 9 月。以有机肥料为主，无机肥料为辅，每棵产 50 千克以上的盛果期树，施腐熟有机肥 150～200 千克和李树专用肥 3～4 千克，也可用硫酸钾 0.5～1 千克、尿素 0.5～1 千克、过磷酸钙 2～3 千克代替专用肥，为下年度开花结果打下基础。施肥可采用环状沟、短条沟或放射沟等方法，沟深 50 厘米左右，注意土肥混匀，施后覆土。成年树也可全园撒施、施后翻耕。

2. 追肥

萌芽肥（花前肥）：萌芽前 7～10 天内施用，每棵施专用肥 0.5～1 千克或尿素 0.3～0.5 千克＋硫酸钾 0.5～1 千克。

花后肥：花后 7 天内施用，盛果期树每棵施李树专用肥 1～1.5 千克、生物有机肥 20 千克或尿素 0.2～0.4 千克＋硫酸钾 0.5～1 千克。

果实硬核肥：应在果实硬核期施入，盛果期树每棵施李树专用肥 1.5～2 千克、生物有机肥 20～30 千克或硫酸钾 0.4～0.6 千克、过磷酸钙 0.5～1 千克、尿素 0.1～0.2 千克。

可采用环状沟、放射状沟等方法，沟深 15～20 厘米，注意每次施肥错开位置，以提高肥料利用率。

叶面喷肥：根据树体营养情况，结合喷药或单行喷肥。一般可在周年生长期内全程进行叶面喷施，尤其是在果实膨大期喷施氨基酸复合微肥 500～600 倍稀释液，每 10 天左右一次，可增强树势，增强李树抗病性，并对提高品质和产量有较好效果。

四、专用肥配方

氮、磷、钾三大元素含量为 30％的配方：

$$30\% = N8.5 : P_2O_5 \, 2.5 : K_2O \, 19 = 1 : 0.29 : 2.24$$

原料用量与养分含量（千克/吨产品）：

硫酸铵 100　　$N = 100 \times 21\% = 21$　　$S = 100 \times 24.2\% = 24.2$

尿素 134　　$N = 134 \times 46\% = 61.64$

过磷酸钙 150　　$P_2O_5 = 150 \times 16\% = 24$

　　　　　　　　$CaO = 150 \times 24\% = 36$

　　　　　　　　$S = 150 \times 13.9\% = 20.85$

钙镁磷肥 15　　$P_2O_5 = 15 \times 18\% = 2.7$

　　　　　　　$CaO = 15 \times 45\% = 6.75$

　　　　　　　$MgO = 15 \times 12\% = 1.8$　　$SiO_2 = 15 \times 20\% = 3$

氯化钾 316　$K_2O=316×60\%=189.6$

　　　　　　$Cl=316×47.56\%=150.29$

硼砂 15　$B=15×11\%=1.65$

氨基酸螯合锌、铁、稀土 13

硝基腐植酸 158　$HA=158×60\%=94.8$

　　　　　　　　$N=158×2.5\%=3.95$

氨基酸 32

生物制剂 25

增效剂 12

调理剂 30

第十二节　柿　　树

一、营养特性与需肥规律

1. 营养特性　柿树根系发达，主根可深达 3～4 米，水平根分布面积一般比树冠大 1.5～3 倍，吸收能力强且范围广。柿树根系对氧的要求低，具有向土壤深层生长的特性。柿树根常和真菌共生形成菌根，更有助于对土壤养分吸收，因此柿树一般表现比较耐贫瘠。柿树根细胞渗透压低，施肥时浓度要低，浓度高于 10 毫克/千克时容易受害。柿树对肥料反应不敏感，施肥后往往一两个月甚至两个月以上不见效果，而且对不施肥引起树势衰落的反应也较迟钝，一旦出现树势衰落再追施肥料，较难使树势复壮。果实在树上生长的时间长，没有积蓄储存养分的时间，隔年结果的现象严重。因此，合理调节柿树养分均衡供应就显得更为重要。

　　结果枝、发育枝叶片中营养元素含量有一定的差异。结果枝消耗营养较多，故叶片中各种元素的变化幅度较发育枝相对较大一些，尤其是与果实结构物质形成有关的磷、钙、锌、锰等几种元素表现更为明显。叶片中各种营养元素含量比较，结果枝叶片明显低于发育枝叶片。柿树生长发育过程中，为确保各种代谢活动顺利进行，必然要从周围叶片中摄取大量营养物质而出现养分分配矛盾。在8月中旬以前，柿蒂生命活动旺盛期，果实较其他器官优先得到较多的营养，果实周围叶片中营养元素的含量相应减少。在大部分物候期中，果实生长发育所需的氮、磷、钙、铁等元素含量结果枝均低于发育枝。

2. 需肥规律　柿树对氮、钾需求量较大，对磷需求量很小。磨盘柿生长期主要器官（果实、叶片、根系）氮、磷、钾含量比例为1：0.21：1.54，与苹果、梨、葡萄等果树相比，其营养特点是高氮、高钾、低磷。

综合各地试验资料，每生产1 000千克果实，大约需要氮（N）8.3千克、磷（P_2O_5）2.5千克、钾（K_2O）6.7千克，氮磷钾的比例为1：0.3：0.8。磷肥的增产效应很低，磷素过多时反而会抑制生长。各类果树相比，柿树需钾肥较多，尤其在果实膨大时需要大量钾，往往从其他部分向果实运送。当钾不足时果实发育受到抑制，果实变小，品质下降；氮、钾肥过多，果皮粗糙，外观不美，肉质粗硬，品质不佳。

甜柿根系发达，枝叶繁茂，产量很高，年生长周期和寿命长，所以需肥量大，但不同的品种有些差异。据测定，每产1 000千克果实，早生次郎柿需要纯氮、磷、钾分别为7.8千克、2.8千克和7.7千克，三要素比例为1：0.359：0.987；富有柿需要纯氮、磷、钾分别为8.8千克、3.2千克和8.0千克，三要素比例为1：0.364：0.909。如果再加上根、枝、叶的营养生长以及雨水淋洗流失和土壤固定等的消耗，柿树的年周期中需要更大一些的施肥量。各个年龄时期都必须保证适当的养分供应，养分供应不足，影响生长发育直至影响产量、品质和树势寿命。

二、植株营养诊断与营养失调补救措施

1. 叶片分析　利用叶分析结果指导科学施肥，是进行树体

营养诊断的主要目的。一般情况下，当叶片中某种营养亏缺时，及时适量于根系或叶片施入该种营养，均可提高其在叶片中的含量，提高代谢水平，外部表现为生长转旺，产量提高；若某种元素含量偏高，再向树体补充该营养，在造成浪费的同时，还会导致肥害发生。

柿树叶片分析的方法：在果实采收前 2 个月随机从果园中选择几株树，从所选树的无果延长枝新梢上采集 25～50 片新鲜成熟叶片进行营养分析。目前在国内一些省份的产柿区，还没有系统的柿树叶片营养元素丰缺标准。台湾地区于 2004 年暂定了柿树营养诊断的叶片养分适宜含量范围：氮（N）2.19%～2.67%、磷（P）0.12%～0.16%、钾（K）2.50%～3.76%、钙（Ca）1.08%～1.58%、镁（Mg）0.42%～0.56%、铁（Fe）54～100 毫克/千克、锰（Mn）1.586～3.672 毫克/千克、锌（Zn）49～89 毫克/千克、铜（Cu）6～10 毫克/千克。澳大利亚柿树叶片养分适宜含量范围（1995）：氮（N）2.49%～3.33%、磷（P）0.21%～0.29%、钾（K）2.02%～3.38%、钙（Ca）1.36%～2.76%、镁（Mg）0.25%～0.41%、铁（Fe）63.8～101.4 毫克/千克、锰（Mn）357～1217 毫克/千克、锌（Zn）15.9～25.1 毫克/千克、铜（Cu）1～13.9 毫克/千克。新西兰柿树叶片营养元素含量标准（1990）见表 10 - 22。

表 10 - 22　新西兰柿树叶片营养元素含量标准

营养元素		缺素	适宜范围
大量元素（%）	氮	<0.93	1.57～2.00
	磷	<0.05	0.10～0.19
	钾	<0.42	2.40～3.70
	钙	<0.26	1.35～3.11
	镁	<0.13	0.17～0.46
	硫	—	0.21～0.44

（续）

营养元素		缺素	适宜范围
微量元素（毫克/千克）	锰	—	238～928
	铁	—	56～124
	锌	—	5～36
	铜	—	1～8
	硼	—	48～93

注：该标准来源于富有柿的结果树，未结果幼树的钙含量为12%，而氮的含量高于该标准，为2.2%。

有研究表明，在营养变化相对稳定期进行树体诊断较为合适。因此，在太行山区，7月中旬至8月中旬作为柿树营养诊断的采样时期，对大多数元素来说是比较合适的，铁的营养诊断在6月中旬至7月中旬更为合适。台湾省采样时期为8～9月，日本及新西兰研究发现，甜柿叶片养分含量以果实采样前两个月最稳定；澳大利亚在开花期较稳定。

用发育枝中部第4～5片叶（从基部正常叶向上数）作为柿树营养诊断材料较为合适。

2. 营养失调症状与补救措施

（1）缺氮　叶片黄化，枝叶量变少，枝梢细弱，植株矮小，柿树早衰。补救措施：喷施氨基酸复合微肥600倍水溶液，加2%尿素，每10天左右喷施一次。

（2）缺磷　磷在树体内可转移，病症多在当年生枝的老叶上发现。缺磷分枝少，节间徒长，果实发育不良，产量和品质下降。补救措施：喷施1%磷酸一铵水溶液，每7天喷施一次。

（3）缺钾　缺钾导致叶小，果小，着色差，易裂果，影响产量和质量。钾过剩，果肉松软，耐储性降低，还抑制氮、镁、钙等元素的吸收。补救措施：喷施1.5%硫酸钾水溶液，每7～8天喷一次。

（4）缺钙　缺钙根系受害严重，新根粗短、弯曲，尖端干枯；茎、叶生长不正常，甚至枯死。钙过剩，土壤偏碱性，板结，钙离子易和铁、锰、锌、硼等元素的酸根作用，生成不溶性化合物，导致柿树缺素症。发生缺钙症的叶片，边缘严重卷曲，土壤中施用硝酸钙等可溶性钙化合物，可以消除或缓解缺钙症状。补救措施：喷施 0.3%硝酸钙水溶液，每 7 天喷一次。

（5）缺镁　叶脉及其附近绿色减褪，变成"花叶"。缺镁症（镁<0.13%）夏梢叶片叶脉周围出现失绿。补救措施：土壤中施用可溶性镁化合物（亩施用量 13 千克），可达到很好的防效；在发生缺素症时，叶片喷施 1%～2%硫酸镁水溶液。镁在沙质土中容易流失，酸性土流失更快，过量灌水也会造成流失。在栽培上要增施有机肥和钙、镁肥。

（6）缺铁　缺铁症又称黄叶病。缺铁影响叶绿素形成，叶片黄化，严重时叶子全部白化，叶易落，枝梢枯死。灌水不合理常导致土地次生盐渍化，pH 值升高或元素间失去平衡，也会产生缺铁症。补救措施：喷施 0.5%硫酸亚铁水溶液，每 7～8 天喷一次。

（7）缺锌　枝叶枯黄瘦小，早落。补救措施：喷施氨基酸复合微肥或 0.5%硫酸锌水溶液，每 7 天喷一次。

（8）缺硼　生长点枯萎，叶变小且黄化，果实开裂，颜色不正常且畸形。补救措施：喷施 0.2%硼酸水溶液或氨基酸复合微肥。

（9）缺锰　新梢基部叶片失绿，上部叶片保持绿色。主要发生在土壤 pH 值高于 7 的地区。春天叶片喷施硫酸锰石灰水溶液（300 克硫酸锰＋400 克石灰＋水 100 千克），间隔 10 天喷一次，可防治季节性缺锰；也可每 7～8 天喷施一次氨基酸复合微肥，对补救缺锰症效果较好。

三、安全施肥技术

柿树一年中每亩吸收氮（N）5.7～6.6 千克、磷（P_2O_5）

1.53 千克、钾（K_2O）4.9～6.1 千克，比例为 1：（0.23～0.27）：（0.86～0.92）。

1. 基肥　9 月中下旬采果前为最佳施肥期，幼龄期柿树营养生长旺盛，生殖生长尚未开始，每株平均施柿树专用肥 0.5～0.8 千克或硫酸铵 0.2～0.3 千克、过磷酸钙 0.3～0.4 千克、有机肥 5 千克、硫酸钾 0.3～0.4 千克。初结果柿树营养生长开始缓慢，生殖生长迅速增强，每株施有机肥 20 千克、柿树专用肥 0.9～1.5 千克或硫酸铵 1～2 千克、过磷酸钙 1～1.3 千克、硫酸钾 0.2～0.5 千克。盛果期柿树营养生长和生殖生长相对平衡，每株施有机肥 50 千克、柿树专用肥 2～3 千克或硫酸铵 2～4 千克、过磷酸钙 2～3 千克、硫酸钾 0.8～1.6 千克，随树龄增大，可适当加大磷、钾施用量。

2. 追肥　一般分 2 次追肥，即花前和促果肥。花前肥在 5 月上旬，盛果期柿树一般每株施柿树专用肥 0.5～1 千克、生物有机肥 20～30 千克或 1：0.5：0.5 的 40% 氮磷钾复合肥 0.5～1 千克。促果肥在 7 月上旬，盛果期柿树一般每株施柿树专用肥 1～1.5 千克、生物有机肥 20～30 千克或 40% 氮磷钾 1：0.67：0.67 复合肥 1～1.2 千克、有机肥 20～30 千克。

3. 叶面喷肥　在果实膨大期内喷施农海牌氨基酸复合微肥 600～800 倍稀释液，加入 1% 尿素、0.5% 磷酸二氢钾，每 7～12 天喷施一次，对增强树势、提高产量和品质有明显效果。也可适量喷施尿素、磷酸二氢钾、硼砂、磷酸铵、钾肥等水溶液。

四、专用肥配方

氮、磷、钾三大元素含量为 30% 的配方：

30%＝N14：P_2O_5 8：K_2O 8＝1：0.57：0.57

原料用量与养分含量（千克/吨产品）：

硫酸铵 100　N＝100×21%＝21　S＝100×24.2%＝24.2

尿素 227　N＝227×46%＝104.42

磷酸一铵 105　　$P_2O_5=105\times51\%=53.55$

　　　　　　　　$N=105\times11\%=11.55$

过磷酸钙 150　　$P_2O_5=150\times16\%=24$

　　　　　　　　$CaO=150\times24\%=36$

　　　　　　　　$S=150\times13.9\%=20.85$

钙镁磷肥 15　　$P_2O_5=15\times18\%=2.7$

　　　　　　　　$CaO=15\times45\%=6.75$

　　　　　　　　$MgO=15\times12\%=1.8$

　　　　　　　　$SiO_2=15\times20\%=3$

硫酸钾 160　　$K_2O=160\times50\%=80$

　　　　　　　　$S=160\times18.44\%=29.50$

硼砂 15　$B=15\times11\%=1.65$

氨基酸螯合锌、锰、铁 20

硝基腐植酸 101　　$HA=101\times60\%=60.6$

　　　　　　　　$N=101\times2.5\%=2.53$

氨基酸 35

生物制剂 30

增效剂 12

调理剂 30

第十三节　石　榴　树

一、营养特性与需肥规律

1. 营养特性　石榴树生长发育需要 16 种必需营养元素，从土壤中吸收氮、磷、钾最多，还需要一定量的钙、镁、钠等营养元素。石榴树根系发达，须根较多，在水平方向上分布范围较小，主要分布在树冠投影边缘内外，通常是树冠直径的 1～2 倍，大量根系集中分布在树冠滴水线以内的土壤中。在垂直方向上，石榴根量主要集中于 0～80 厘米土层内，在肥沃的果园中，石榴根系在土壤中垂直分布在 20～70 厘米的土层中，占总根量的 70%左右，并以 30～60 厘米最多，60 厘米以下数量较少，但 1～2 米以下仍有少量分布，以水平、斜生根为主，垂直根少不发达；在近于野生的山坡地条件下，根系集中分布在 15～20 厘米的土层中，垂直根数量较多。

石榴的根系含有较多的单宁和其他生物碱，含水分少，受伤后愈合能力较弱，在土壤温度与湿度适宜时，才有一定的愈合能力。

石榴的根系着生有大量不定芽，在主干基部萌生大量根蘖苗，根蘖苗具有强大的再生能力，刨出根蘖苗后，能多次萌发大量根蘖苗。春、夏两季时萌发根蘖苗的高峰期，大量的根蘖苗会消耗很多水分和养分，应当去除。

2. 需肥规律 石榴树开花量大，果实种子多，对肥料的需要量大于一般水果，每生产 1 000 千克果实需要吸收氮 3～6 千克、磷 1～3 千克、钾 3～7 千克，其吸收比例大致是 1∶(0.3～0.5)∶(1～1.2)。石榴树还需一定量的钙、镁、钠，施肥时应注意适量加入这些营养元素。

在年生长周期内，石榴不同时期吸收的元素种类、数量不同。对于氮、磷、钾三要素，以氮素最为敏感。氮素在萌芽前、展叶、开花、新梢生长和果实膨大期吸收量逐渐增加，直到果实采收前还有上升，采果后吸收急剧下降，以新梢临近快速生长期和果实膨大期吸收最多。生育期缺氮，对石榴树生长和结果影响很大。开花前和新梢生长期缺氮，新梢生长量显著降低，易出现二次生长，造成早期落叶；果实肥大期缺氮，会导致果实发育不良。

石榴树对磷的吸收量少，而且吸收期比氮和钾都短。磷在开花前吸收很少，开花后到 9 月下旬采收期吸收比较多，采收后吸收又很少。

钾在开花期前吸收很少，开花后迅速增加，以果实膨大至采收期吸收最多，采收后吸收量急剧下降。果实膨大期，应施用速效钾。

二、营养失调诊断与补救措施

（1）缺氮 氮素不足时生长衰弱，叶小而薄，色浅，落花落果严重，果实小。严重缺氮时生长可能停止，叶片早落；氮素过多时枝叶旺长，花芽分化不良，果实成熟晚，品质差，色不艳，不耐储藏，枝干不充实，冬季易受冻害。补救措施：合理施用氮肥，喷施氨基酸复合微肥 600 倍水溶液，加入 1%～2% 尿素，每 7～8 天喷一次，一般 2～3 次即可防止。

（2）缺磷 磷素缺乏时，延迟萌芽开花期，降低萌芽率，新梢和幼根生长减弱，叶片小而薄，呈暗绿色，基部叶片早落；花芽分化不良；籽粒中含糖量降低，果实品质变差；抗旱、抗寒能力降低。磷素过剩会抑制氮和钾吸收，引起生长不良，过量的磷可使土壤中或植物体内铁不活化，叶片黄化，产量降低。补救措施：合理施用磷肥，喷施氨基酸复合微肥 600 倍水溶液，加入 1%～1.5% 重过磷酸钙水溶液，每 8 天左右喷施一次，一般喷 2～3 次即可防止。

（3）缺钾 缺钾时新梢基部叶片青绿色，叶缘焦枯，向上卷曲；果实变小，质量降低，落叶延迟，抗病力降低，抗逆性减弱；严重缺钾时老龄叶片边缘上卷，出现枯斑。钾素过剩影响钙离子吸收，引起缺钙，果实耐储性降低，枝条含水量高，不充实，耐寒性降低，还抑制氮和镁吸收。补救措施：合理施用钾肥，在发生缺钾症状时喷施氨基酸复合微肥 600 倍水溶液，加入 1%～1.5% 硫酸钾水溶液，每 7～8 天喷一次。

（4）缺钙 钙缺乏时根系受害突出，新根粗短弯曲，根尖易枯死；果实易衰老，降低储藏性，储藏病害及采前裂果易发生；严重缺钙时，枝条枯死，花果萎缩。钙能中和植物新陈代谢过程中产生的草酸及铵、氢、铝、镁等离子的毒害。钙素过量，土壤呈碱性而板结，锰、锌、铁、硼等呈不溶性而导致缺素症。补救措施：改良土壤，多施有机肥。在发生缺钙症状时，喷施氨基酸复合微肥 600 倍稀释液，加 0.5%硝酸钙水溶液，每 7～10 天喷一次。

（5）缺镁　缺镁时当年生基部叶片叶脉出现黄绿、黄白色斑点，严重缺镁时叶片从新梢基部开始脱落。离子间的拮抗作用易引发缺镁，酸性土壤、有机质少的土壤或施用钾肥过多的土壤，容易发生这种情况。镁过量减少钙吸收。当年生的树枝基部叶片出现失绿区，并逐渐向上脱落。补救措施：合理施肥，在发生缺镁症状时，喷施氨基酸复合微肥 600 倍稀释液，加入 1%～2%硫酸镁水溶液，每 7～8 天喷施一次，连续喷施 2～3 次。

（6）缺硫　硫对碳水化合物、脂肪和蛋白质代谢都有重要的作用。缺硫时叶色变浅，变黄，此病状幼叶表现最重，且节间短缩，茎尖有时出现坏死现象。补救措施：追施硫黄，结合根外追肥施用含硫水溶性肥料。

（7）缺铁　缺铁时，叶小而薄，幼叶黄化，严重时叶肉呈白色，叶脉也失绿呈黄色，叶片出现棕褐色枯斑或枯边，逐渐枯死脱落。发病后树势逐渐衰弱，花芽形成不良，落花落果严重。在土壤中有较多金属离子（锰、铜、锌、钾、钙、镁），pH 值高。高重碳酸盐和高磷等情况都可影响铁吸收，引起缺铁。补救措施：喷施氨基酸复合微肥 600 倍稀释液，加入 0.5%硫酸亚铁水溶液，每 7～8 天喷一次。

（8）缺硼　缺硼时，根、茎生长点枯萎，叶片变色或畸形，叶柄、叶脉质脆易断；根系生长变弱，枝条生长受阻，严重时还可使新梢顶端干枯，直至多年生枝干枯；花芽分化不良，虽繁花满树而结实很少，果实畸形。硼素过量，可引起毒害作用，影响根系吸收。补救措施：合理施肥，在发生缺硼症状时，喷施 0.2%～0.3%硼砂水溶液，每 7～8 天喷一次，一般 1～3 次即可矫治。

(9) 缺锌 缺锌时,新梢细弱,节间短缩,叶小而密,叶片失绿变黄,枝条下部叶片常有斑纹或部分黄化,从新梢基部向上逐渐脱落;果小、畸形;严重缺锌时枝叶停止生长,树体衰弱。补救措施:合理施肥,当发生缺锌症状时,喷施氨基酸复合微肥500~600倍稀释液,每7~8天喷施一次。也可喷施氨基酸螯合锌800倍水溶液或0.5%硫酸锌水溶液,每7天左右喷施一次,一般喷施2~3次即可矫治。

(10) 缺锰 缺锰时,叶绿素结构受损,叶脉间失绿,叶上有斑点,但幼叶可保持绿色,严重缺锰会影响生长和结果。土壤施石灰或施铵态氮,都会减少锰的吸收量。树体中锰多则铁少,铁多又会缺锰。补救措施:合理施肥,喷施氨基酸复合微肥600倍稀释液。

(11) 缺钼 缺钼首先表现在老叶叶脉间出现黄绿色或橙黄色斑点,然后分布在全部叶片上,继而叶边卷曲、枯萎,最后坏死。补救措施:喷施0.1%~0.2%钼酸钠水溶液,每7~8天喷施一次。

(12) 缺铜 缺铜时,叶片失绿,严重缺铜枝条顶部受害弯曲,枝条上形成斑块和瘤状物。补救措施:喷施氨基酸螯合铜800倍水溶液或0.2%~0.5%硫酸铜水溶液,每7~8天喷施一次,至症状消失。

三、安全施肥技术

石榴树施肥禁止使用未腐熟的人粪尿和垃圾肥,施肥量按目标产量、树龄和土壤肥力等因素而定。密植石榴园可按每生产1 000千克果实施腐熟优质有机肥2 000千克和氮(N)20~25千克计算,再配入适量的磷、钾肥。稀植石榴园可按株施肥,分为基施、追施和根外追施三种方式。

1. 基肥 石榴树宜在秋季采果后立即施肥为好,一般幼树每棵施腐熟优质有机肥（也可施生物有机肥）10 千克和石榴树专用肥 0.2～0.5 千克，初结果树每棵施腐熟优质有机肥或生物有机肥 20～25 千克、石榴树专用肥 0.3～0.8 千克。成龄大树每棵施腐熟优质有机肥或生物有机肥 50～80 千克，石榴树专用肥 2～2.5 千克（或尿素 0.3～0.6 千克、过磷酸钙 2～4 千克），可采用放射状、环状沟、条状沟或全园撒施等方法。

2. 追肥　石榴树开花前，每棵成龄结果石榴树施石榴树专用肥 0.5～0.6 千克或尿素 0.4～0.6 千克。石榴树开花后，每棵成龄结果树施石榴专用肥 1.5～2.5 千克（或尿素 0.5 千克、过磷酸钙 1～2 千克、硫酸钾 0.5～1 千克）。在果实膨大初期，每棵成龄结果树施石榴树专用肥 2～3.5 千克（或 40%氮、磷、钾复合肥 1.5～2 千克、尿素 0.5 千克、磷酸二铵 1～1.5 千克、硫酸钾 0.6～1 千克）。

3. 根外追肥　应根据树体营养状况进行，在整个生长生育期可喷施农海牌氨基酸复合微肥，并在农海牌氨基酸复合微肥稀释液中加入 0.3%～0.5%尿素；在果实膨大期喷施时加入 0.2%～0.4%磷酸二氢钾，每 7～12 天喷施一次。气温干燥时，在 10 时前和 16 时后喷施较好。根外追肥作用迅速，见效快，省肥，对增强树势和提高品质和产量都有较好效果。也可适时适量喷施尿素、磷肥、钾肥、微量元素肥料。

四、专用肥配方

氮、磷、钾三大元素含量为 30%的配方：

30%＝N14：$P_2O_5$3：K_2O 13＝1：0.21：0.93

原料用量与养分含量（千克/吨产品）：

硫酸铵 100　N＝100×21%＝21　S＝100×24.2%＝24.2

尿素 253　N＝253×46%＝116.38

过磷酸钙 180　P_2O_5＝180×16%＝28.8

CaO＝180×24%＝43.2

$$S=180\times13.9\%=25.02$$

钙镁磷肥 18　　$P_2O_5=18\times18\%=3.24$

　　　　　　$CaO=18\times45\%=8.1$

　　　　　　$MgO=18\times12\%=2.16$

　　　　　　$SiO_2=18\times20\%=3.6$

氯化钾 216　　$K_2O=216\times60\%=129.6$

　　　　　　$Cl=216\times47.56\%=102.73$

硼砂 15　$B=15\times11\%=1.65$

氨基酸螯合锌、锰、铁 20

硝基腐植酸 108　　$HA=108\times60\%=64.8$

　　　　　　　　$N=108\times2.5\%=2.7$

氨基酸 35

生物制剂 20

增效剂 10

调理剂 25

第十四节　樱 桃 树

一、营养特性与需肥规律

樱桃适宜种植在土层深厚、土地结构良好、pH6.5～7.5 的土壤上。樱桃从开花到果实成熟发育时间较短，仅有 45 天左右，花芽分化在果实采收后 1～2 个月基本完成。春梢生长与果实发育基本同步，其营养吸收具有明显特点。樱桃的枝叶生长、开花结果都集中在生长季节的前半期，花芽分化多在采果后较短时间内完成，所以养分需求也集中在生长季节前半期。樱桃具有生长发育迅速、需肥集中的特性。每生产 1 000 千克樱桃鲜果实，需氮（N）10.4 千克、磷（P_2O_5）1.4 千克、钾（K_2O）13.7 千克，樱桃树在年周期发育过程中需氮、磷、钾的比例大致为 1：

0.15∶1.2。可见樱桃对钾、氮需要量最多，对磷需要量则少得多。一年中樱桃树从展叶到果实成熟前需肥量最大，采果后至花芽分化期需肥量次之，其余时间需肥量较少。因此，在生产实践中应抓好冬前、花期前及采果后施肥，是提高产量、改善品质的重要措施。

二、植株营养诊断与缺素补救措施

1. 叶片分析　在甜樱桃盛花后 8～12 周，随机采取树冠外围中部新梢的中部叶片，每个样点采取包括叶柄在内的 100 片完整叶片进行营养分析，将分析结果与表 10-23 中的指标相比较，可诊断树体营养状况。

表 10-23　樱桃叶片营养诊断参考值

营养元素	缺乏	适宜	过量	中毒
氮（%）	<1.7	2.2～2.6	2.7～3.4	>3.4
磷（%）	<0.09	0.14～0.25	0.26～0.40	>0.4
钾（%）	<1.0	1.6～3.0	3.1～4.0	>4.0
钙（%）	<0.8	1.4～2.4	2.5～3.5	>3.5
镁（%）	<0.2	0.3～0.8	0.81～1.10	>1.1
硫（%）	—	0.2～0.4	—	—
氯（%）	—	<0.02	0.02～0.50	>0.5
钠（%）	—	<0.3	0.3～1.0	>1.0
铜（毫克/千克）	<3	5～16	17～30	>30
锌（毫克/千克）	<15	20～50	61～70	>70
锰（毫克/千克）	<20	40～160	161～400	>400
铁（毫克/千克）	<60	100～250	251～500	>500
硼（毫克/千克）	<15	20～60	61～80	>80

2. 营养失调症状与补救措施

（1）缺氮　缺氮时，樱桃叶变小，叶片淡绿，较老的叶片呈橙色、红色甚至紫色，提前脱落；基部老叶最先表现缺氮症状，严重缺氮的树所有叶片都受到影响，枝条短、树势弱、树冠扩大慢，较早形成大量的花束状短果枝和花芽，树体寿命短；树冠小，坐果率低，果实小，产量低，效益差；果实着色好，提前成熟。补救措施：在发生缺氮症状时喷施 1％尿素水溶液，每 7 天喷一次，至症状消失。

氮过多时，樱桃叶片特大，枝梢生长强旺，加粗快，随新梢生长基部和内膛叶黄落，小枝枯死，花芽少，产量低。幼树的含量可高于 3.4％，这样有利于树冠快速扩大。成龄树氮含量超过 3.4％，生长势过旺，反而不利于花芽形成，并推迟果实成熟，而且延迟生长的枝条在冬季低温下容易遭受冻害。预防措施：合理施肥，根据果树需要增施其他肥料，加强水肥管理。

（2）缺磷　缺磷时，樱桃叶片由暗绿色转铜绿色，严重时为紫色。新叶较老叶片窄小，近叶缘处向外卷曲，叶片稀少，花芽分化不良，花少，坐果率低。补救措施：发生缺磷症状时，喷施 0.3％～0.5％磷酸二氢钾水溶液，每 7 天喷一次，连续喷施 2～3 次，即可矫治。

磷过量导致樱桃叶片过小，呈丛枝状，叶脆而易老化。预防措施：加强水肥管理，合理施肥。

（3）缺钾　缺钾先从枝条中下部叶片表现出症状，初呈青绿色，叶片与主脉平行向上纵卷，严重时呈筒状或船形，叶背面变成赤褐色，叶缘呈黄褐色焦枯，叶面出现穿孔或破裂，出现灼伤或坏死；新梢基部叶片发生卷叶和烧焦症状最重，顶端叶片也可有此症状；枝条较短，叶片变小，严重时提前落叶。补救措施：在发生缺钾症状时，及时喷施 1％磷酸二氢钾溶液或 1％～1.5％硫酸钾水溶液，每 7～8 天喷施一次，至症状消失。

土壤中的钾过量时，影响植株对镁和钙的吸收，容易引起镁、钙元素的缺乏。

（4）缺钙　甜樱桃园缺钙症状较少见。樱桃缺钙时，先从幼叶表现症状，叶上有淡淡的褐色和黄色斑点，叶尖及叶缘干枯，有时沿中脉干枯，叶可能变成带有很多洞的网架状叶，或造成大量落叶。严重缺钙时小枝顶芽枯死，枝条生长受阻。缺钙时樱桃根的生长发育受到严重影响，新生幼根根尖变褐死亡，并逐渐向根基部扩展枯死，后部未枯死部分又发生新根，新根根尖又枯死，经过这样多次死亡、发生、死亡之后，细根呈丛状，像扫帚，这类根吸收功能弱。补救措施：在发生缺钙症状时，喷施氨基酸钙 600~800 倍水溶液，每 7 天喷一次，连续喷施 2~3 次。

（5）缺镁　甜樱桃园缺镁较少见。缺镁的症状包括叶脉间褐化和坏死，这些症状首先在老叶出现。褐化从叶中间开始朝着叶缘发展，亮红色和黄色是坏死的典型先兆，严重受影响的叶片将提前脱落。钾含量很高的甜樱桃园容易缺镁；以泥炭和沙而没有黏土为基质的盆栽樱桃缺镁症状尤为严重。不同的砧木缺镁症状轻重也有不同。防治措施：合理施肥，改良土壤，在发生缺镁症状时喷施 1‰硫酸镁液，每 7 天一次。

（6）缺硫　甜樱桃缺硫很少见。缺硫的症状与缺氮很相似，叶灰黄色，变小，枝条生长不良，严重受影响的植株叶片边缘坏死。枝条上部未成熟的叶片硫含量低于 100 微克/克，植株缺硫。预防措施：合理施肥，注意施用硫酸铵等含硫化肥，能有效预防缺硫症。

（7）缺硼　甜樱桃硼缺乏或过剩的现象经常出现。春天一些芽不萌发，一些芽萌发后萎缩死亡，叶片变形并带有不正常的锯齿，叶下卷或呈杯状，有些叶边厚、有革质感；枝条生长一段时间后顶端生长停止和死亡，枝条生长量小。缺硼樱桃受精不良，造成大量落花落果；果实缺硼易缩果和裂果，果面产生凹陷斑，有时果面出现小凸起。缺硼时樱桃果实上可产生数个硬斑，硬斑处发育缓慢，逐渐木栓化；正常部位生长迅速，因而果实生长发育不均衡，出现果实畸形。这种畸形果一直到采收时仍不脱落，严重影响产量和品质。

土壤瘠薄的山地果园、河滩沙地或沙砾地果园，因土壤中的硼和盐类流失，易患樱桃缩果症。早春遇干旱以及石灰质较多时，土壤中的硼易被钙固定，钾、氮过多时也能造成缺硼症。

樱桃叶片硼含量在 80 毫克/千克以上时即过量，高于 140 毫克/千克将出现明显的中毒症状。甜樱桃对硼相当敏感，过量将出现硼中毒症状，中毒植株小枝从上向下流胶，随后死亡，严重的可引起大枝和主干流胶；随叶片形状和大小正常，但组织沿主脉逐渐坏死；花芽可能不发芽或者坐果少。补救措施：在硼过剩时，应灌水淋洗土壤，可减少土壤有效硼含量；在酸性土壤适量施用石灰，可减轻硼的毒害。

缺硼时，可叶面喷施 0.2%硼砂，每 7 天喷一次；施硼砂 100 克/株，施后立即灌水。

（8）缺铁　樱桃树缺铁初期幼叶失绿，叶肉呈黄绿色，叶脉仍为绿色，整叶呈绿色网纹状（缺铁症又称黄叶病），严重时叶小而薄，叶肉呈黄白色至乳白色。随病情加重叶片出现棕褐色（铁锈色）的枯斑或枯边，逐渐枯死脱落，甚至发生枯梢现象。7～8 月雨季以后，病情稍微减轻，树梢顶端可抽出几片失绿的新叶。8～9 月可看到病树新梢顶端有几片失绿的叶片，新梢底部有几片较正常的老叶，中间则是大段光秃秃的树条，严重影响树体生长及果实产量和品质。几乎所有的樱桃产区都有缺铁症，最普遍发生的是干旱地区，在碱性土壤（pH>7.0）中缺铁症很普遍，以排水不良的果园最为严重。补救措施：喷施 0.3%～0.5%硫酸亚铁溶液，或树干注射，也可用氨基酸铁 600 倍溶液喷施，每 7～8 天喷一次。

（9）缺锰　缺锰叶脉失绿，叶脉仍保持绿色。失绿从叶缘开始，进一步朝主脉发展，部分症状严重的枝条生长受阻，叶片变小。中度缺锰时，症状主要表现在短枝上，但严重时长枝和短枝的叶片都受影响。缺锰时，果实变小，汁液少，但着色深，果肉变硬。

在碱性土壤（pH＞7.0）中普遍表现缺锰现象，因为锰在碱性土壤中有效性低。缺锰容易与缺铁和缺锌混淆，因为这两种缺素症与缺锰症有某些相似之处，并且多发生在碱性土壤中。补救措施：在发生缺锰症状时，叶面喷施 0.1％硫酸锰或氨基酸螯合锰以及含锰杀菌剂，能有效消除缺锰症。

（10）缺锌　叶片锌含量低于 10 微克/克将出现缺锌症。甜樱桃经常发生缺锌症。缺锌引起叶片变小，叶片出现不正常斑驳和失绿，并提前落叶，其枝条不能正常伸长，节间缩短，因而枝条上部的叶片呈莲座状。一些一年生枝上的芽不萌动，导致相当多的枝条上没有叶片，单果重和可溶性固形物含量大大降低。栽植在碱性土壤中的甜樱桃经常出现缺锌症。预防和补救措施：在发生缺素症时，叶面喷施或土壤施用硫酸锌，休眠期全树喷施0.2％硫酸锌溶液。土壤施用锌肥最好用锌的螯合物。

三、安全施肥技术

1. 基肥　基肥在秋季施用，最佳时期为 9～11 月份，且以早施为好，可尽早发挥肥效，有利于树体养分积累。基肥主要施用人粪尿、厩肥或猪圈粪等有机肥，可加入适量专用肥或磷肥。施肥数量按 1 千克鲜果施 1.5～2.0 千克优质农家肥计算，一般盛果期果园亩施腐熟优质有机肥 3 000～5 000 千克和樱桃专用肥 30～50 千克。施用方法以沟施或撒施为主，施肥部位在树冠投影范围内。沟施，挖放射状沟或在树冠外围挖环状沟，沟深20～30 厘米；撒施，将肥料均匀撒于树冠下，并翻深 20 厘米。注意施肥位置，再施肥应改换位置，以利根系吸收，提高肥料利用率。

2. 追肥　对幼树和初结果树强调施足基肥，一般不追肥，对结果大树应施追肥。

花期追肥：樱桃开花结果期间对营养有较高的要求。萌芽、开花需要的是贮藏营养，坐果则主要靠当年的营养。初花期追肥对促进开花、坐果和枝叶生长都有显著作用。此期追肥每棵树应施腐熟人粪尿 30～40 千克、樱桃专用肥 1～2 千克，追肥多为放射状沟施，施肥方法是树冠下开沟，沟深 20～30 厘米，追肥后及时灌水。

采果后追肥：在采果后 10 天左右开始花芽分化，这是一次关键性追肥，对增加果树营养积累、促进花芽分化、增强树势有很好的作用。成龄大树每棵施腐熟优质有机肥或生物有机肥60～80 千克、樱桃专用肥 1～1.5 千克。初结果树每棵施专用肥0.5～1 千克。

3. 根外追肥 叶面喷肥在整个生育期都可进行，以在果实膨大期效果最为突出。一般喷施农海牌氨基酸复合微肥，或在农海牌氨基酸复合微肥稀释液中加 2%～3% 的尿素，再加 0.2～0.4% 的磷酸二氢钾，喷于叶面至湿润而不滴流为宜，每 7～12 天喷施一次，对增强树势、增加产量和果实品质都有明显的效果。也可适量喷施尿素、磷酸铵、钾肥、微量元素肥。

四、专用肥配方

氮、磷、钾三大元素含量为 35% 的配方：

$$35\% = N15.5 : P_2O_5 \ 2.5 : K_2O \ 17 = 1 : 0.16 : 1.1$$

原料用量与养分含量（千克/吨产品）：

硫酸铵 100　$N = 100 \times 21\% = 21$　$S = 100 \times 24.2\% = 24.2$

尿素 290　$N = 290 \times 46\% = 133.4$

过磷酸钙 150　$P_2O_5 = 150 \times 16\% = 24$

　　　　　　$CaO = 150 \times 24\% = 36$

　　　　　　$S = 150 \times 13.9\% = 20.85$

钙镁磷肥 15　$P_2O_5 = 15 \times 18\% = 2.7$

　　　　　　$CaO = 15 \times 45\% = 6.75$

　　　　　　$MgO = 15 \times 12\% = 1.8$　$SiO_2 = 15 \times 20\% = 3$

硫酸钾 340　$K_2O = 340 \times 50\% = 170$

　　　　　　$S = 340 \times 18.44\% = 62.7$

硼砂 15　　B＝15×11％＝1.65

氨基酸螯合锌、锰、铁 20

氨基酸 20

生物制剂 20

增效剂 10

调理剂 20

第十五节　　无花果树

一、营养特性与需肥规律

1. 营养特性　　无花果根系在土壤温度 10℃左右开始活动，地温低于 10℃以下时停止生长。无花果喜弱碱性或中性土壤，最适合的土壤 pH 值为 7.2～7.5，属于较耐盐碱的果树。

无花果对磷、钾、钙反应敏感。增施磷、钾、钙肥和有机肥，产量明显增加，果个大、含糖量高、抗寒性明显增强。对钙的需求量大，施钙肥可推迟落叶时间。偏酸性土壤易缺钙，会影响根系活力，必须增施石灰以改良土壤。

无花果植株对钙的吸收量最多，对氮、钾肥的要求也较高。以吸氮量为 1，则吸钙量为 1.43，吸钾量为 0.9，而吸磷量和吸镁量仅为 0.3。各种营养元素被吸收利用后，氮和钾素成分主要分布于果实与叶片中。磷素在叶片中分布的比例较氮少，在根系中较氮多。钙和镁大都分布于叶片，分别占 80％和 60％。

无花果周年生长发育过程中，植株体内养分利用出现二次养分转换过程。春季无花果根系和新梢生长高峰期也是植株吸收养分的旺盛时期，此时地上部与地下部生长的养分供给主要依靠上年树体内积蓄的储存养分，因此上年储存养分的多少，对植株当年的生长发育起着决定性作用。树体储存养分充足，萌芽展叶早，枝梢伸长充实，前期果实大，成熟期也早。

进入初夏以后，无花果植株体内养分发生了重要变化，进入第一次养分转换期，即由储存养分利用为主转向利用当年出生新叶制造养分为主。随着新梢和叶片生长量扩大，植株光合作用所产生的养分逐渐增多，并不断满足植株继续生长、花序不断分化、果实陆续长大成熟对养分的需求。加强这一阶段的管理，促进同化作用增强，对提高无花果产量与品质非常关键，还有利于后期果实成熟以及根系的生长。

2. 需肥规律 无花果对氮、钾、钙的吸收量随着发芽、发根后气温上升，树体生长量的增大而不断增大。至 7 月份为吸氮高峰，新梢缓慢生长后，氮素养分的吸收量逐渐下降，直至落叶期，钾与钙则从果实开始采收至采收结束，基本维持在高峰吸收量的 30%～50%水平，进入 10 月以后，随着气温下降而迅速减少。对磷的吸收自早春至 8 月一直比较平稳，进入 8 月以后便逐渐减少，果实内氮与钾的含量随着果实的发育逐渐增加，到进入成熟期的 8 月中旬以后，增加速度明显加快，特别是钾的含量，从 8 月中旬至 10 月中旬增加 15 倍。果实磷、钙、镁含量也都从 8 月中旬开始显著增加。枝条和叶片内各种成分随着新梢生长不断增加，但除钙以外进入果实成熟期后便逐步稍有下降。结果的枝条各种营养成分含量都较不结果枝条低。

二、植株营养诊断与缺素补救措施

1. 叶片分析 无花果叶分析诊断指标参考值见表 10 - 24。

表 10 - 24　　无花果叶分析诊断指标参考值

等级	氮(%)	磷(%)	钾(%)	钙(%)	镁(%)	硼(毫克/千克)	锰(毫克/千克)	铜(毫克/千克)
缺乏适量过剩	<1.7 2.0～2.5 >2.5	— 0.1～0.3 >0.3	<0.7 >1.0	— >3.0	— >0.75	— — >300	— >20	— >4.0

2. 营养失调症状与补救措施

（1）缺氮 缺氮时树势生长不良，叶色变淡，叶片裂刻变浅趋于全缘叶形，叶缘向上方卷曲，手摸叶有粗糙的感觉。缺氮初期对发根和伸长影响不大，但随缺氮程度加剧，发根受抑制。根系容易衰弱或受根蚜虫危害，枝条较早停止生长并老化。缺氮花序分化数量减少，前期果实形状尚正常，但横径变小，成熟时间提早，且品质良好。但是由于缺氮叶片中许多养分向果实转移，叶片褪色明显，结果枝上位果实落果严重，收获量减少。出现严重缺氮症状后追肥，枝条生长会恢复，但果实容易褐变并落果。预防措施：无花果园培肥改土，施用腐熟堆肥，提高土壤肥力，是解决缺氮的根本措施。同时，合理补施追肥，避免长期缺氮，满足树体正常生长。在发生缺素时，喷施1%～2%尿素溶液，每7天一喷次。

（2）缺磷 缺磷症状进程比较缓慢，外观不易识别。首先从叶色加深开始，接着下部叶片叶色变淡，新生叶片在未展开时即会凋萎脱落，使叶片数不再增加，出现结果枝先端果实聚生现象。果实变形，横断面呈不规则圆形。未熟果向阳面花青素多呈微赤紫色。追施磷肥后枝梢生长能恢复转旺，果实成熟加快且不易落果，缺磷的根系明显细长，侧根发生受到抑制。补救措施：喷施2%过磷酸钙浸提液，每7～8天喷施一次，也可喷施1%磷酸二氢钾水溶液，每7～8天一次。

（3）缺钾 植株缺钾不易发觉，当发觉后症状进程已明显加快。缺钾初期能促进枝叶生长，表现与过多施用氮肥后的状况相似，接着下部叶片的背面出现不规则褐色浸润斑点，但叶片表面看不到。缺钾情况继续发展下去，叶片出现灼烧现象，很快脱落，枝梢伸长停止，成为典型的缺钾症状。缺钾症发生时枝梢并不老化，但易受冻害，并常见瓢形果实发生。根系生长不良，出现发黑、脱皮、腐烂现象。补救措施：喷施1%磷酸二氢钾或1.5%硫酸钾水溶液，每7～8天喷一次，至症状消失。

（4）缺钙　缺钙症状不易发现，最上展开叶突然白化并出现褐色斑点，导致落叶。下部叶片生长正常，枝干呈黑褐色并萎缩。果实变黑脱落，根系伸长明显受阻，容易腐败并有特殊强烈的有机酸臭味。预防和补救措施：无花果树需钙量特别多，除施用钙、镁、磷肥和过磷酸钙外，缺钙果园可每亩增施50～100千克熟石灰。发生缺素症时，喷施0.5％硝酸钙水溶液，每7～8天喷一次，连续喷施3～4次。

（5）缺镁　缺镁症状易发觉。首先在生长旺盛的叶片上出现萎黄症状，往往发生在枝梢中部叶片，而上下部叶片出现较少。随着症状加重，叶片除叶柄部位外，均呈黄白化，出现褐色大形斑点。果实提早落果，成熟果数量减少。缺镁对根部生长前期没什么影响，但随着缺镁症状加剧，根系生长受抑。预防和补救措施：当土壤（100克干土）中可交换性镁含量低于10毫克时，每亩施用硫酸镁50千克，也可与缺磷、缺钙等综合考虑，适当增施钙、镁、磷肥。发生缺素症时，喷施1％～2％硫酸镁水溶液，7～8天喷一次，至症状消失。

（6）缺硫　无花果缺硫症状与缺氮相似。全株叶色变淡，下部叶片有褐斑，但并不容易落叶。果实发育缓慢甚至停止，长期挂在结果枝上不易成熟，枝梢较快老化硬化。根系在缺硫初期仍能良好伸长，但质脆易断。预防和补救措施：发生缺素症时，追施硫肥。

（7）缺铁　缺铁时新梢伸长缓慢，新芽白化枯死。在生育前期发生，幼果全部白化脱落，如症状在生育后期发生，前中期果仍能正常成熟。补救措施：发生缺铁症状时，喷施600倍氨基酸铁或0.5％硫酸亚铁水溶液，每7～8天喷一次，至症状消失。

（8）缺硼　缺硼时常引起叶片黄化等生理病害，加重生理落果。补救措施：发生缺硼症状时，喷施0.2％～0.3％硼砂水溶液，每 7 天左右喷一次，连续喷 2～3 次。

（9）缺锰　锰和铁在土壤中有相互制约的作用，锰过多会引起缺铁，铁过多会出现锰缺乏，石灰施用过多，也会引起缺锰。补救措施：发生缺锰症状时，喷施 0.2％硫酸锰水溶液或氨基酸锰 600 倍水溶液、氨基酸复合微肥 600 倍水稀释液，每 7～8 天喷一次，至症状消失。

三、安全施肥技术

据施肥经验，无花果施肥应以适量磷、重氮钾为原则。氮、磷、钾三要素的比例，幼树以 1：0.5：0.7 为好，成树以 1：0.75：1 为宜。施肥量可按目标产量，每 1 000 千克果实需施氮（N）10.6 千克、磷（P_2O_5）8 千克、钾（K_2O）10.6 千克。由于各地土壤条件的差异比较大，施肥量和氮、磷、钾养分比例应结合当地实际情况确定。

1. 幼苗施肥　幼苗追肥分 2～3 次进行。第一次在 5 月上旬至中旬，苗木生根展叶后，每亩追施无花果专用肥 25～35 千克或尿素 20 千克；第二次在 6 月上旬，每亩追施无花果专用肥 40～60 千克或复合肥 30～60 千克；第三次在 7 月上旬，视苗情长势，每亩施无花果专用肥 20～30 千克或复合肥 15～30 千克。瘠薄土地可适当多施，防止僵苗不发。对生长旺盛的苗木，应适当控制氮肥用量，施氮过多、过迟，易引起秋梢徒长，降低抗寒能力，易受冻害。肥料不能与根接触，防止烧根；应兑水浇施或结合浇水撒施。

2. 一年生无花果定植施肥　一年生苗木株高 1 米以上，枝梢充实，根系发达，侧根多为壮苗。

（1）定植前施肥　一般于冬季（11～12 月）结合深翻土地 50～60 厘米，每亩施腐熟有机肥 2 000 千克，无花果专用肥 30～40 千克或钙镁磷肥 50 千克，酸性土壤需增施石灰 100 千克。

（2）定植穴基肥　无花果栽植时采用深坑浅栽，于定植前一个月整畦挖深 50～70 厘米、直径 60～80 厘米定植穴，每株施腐熟有机肥 25～30 千克、饼肥 1 千克、无花果专用肥 1.5～2 千克，偏酸土地加石灰 1 千克。施肥方法：在定植穴下层 10～20 厘米施入粗有机肥 10 千克，其余肥料与表土充分混匀后置于中层 20 厘米内，再覆盖表土 10 厘米，填平踩实。移栽后半个月内要经常浇水，保持土壤湿润。6 月上旬施一次肥，每株 50～60 千克，结合松土除草，对水浇灌。

3. 成龄结果树施肥

（1）基肥　无花果的基肥施用时期可在 11～12 月份修剪结束后进行，但以 2 月下旬至 3 月下旬施用为宜。基肥以有机肥为主，如厩肥、堆肥、菜籽饼等，并结合使用适量的无花果专用肥或复合肥。一般亩施有机肥 4 000～5 000 千克，无花果专用肥 260～280 千克或 45％复合肥 50～80 千克，偏酸土壤增施熟石灰 50～100 千克。

（2）追肥　追肥的具体时间和次数根据植株生长状况和土壤肥力而定，一般分 3～6 次进行。高温多雨地区，追肥次数宜多，每次施肥量宜少；树势弱、根系生长差，可适当增加追肥次数。6 月上旬追肥，一般每亩施无花果专用肥 300～400 千克或 45％的复合肥 300～400 千克；7 月中旬每亩追施钾肥 60～80 千克；8 月中旬每亩追施无花果专用肥 250～300 千克或 45％复合肥 250～300 千克；9 月中旬每亩追施无花果专用肥 120～150 千克或 45％复合肥 120～150 千克；10 月下旬每亩追施无花果专用肥 120～150 千克或 45％复合肥 120～150 千克。无花果是需钙较多的果树，在缺钙的偏酸性土壤上种植，每亩增施熟石灰 100 千克左右。

4. 施肥方法　施肥时，可在株间挖沟，一般沟深 20～30 厘米，将肥料与表土混匀后施入沟内，然后覆土；也可将肥料撒施于表土，立即浅翻 15 厘米土层，再结合清沟覆盖一层碎土。浅翻时距主干 50 厘米，防止根系伤断。有灌溉条件时，追肥以冲施或撒施于地表然后浇水为好，无浇水条件的应抓紧在雨前撒施或土壤湿润时追施。总之，施肥后有适宜的土壤含水量才能发挥肥效作用，土壤干燥时施肥有害无益。

四、专用肥配方

氮、磷、钾三元素含量为 30％的配方：

$30\% = N11.5 : P_2O_5 8 : K_2O 10.5 = 1 : 0.7 : 0.9$

原料及养分含量（千克/吨产品）：

硫酸铵 100　$N = 100 \times 21\% = 21$　$S = 100 \times 24.2\% = 24.2$

尿素 183　$N = 183 \times 46\% = 84.18$

磷酸一铵 68　$P_2O_5 = 68 \times 51\% = 34.68$

　　　　　　$N = 68 \times 11\% = 7.48$

过磷酸钙 250　$P_2O_5 = 250 \times 16\% = 40$

　　　　　　$CaO = 250 \times 24\% = 60$

　　　　　　$S = 250 \times 13.9\% = 34.75$

钙镁磷肥 25　$P_2O_5 = 25 \times 18\% = 4.5$

　　　　　　$CaO = 25 \times 45\% = 11.25$

　　　　　　$MgO = 25 \times 12\% = 3$

　　　　　　$SiO_2 = 25 \times 20\% = 5$

氯化钾 175　$K_2O = 175 \times 60\% = 105$

　　　　　　$Cl = 175 \times 47.56\% = 83.23$

硼砂 10　$B = 10 \times 11\% = 1.1$

氨基酸螯合锌、铁、锰 15

硝基腐植酸 92　$HA = 92 \times 60\% = 55.2$

　　　　　　$N = 92 \times 2.5\% = 2.3$

硅酸盐细菌肥料 30

生物制剂 15

增效剂 12

调理剂 25

第十六节 银 杏 树

一、营养特性与需肥规律

1. 营养特性 银杏树属深根性树种，主根粗壮发达，一般深度达 1.5 米以上，主要分布在 20～60 厘米的土层内。周年中银杏树根系生长有两个高峰期：第一高峰期在 5 月上旬至 7 月上旬，根的生长量占全年根总生长量的 70%；第二个高峰期在 10 月中旬至 11 月下旬，只要土壤温度仍保持在 5℃以上，根系仍能缓慢生长。据研究，银杏树叶片中氮含量为 2.88%、磷 0.35%、钾 1.01%。在生产栽培中适当加大施肥量，尤其多施有机肥，是加强树势、优质高产的一个重要措施。

2. 需肥规律 银杏对养分的需求随树龄增大而增加，3 年生幼树每株一年所需 N、P_2O_5、K_2O 分别为 4～7 克、1～3 克、4～7 克，5 年生银杏为 21～34 克、4～10 克、31～54 克，盛果树则为 170～380 克、100～240 克、370～880 克。对氮、磷、钾的需求比例 N：P_2O_5：K_2O 分别为：3 年生幼树约 1：0.4：1；5 年生树约 1：0.3：1.5；丰产银杏 1：0.5：2。总的趋势随树龄增大对钾的需求比例迅速增加，5 年生以上的银杏对养分的需求为钾＞氮＞磷。据研究统计，12～15 年生的银杏树，钾素的吸收比例是氮素的 2～3 倍，因此，在各种生态、技术及土壤条件下都不可忽视钾肥的施用。

银杏萌芽开花期为 4 月份。据测定，在银杏树花朵、新梢和幼叶内，氮、磷、钾三元素的含量均较高，尤其是氮素的含量最高。说明该时期对氮、磷、钾等营养元素需求迫切，但此时主要是利用树体内上年储存的养分。

新梢旺长期为 4 月 20 日至 6 月底。此时期是树体发育前期，枝叶生长量大，是营养元素吸收量最多的时期，其中以氮的吸收量为最多，其次为钾，而磷最少。

果实采收至落叶期为 9 月中旬至 11 月中旬。此时期主要是养分回流，储藏有机物质，树体仍能吸收一部分营养元素，但其吸收数量明显减少。

总的来说，银杏对营养元素的吸收从发芽前就开始，而氮的吸收高峰在 6～8 月，主要与新梢旺盛生长及种子的迅速发育密切相关。钾的吸收高峰为 7～8 月，主要与种子的迅速膨大有关。磷的吸收量较氮、钾均少，且各生长期比较均匀。

一般每生产 1 000 千克银杏，约需施用尿素 110 千克，钙、镁、磷肥 20 千克，氯化钾 60 千克。

二、营养诊断与营养失调补救措施

1. 土壤肥力指标　据有关研究，银杏园的土壤有效氮，7 月份指标（毫克/千克）：低＜78.8，适宜 78.8～115.2，高＞115.2。银杏土壤磷素营养可以土壤速效磷作为诊断形态，7 月份指标（毫克/千克）：低＜9.8，适宜 9.8～14.0，高＞14.0。银杏土壤钾素以土壤速效钾作为诊断形态，7 月份诊断指标（毫克/千克）：低＜50.1，适宜 50.1～75.0，高＞75.0。

2. 叶片分析　一般选择 5～10 株标准树（即能代表全林树木的生长状况），采集叶片 100～200 枚，确保分析结果准确可靠。银杏叶片中氮的含量一般为其干重的 2.3%～2.9%，全磷（P_2O_5）含量 0.248%～0.294%，钾（K_2O）的含量变化范围 0.65%～1.40%。据有关研究，银杏叶片氮、磷、钾营养诊断最佳诊断时期为 7 月，最佳诊断部位为伸长枝条 8 位叶。银杏叶片氮素诊断形态为全氮，诊断指标（%）：低＜1.80，适宜 1.80～2.04，高＞2.04。银杏叶片磷素诊断形态为全磷，诊断指标（%）：低＜0.265，适宜 0.265～0.329，高＞0.329。银杏叶片钾素营养诊断形态为全钾，诊断指标（%）：低＜0.818，适宜 0.818～0.958，高＞0.958。

3. 营养失调症状与防治措施

（1）缺氮　缺氮时，基部老叶发黄，新叶变小，变薄，老叶黄绿色或红紫色，落叶早，枝梢细弱，花芽少，种实小而着色浓，抗逆性下降，甚至造成早衰和死亡。补救措施：发生缺氮素症状时喷施氨基酸复合微肥 600 倍稀释液，加入 0.5%～1%尿素，每 7～8 天喷施一次，并追施适量的速效氮肥。

氮过多则表现为枝叶徒长，花芽分化不良，落花落果严重，病虫害增多，抗逆性减弱，种实品质下降，耐储性降低等。预防措施：合理施肥，控制氮肥施用量，根据树体营养需要增施其他肥料。

（2）缺磷　缺磷时，叶片变小，叶色暗绿，分枝少；严重缺磷时，叶片出现紫红色或红色斑块，叶缘出现半月形坏死，引起早期落叶，产量下降。磷过多时，引起其他叶色失调，妨碍铁和锌吸收，引起缺铁、缺锌。防治措施：合理施肥，改良土壤，加强水肥管理。在发生缺素症状时，喷施 1.5%过磷酸钙水溶液，每 7～10 天喷施一次，至症状消失。

（3）缺钾　缺钾时，银杏不能有效地利用硝酸盐，影响碳水化合物的运转，从而降低光合作用，根、枝加粗，生长缓慢，新梢细弱，叶缘发生褐色枯斑；严重缺钾时，叶片从边缘向内枯焦，向下卷曲而枯死。钾易移动，缺钾首先表现在成年叶片，然后发展到幼叶上。钾过多时，影响其他元素（如钙和镁）的吸收和利用。防治措施：增施有机肥，合理施用钾肥，控制氮肥用量，注意排水防渍。当发生缺素症状时，追施速效钾肥，喷施 1.5%硫酸钾水溶液，每 7～8 天喷施一次。

（4）缺钙　缺钙时，会削弱氮素的代谢和营养物质的运输，不利于对铵态氮的吸收，使细胞分裂受阻，叶片较小；叶脉间失绿，幼叶可完全失绿，老叶边缘失绿并坏死；严重缺钙时枝条枯死，花朵萎缩，钙过多时，由于离子间的竞争，使土壤中的铁变为不溶解状态，从而使树体发生缺铁症状。防治措施：平衡施肥，在酸性土壤施用石灰，加强水肥管理，发生缺素症状时喷施氨基酸钙 1 000 倍水溶液，每 5～7 天喷一次。

（5）缺镁　缺镁顶梢叶片薄小，淡绿，叶缘黄化；严重时叶脉黄化，叶片变成黄褐色，叶基部和中部暗褐而坏死。补救措施：平衡施肥，追施硫酸镁，每亩 10～20 千克；发生缺镁症状时，喷施 1%～2% 硫酸镁水溶液，每 7 天一次。

（6）缺硫　缺硫幼叶先失绿变黄，叶表、叶肉均发黄，最后叶基变红棕色，出现焦斑。防治措施：发生缺硫症状时追施硫黄粉，施后浇水。

（7）缺铁　缺铁先从嫩枝、幼叶开始黄化，叶脉间变灰黄或灰白；严重时幼叶及老叶均变为近白色，老叶上出现坏死褐色斑点，容易脱落，出现枯梢、枯枝。防治措施：改良土壤，合理施肥。发生缺铁症状时，喷施氨基酸复合微肥 600～800 倍稀释液，加入 0.5% 硫酸亚铁，每 10～15 天喷一次。

（8）缺硼　缺硼使根、茎生长点枯萎，叶片变色或畸形；缺硼先从老叶尖端变红，向内弯曲，新叶小而萎缩；严重缺硼时，根和新梢生长点易枯死，根系生长变弱，使花芽分化不良，受精不正常，落果严重，坐果率低。防治措施：合理施肥，增施有机肥，在发生缺硼症状时，喷施氨基酸复合微肥 800 倍稀释液，配入 0.1% 硼酸，每 7～10 天喷一次。

（9）缺锌　缺锌时，树体内的过氧化氢酶活性显著下降，细胞内氧化还原系统紊乱，生长素含量低，新梢叶片显著变小，叶脆，出现黄化斑点，严重时叶片变黄色，细而扭曲，叶缘皱缩；枝条纤细，节间变短。补救措施：合理施肥，防止磷、锌比例失调而诱发缺锌。发生缺锌症状时喷施氨基酸复合微肥 600～800 倍水溶液或 0.5% 硫酸锌水溶液，每 7～8 天喷施一次，至症状消失。

（10）缺铜　缺铜叶片失绿，有杂色斑。补救措施：喷施波尔多液或 0.2% 硫酸铜水溶液，每 7～10 天喷一次，一般需连续喷施 2～3 次。

（11）缺锰　缺锰叶脉间失绿，或呈花叶（幼叶不黄）。补救措施：喷施农海牌氨基酸复合微肥 600～800 倍稀释液，每 7～8 天喷施一次，至症状消失。

（12）缺钼　缺钼叶小，叶脆，边缘卷曲。补救措施：发生缺钼症状时，喷施 0.1%～0.2% 钼酸铵水溶液，每 7～10 天喷施一次，至症状消失。

（13）综合性缺素　叶小、薄、脆，叶缘失绿或枯死。幼叶和老叶均发黄，甚至灰白，叶片卷曲或丛生，严重时新梢枯死。补救措施：合理施肥，喷施农海牌氨基酸复合微肥 600～800 倍稀释液，每 7～10 天喷施一次。

三、安全施肥技术

1. 基肥　银杏树施基肥一般在果实采收前或采收后，一般产银杏 75～80 千克的结果树，每株施腐熟有机肥或生物有机肥 80～150 千克，复合微生物肥 1 千克，银杏专用肥 2～3 千克，初结果树和幼龄树可适当减少施肥量。施肥方法一般采用集中穴施，即在树冠滴水线内或树盘内挖 60 厘米深，直径约 50 厘米的施肥穴，一般幼树每株挖 1～2 个穴，初结果树每棵 2～4 个穴，盛果期大树每棵 4～6 个穴，施肥穴要每年轮换位置，将上述肥料混匀后再与表土拌匀填入穴内，然后浇水。也可采用环状沟、条状沟、放射状沟施肥。条状沟是在树冠外围两侧（东西或南北方向）各挖一条施肥沟，深、宽各 40 厘米，沟的长度依树冠大小而定，条状沟的方向可隔年轮换。环状沟放射施是在树冠投影外侧挖深 20 厘米、宽 40 厘米的环状沟，施肥后覆土，这种施肥方法适用于幼树。

2. 追肥　采叶园一年追肥 3 次。第一次在发芽前 10 天左右，为长叶肥，每亩施银杏专用肥 40～50 千克或尿素 50 千克；第二次在 5 月中旬新梢生长高峰前，施肥量与第一次相同；第三次在 8 月上旬，每亩施银杏专用肥 50 千克或氮磷钾含量 45％的复合肥 50 千克。施肥方法：在树的行间挖 5 厘米深的条沟，将肥施入沟内，然后覆土、浇水。

结果前幼树一年追 2 次肥。第一次在 5 月中旬，每亩施银杏专用肥 20～50 千克或尿素 20～50 千克；第二次在 8 月下旬至 9 月上旬，施肥量与第一次相同。

结果银杏树每年追肥 4 次。第一次在发芽前 10 天左右，为长叶肥，每亩施银杏专用肥 30～50 千克或尿素 30～50 千克、每棵施专用肥 1～2.5 千克、腐熟人粪尿 100 千克左右；第二次在 5 月上中旬，新梢生长高峰前 7 天左右，每亩施银杏专用肥 80～100 千克或尿素 30～50 千克＋过磷酸钙 40～50 千克＋氯化钾 15～25 千克、每棵施专用肥 2.5～5 千克；第三次在 7 月下旬至 8 月上旬，每亩施银杏专用肥 30～40 千克或 45％氮磷钾复合肥 30～45 千克、每棵施专用肥 1～3 千克；第四次在 9 月上旬，每亩施银杏专用肥 35～45 千克或 45％氮磷钾复合肥 35～45 千克、每棵用专用肥 1～3 千克。

幼树的施肥方法是将肥料撒于树盘，然后进行浅中耕、浇水；结果树追肥是从树冠外沿内至树冠 1/2 的范围内，开多条放射沟，沟深 10～15 厘米，施肥后覆土整平，然后浇水。

3. 叶面喷肥　在展叶后至落叶前 20 天左右均可喷施农海牌氨基酸复合微肥，并在农海牌氨基酸复合微肥 600 倍的稀释液中加入 0.3％磷酸二氢钾，每 10～15 天喷施一次，对增强树势、防止早衰、提高产量和品质有较好的作用。也可适时适量喷施尿素、磷肥、钾肥、微量元素肥料。

四、专用肥配方

氮、磷、钾三大元素含量为 35％的配方：

35％＝N12：P_2O_5 9：K_2O 14＝1：0.75：1.17

原料用量与养分含量（千克/吨产品）：

硫酸铵 100　　N＝100×21％＝21　　S＝100×24.2％＝24.2

尿素 155　N＝155×46％＝71.3

磷酸二铵 148　　P_2O_5＝148×45％＝66.6

　　　　　　　　N＝148×17％＝25.16

过磷酸钙 130　　P_2O_5＝130×16％＝20.8

　　　　　　　　CaO＝130×24％＝31.2

　　　　　　　　S＝130×13.9％＝18.07

钙镁磷肥 13　　P_2O_5＝13×18％＝2.34

　　　　　　　CaO＝13×45％＝5.85

　　　　　　　MgO＝13×12％＝1.56

　　　　　　　SiO_2＝13×20％＝2.6

氯化钾 233　　K_2O＝233×60％＝139.80

　　　　　　　Cl＝233×47.56％＝110.81

硼砂 15　　B＝15×11％＝1.65

氨基酸螯合锌、锰、铁、钙 25

硝基腐植酸 100　　HA＝100×60％＝60

　　　　　　　　　N＝100×2.5％＝2.5

氨基酸 29

生物制剂 20

增效剂 12

调理剂 20

第十七节　柑　橘　树

一、营养特性与需肥规律

1. 营养特性　柑橘、橙和柚统称为柑橘类果树，为多年生常绿果树，生理活动周年不停。整个生长周期可分为幼龄树、成年树和老年树 3 个阶段。一年中又可分为抽梢期、花芽期、幼果期、果实成熟期。主要生长器官的生长特性如下：

根是吸收养分的主要器官，并有固定树体的作用。培养深、广、密的根群，是柑橘丰产的重要基础。根与树冠的生长发育有上下对称的现象，一般树冠高的根系较深，根系的分布广度、深度与品种、砧木、繁殖方法、土壤条件等有密切的关系，根在一年中有几次生长高峰，与枝梢生长高峰成相反消长。

柑橘树的芽是复芽，没有顶芽，只有侧芽生长在叶腋中，在营养充足时，可萌发 2～6 个芽，一年能发芽多次。芽的形成与枝条内部营养状况和外界环境条件有密切的关系，早春温度低，养分不足，春梢基部的芽不充实，往往成为隐芽；夏季高温多湿，营养生长旺盛，枝粗叶大，也往往形成不充实的芽。立秋前后，我国南方地区，气候温和，雨量适中，枝梢健壮，形成的芽也健壮充实。晚秋和冬季气温下降，气候干旱，所发的芽也不够充实，徒耗养分。

柑橘树一般有明显的主干，是根、冠养分输送的交通要道，粗大的主干可以形成丰产的树冠。柑橘的枝梢又分为花枝和营养枝，这两种枝梢往往转化交替生长，其比例失掉平衡就会出现大小年结果现象。根据生长时期不同，可分为春梢、夏梢、秋梢和冬梢，由于气候条件不同，枝梢的生长结果习性也不同，因此，根据不同种类、品种的特性和土壤地势条件来采取合理的整形修剪，培育丰产树冠，是夺取丰产的重要措施。一般来说，春梢是良好的结果枝和营养枝，幼龄树可充分利用夏梢加速形成树冠，而结果树的夏梢要加以控制，秋梢是优良的结果母枝，而冬梢影响正常花芽分化，要加以控制和修剪。

树叶是进行光合作用制造养分和贮藏养分的重要器官，有40％的氮素营养贮藏在叶片中。叶片表面，特别是背面有很多气孔，是呼吸、蒸腾的通道，营养物质也可以通过气孔和叶表皮细胞进入树体，可采用叶面喷施氮、磷、钾及其他中、微量元素营养液作为根外追肥。

柑橘树一般自花授粉结果，但沙田柚自花不易结实，异花授粉可明显提高产量。果实生长发育时间长，其发育阶段分为：①幼果期，从花谢后至落果基本结束为至；②果实膨大期，从生理落果基本停止后开始至果实开始着色为止；③果实着色成熟期，从果实开始着色至橙红色完全成熟为止。

2. 需肥规律 柑橘树生长发育需要碳、氢、氧、氮、磷、钾、钙、镁、硫和多种微量营养元素。除碳、氢、氧来源于空气和水以外，其余营养绝大部分依靠土壤供应。分析柑橘树的叶片，氮、磷、钾、钙、镁、硫 6 种元素可占叶片干物重的 $0.2\%\sim4.0\%$。每生产 1 000 千克果实，需要氮（N）$1.18\sim1.85$ 千克、磷（P_2O_5）$0.17\sim0.27$ 千克、钾（K_2O）$1.70\sim2.61$ 千克、钙（Ca）$0.36\sim1.04$ 千克、镁（MgO）$0.17\sim1.19$ 千克。硼、锌、锰、铁、铜、钼等微量元素的含量约为 $10\sim100$ 毫克/千克。无论大量元素还是微量元素，在柑橘树新陈代谢过程中，都有其特殊的功能，相互不可代替。如果其中某些营养元素过多或过少，都会引起营养失调，从而容易出现各种生理性的营养障碍。柑橘树施肥的目的就是调节树体内各种营养的平衡，使营养生长和开花结果相协调，既要培育健壮的树体，又要达到优质、高产的目的。树的根系吸收养分除供果实外，还有大量积累在树体中，其数量约为果实吸收总量的 $40\%\sim70\%$。柑橘树对氮、磷、钾的吸收，随物候期不同而变化。新梢对氮、磷、钾三要素的吸收，由春季开始迅速增长，夏季达高峰，入秋后开始下降，入冬后氮、磷的吸收基本停止，接着钾的吸收也停止。果实对磷的吸收，从仲夏逐渐增加，至夏末达高峰，以后趋于平稳；氮、钾的吸收从仲夏开始增加，秋季出现最高峰。

柑橘树在一个生长周期中需肥量较大，我国南方大部分柑橘园种植在丘陵、坝地、河滩以及部分水田，土壤多呈强酸性，土壤养分容易缺乏，土壤氮、磷、钾养分供应不足状况非常普遍，中、微量营养元素普遍缺乏，加上在不同时期生长阶段和生长时期对养分种类和数量的需求不同，需要通过施肥进行补充土壤中养分不足。

二、营养元素与营养失调防治

1. 土壤有效养分含量的适宜范围　采集分析用的土壤样品必须具有代表性，要严格把好采样关，才能保证分析结果的准确性，准确反映柑橘园土壤养分状况。在土壤肥力条件均匀的柑橘园采集土壤样品，可用对角线方式布点，在每一采样点的树冠滴水线附近挖土坑或用土钻采样。土壤条件不一致的柑橘园采集土壤样品时，应分段布点采样。山坡地柑橘园，上、中、下各部位土壤质地和肥力水平存在一定的差异，采样应按等高地（或等高线）布置采样点。采集土样的位置必须在非施肥区，采土深度视柑橘根系分布状况而定，一般在 0～40 厘米或 0～60 厘米土层。将采集到的各点土样混合均匀，过多部分土样采用四分法去除，每个土样留样品约 500 克。样品装入清洁的塑料袋内，供土壤分析用。

我国柑橘分布的主要地区以红壤为主，还有黄壤、赤红壤、砖红壤、石灰土、紫色土、潮土等，这些土壤大多偏酸性。一般认为柑橘对土壤酸碱性适应范围较广，但最适宜柑橘生长的 pH 值为 5.5～6.5。

土壤中氮、磷、钾的含量是决定柑橘产量和品质的重要因素。丰产、稳产的柑橘不仅需要较多氮、钾供应，而且需要较高的氮、钾比例。柑橘园土壤养分的丰缺状况可作为施肥的参考（表 10-25）。

表 10-25　柑橘园土壤有效养分含量的适宜范围

营养元素		缺乏（毫克/千克）	适宜范围（毫克/千克）	过量（毫克/千克）
大量元素	有效氮	<150	150～200	>200
	有效磷	<80	80～120	>120
	有效钾	<150	150～450	>450

（续）

营养元素		缺乏 （毫克/千克）	适宜范围 （毫克/千克）	过量 （毫克/千克）
中量元素	有效钙	＜400	400～1 000	＞1 000
	有效镁	＜150	150～300	＞300
	有效硫	＜12	12～24	＞24
微量元素	有效锌	＜6	6～8	＞8
	有效硼	＜0.5	0.5～1.0	＞1.0
	有效钼	＜0.15	0.15～0.30	＞0.30
	有效铜	＜3	3～8	＞8
	有效铁	＜80	80～500	＞500
	有效锰	＜100	100～300	＞300

引自庄伊美、俞立达、ASI 等。

2. 叶片分析 叶片分析能较准确地反映树体养分丰缺状况。通常广泛应用叶片分析临界值法，即依叶片各元素分析值对照已建立的诊断标准，作为评估植株营养状况及确定合理施肥方案的依据。

近年来，笔者采用正常生产性果园的调查研究，陆续确定了许多品种的营养诊断标准值，在指导施肥实践上发挥了重要作用，并收到明显效益。此种研究方法是对各地区的同一品种进行广泛采叶分析，以连年表现丰产优质的果园为对象，通过多年、多点、多株采样检测，并对所得数值进行综合分析、处理（包括排除潜在营养失调以及考虑产量、品质、树势等因素），以确定其适宜指标。这种指标较为实用，经营养诊断实践证明，适合于指导合理施肥，其分析结果比对表见表 10-26。

表 10-26 柑橘发病园与健园叶片分析结果比较

果园类型	园号	N （%）	P （%）	K （%）	Ca （%）	Mg （%）	Zn （毫克/千克）	Cu （毫克/千克）	Mn （毫克/千克）	Fe （毫克/千克）	B （毫克/千克）
健园	1	3.22	0.14	0.96	3.01	0.31	20.0	17.2	62.8	107	35
	2	3.18	0.15	1.04	2.64	0.31	28.4	17.0	49.5	107	60
	3	3.28	0.15	1.04	2.46	0.29	20.6	13.5	39.3	102	51

（续）

果园类型	园号	N (%)	P (%)	K (%)	Ca (%)	Mg (%)	Zn (毫克/千克)	Cu (毫克/千克)	Mn (毫克/千克)	Fe (毫克/千克)	B (毫克/千克)
病园	1	3.18	0.15	1.08	2.38	0.24	27.5	40.7	130.2	127	258
	2	3.31	0.15	1.66	2.72	0.31	23.0	26.7	53.0	70	143
	3	3.20	0.14	1.19	2.32	0.22	21.6	35.2	63.1	73	110
适宜标准		2.7~3.3	0.12~0.15	1.0~1.8	2.3~2.7	0.25~0.38	20~50	4~16	20~150	50~140	20~60

3. 营养元素与营养失调的防治

（1）氮　柑橘树体内的氮，以叶片的分配比例最高，约占35%~40%，枝干次之，为26%~28%，根和果实中最低，大致在10%~23%。叶片中含氮量对产量和品质有明显的影响。亩产3 000千克以上温州蜜橘，叶片含氮量27~31克/千克；亩产1 500千克以下，叶片含氮量只有15.8~22.3克/千克。如果叶片中氮素供应不足，叶片含氮量低，新梢短小细弱，叶片小，叶绿素少，呈黄绿色，干径增长量小，产量低，果实含酸量高，含糖量低，着色也较差；含氮量过高，干径增长量也减少，果皮增厚，产量降低。同时，氮过多时，树体内形成大量赤霉素，抑制乙烯生成，从而使花芽形成受阻，导致产量降低。此外，温州蜜柑的浮皮果也因施氮过多而加重，特别是在果实发育后期尤为明显。分析柑橘叶片含氮量，可以判断氮素营养供应状况。叶片含氮的适宜量，温州蜜橘为25~30克/千克，柑28~32克/千克，甜橙25~30克/千克。

防治措施：平衡施肥，控制氮肥用量，掌握适宜施用时期，以防氮素过剩。发生缺氮症状喷施1%~2%尿素或追施其他速效氮肥。

（2）磷　树体内的磷，以花、种子及新梢、新根的生长点等器官含量高，枝干部分含量低。在不同生育期，因其生长中心不同，器官中的含磷量也有变化。开花期以花中含磷量最高，谢花、幼果期以新抽生的嫩叶最多，果实形成并开始膨大以后，则以果实和新叶为多。在柑橘生长过程中，如果磷素供应不足，会导致新梢和根系生长不良，花芽分化少，果实汁少味酸；如果磷素供应充足，枝条生长充实，根系生长良好，花芽形成多。果皮薄而光滑，色泽鲜艳，风味甜，品质好，不仅可以提早成熟，也较耐贮藏。如果磷素供应过多，由于元素间的拮抗作用会使柑橘表现缺铁、锌或铜。磷在柑橘体内的分配和氮类似，分析柑橘叶片含磷量可以判断磷素的供应状况。叶片含磷的适宜量，温州蜜橘为 1～2 克/千克，柑橘 1.2～1.8 克/千克，甜橙 1.2～1.8 克/千克。

防治措施：改土培肥，增施有机肥，解磷菌肥。在发生缺磷症状时，喷施 0.5%～1% 磷酸二氢钾，每 7 天喷一次，连续喷施 2～3 次。

(3) 钾　柑橘树体中含钾量远比磷高，叶片含钾 10 克/千克，果实 2 克/千克，干、枝、根 3～4 克/千克。钾可增强光合作用，并促进光合产物的运输，因而能提高产量、改善品质。缺钾的柑橘树，生长受到严重抑制，尤其在果实膨大期缺钾，会加重果实发育不良，果小，产量低，贮藏后味淡，且易腐烂。如果施钾过量，柑橘吸收过多的钾，则会抑制柑橘对钙、镁的吸收，使果汁少，酸度高，糖酸比低，特别是高钾能促进氨基酸形成蛋白质，使腐胺形成减少，因而有腐胺控制的果皮增厚。分析柑橘叶片含钾量可以判断柑橘钾素供应状况，叶片适宜的含钾量，温州蜜橘为 10～16 克/千克，椪柑 7.1～18 克/千克，甜橙 12～17 克/千克。

防治措施：合理施肥，控制氮肥用量。在发生缺钾症状时，喷施 0.5%～1% 硫酸钾水溶液，每 7 天喷施一次，连续喷施 2～3 次。

(4) 钙　在柑橘树体内，不同器官含钙量差异悬殊。以温州蜜柑为例，果实含钙为 0.1%，枝干和根含钙 1%，叶片含钙高达 3% 以上，老叶含钙量比新叶高。增施钙肥能促进柑橘生长，提高产量和改善品质。柑橘缺钙时，表现叶片边缘褪绿，并逐渐扩大至叶脉间，叶黄区域会发生枯腐的小斑点，枝梢从顶端向下死亡，果小、畸形，果肉的汁胞皱缩。一般情况下土壤全钙（CaO）含量大于 3%，每 100 克土壤中代换态钙（Ca）含量为 3 厘摩尔以上时，柑橘即不致缺钙。

防治措施：改良土壤，干旱缺水时及时灌水。在发生缺钙症时，喷施 0.5%～1% 硝酸钙或氨基酸钙 1 000～1 500 倍水溶液，每 7～8 天喷施一次，一般喷 2～3 次。

（5）镁　在柑橘树体内，叶片和枝梢中的镁含量高于其他部分，果实成熟时，种子内镁含量增多。温暖湿润地区由于镁容易被淋溶，表土中的镁往往向下层土壤移动，造成柑橘缺镁。柑橘缺镁，成熟叶片常自叶片中部以上部位开始，在与叶脉平行的部位褪绿，然后逐渐扩展，但叶片基部往往还保持绿色。缺镁严重时会造成落叶、枯梢、果实味淡，果肉的颜色也较淡。土壤养分供镁不足，果实中可溶性固形物、柠檬酸、维生素 C 降低，甜橙的果肉及果皮呈灰白色，不耐贮运。通常无核的哈姆林甜橙不易缺镁，有核菠萝甜橙易缺镁，这是因为种子需要较多的磷酸镁。

防治措施：平衡施肥，在发生缺镁症状时，追施镁石灰每亩 50～70 千克，同时喷施 1%～2% 硫酸镁水溶液，每 7 天喷施一次，连续喷施 2～3 次。

（6）硫　柑橘缺硫出现类似缺氮的症状，叶片淡绿色，新生叶发黄，开花和结果减少，成熟期延迟。

防治措施：追施硫肥，施后浇水。

（7）硼　我国南方柑橘园较普遍存在缺硼的问题。柑橘缺硼，新梢叶柄有水渍状小斑点，呈半透明状，枝梢丛生并伴有枯梢现象，落花落果严重，成熟果畸形，果实中有胶状物。各地进行的柑橘喷硼或基施硼肥试验均有明显的增产效果。柑橘树喷施硼肥后，叶片光合强度提高，干物质增加。但叶中含糖量普遍降低，不论是全糖、双糖、单糖都比对照低，这表明喷硼能加速糖分在树体内的运转，保证根系及果实等器官生长发育，因而坐果率、产量均增加，而且果型端正、色泽鲜艳而光亮，果皮薄，果汁及可食部分增加。施硼降低幼果果柄离层纤维素酶活性，使离层不易形成，因而可明显减少落花落果。

防治措施：追施硼砂，小树每株施 20～30 克，大树每株施 100～200 克，也可喷 0.1％～0.2％硼酸水溶液，每 7～10 天喷一次，连续喷施 2～3 次。

（8）锌　柑橘叶片含锌量 20 毫克/千克以下时，新叶的叶脉间出现黄色斑点，并逐渐形成肋骨状鲜明的黄色斑块。严重缺乏时，新生叶变小，缺锌时细胞生长、分化受到抑制，上部枝梢节间缩短，叶呈丛生状，果实也变小。缺锌的柑橘叶肉细胞的细胞质稀少，叶绿体受到破坏。叶绿体中含有淀粉粒，细胞核的结构无明显的变化。土壤中有效锌含量低于 1.5 毫克/千克（酸性土用 0.1 摩尔/升 HCl 提取）或 0.5 毫克/千克（石灰性土用 DT-PA 提取），柑橘会有缺锌的可能。

防治措施：在发生缺锌症状时，喷施 0.3％～0.5％硫酸锌水溶液或农海牌氨基酸复合微肥 600～800 倍水溶液，每 7～8 天喷施一次，一般连续喷 2～3 次。

（9）铁　在滨海盐渍土和石灰性土壤上种植的橘树，缺铁情况十分普遍，其典型症状是幼嫩新梢叶发黄，但叶脉仍然保持绿色，严重时叶呈黄色或白色，尤以秋梢或晚秋梢更为明显。我国柑橘分布的主要地区有效铁含量一般均在 9 毫克/千克以上。

防治措施：在发生缺铁症状时，喷 0.5％硫酸亚铁或氨基酸螯合铁 1 000～1 500 倍水溶液，每 7～10 天喷一次，至症状消失。

（10）钼　缺钼时树体内硝态氮会大量累积而产生危害。柑橘缺钼时，新枝的下部叶或中部叶的叶面出现圆形和椭圆形橙黄色斑点，叶背面斑点显棕褐色，有胶状物溢出，叶片向内侧弯曲形成杯状。严重时叶片变薄，斑点变成黑褐色，叶缘枯焦。我国南方红壤、紫色土以及潮土上的柑橘园有效钼的含量一般低于缺钼临界值（0.15～0.2毫克/千克），淋溶石灰土柑橘园的有效钼含量较高，平均为0.17±0.10毫克/千克，处于缺钼临界值的附近。

防治措施：喷施0.1%～0.2%钼酸铵水溶液，每7～8天喷施一次，一般喷施2～3次。

三、安全施肥技术

1. 幼年树施肥　幼年树根浅且少，幼嫩、耐肥力弱，其栽培目的是促进枝梢速生快长，迅速扩大树冠骨架，培育健壮枝条，为早结、丰产打下基础。因此柑橘幼年树施肥应施足有机肥以培肥土壤，化肥做到勤施、薄施，防止一次施肥过量造成肥害和浪费，肥料以氮肥为主，配合施用磷钾肥。氮肥着重攻春、夏、秋三次枝梢，特别是5～6月攻夏梢和7～8月促秋梢。夏梢生长快而肥壮，对幼树扩大树冠起到很大作用。一般全年施肥8～10次，于每次新梢抽生前后15天左右各施一次肥；发梢前施肥促发新梢，发梢后施肥促进新叶转色和枝梢生长壮实。9月份以后停止施用化学肥料，防止抽发晚秋梢，有机肥料可在春梢萌发前施用。

根据各地试验，一般1～3年生幼年树全年施肥量，平均每株可施用有机肥料15～30千克、尿素0.7～0.8千克＋过磷酸钙0.7～1.3千克＋氯化钾0.3～0.4千克，或40%专用肥1.5～2.0千克。随着树龄增加，树冠不断扩大，对养分的需求不断增加，因此幼年树施肥应坚持从少到多，逐年提高的原则。

幼年果园株行间空地较多，为了改良土壤，增加土壤有机质，提高土壤肥力，改善果园小气候，防除杂草，应在冬季和夏季种植各种豆科绿肥，深翻入土，这是一种有效的改土措施。绿肥深翻入土时可混合石灰，亩用量 50～80 千克。

2. 结果树施肥　柑橘进入结果期后，其栽培目的主要是不断扩大树冠，同时获得果实丰产和优质，施肥的目的是调节营养生长和生殖生长达到相对平衡。这种相对平衡维持时间越久，则盛果期越长。为了达到此目的，必须按照柑橘的生育特点及吸肥规律采用合理施肥技术，有机无机肥料配合施用。果园大量施用有机肥，可改良土壤物理特性，提高土壤肥力，改善土壤深层结构，有利根系生长，不易出现缺素症。植株生长的旺盛季节对营养的要求高，追施化肥能及时供给植株需要的养分，保证柑橘正常生长发育。

成年柑橘树一般年施肥 3～5 次，亩产 2 500～3 000 千克一般年每株施有机肥料 40～60 千克、复合微生物肥 1 千克、尿素 1.4～2.0 千克＋过磷酸钙 2～3 千克＋氯化钾 0.9～1.2 千克，或 40％专用肥 3.8～4.2 千克。

（1）基肥　为恢复树势，促进花芽分化，充实结果母枝，为来年结果打下基础，采果后必须施肥。一般每株施有机肥 40～50 千克，复合微生物肥 1.5 千克，再配入专用肥 1～1.5 千克或 45％三元复混肥 1～1.5 千克。

（2）追肥　发芽肥用于促梢、壮花，延迟和减少老叶脱落。春梢质量好坏既影响当年产量，又影响翌年产量，发芽期追肥是柑橘施肥的一个重要时期。为了确保花质良好，春梢质量最佳，必须以速效化肥为主，配合施用有机肥。一般在 1 月春梢萌芽前 15～20 天施入，施氮量约占全年的 30％。每株可施有机肥 15～25 千克、复合微生物肥 0.5 千克、尿素 0.4～0.6 千克＋过磷酸钙 1 千克＋氯化钾 0.25～0.35 千克，或 40％专用肥 1～1.3 千克。

稳果肥有利于果实发育和种子形成，特别对开花多的树和老树效果尤为显著。在花谢后（3 月份）以钾、磷肥为主，配合一定量的氮肥、镁肥。这次施肥量宜少，一般占全年氮肥用量的10％。若树势弱，结果多，则可多施；结果少，树势旺可补施。每株施用尿素 0.1～0.2 千克＋过磷酸钙 1 千克＋氯化钾 0.1 千克＋硫酸镁 0.2～0.4 千克，或 40％专用肥 0.4 千克。为了保果，可叶面喷施 0.1％尿素＋0.2％磷酸二氢钾＋氨基酸复合微肥 600～800 倍稀释液，每 10～15 天喷一次，喷 2～3 次能取得良好的效果。

壮果肥是柑橘施肥的又一重要时期，有利于果实膨大和促发早秋梢。施肥以速效氮、钾肥为主，多在 7 月中旬左右施用，施氮量占全年的 40％。每株可施尿素 0.6～0.8 千克＋氯化钾 0.4～0.5 千克，或 40％专用肥 1.5～1.7 千克。

采果肥的作用是恢复树势，提高抗寒力，保叶过冬，促进花芽分化。时间一般为 10 月下旬至 12 月上旬，以有机肥为主，氮、磷、钾肥配合施用，施氮量占全年的 20％。每株施有机肥 15～25 千克、复合微生物肥 0.5 千克，另配施尿素 0.2～0.4 千克＋过磷酸钙 1 千克＋氯化钾 0.2 千克，或 40％专用肥 0.7～0.8 千克。

3. 施肥方法　在树冠两侧滴水线处开浅沟穴（深约 10 厘米），肥料均匀施在沟穴内后覆土，以后施肥的位置依次轮换。幼年树挖环状沟施肥，成年结果树多挖条状沟施肥，梯地台面窄的果园挖放射状沟施肥。

施肥需根据具体条件具体掌握，雨前或大雨时不宜施肥，雨后初晴应抢时间施肥；雨季肥料干施，旱季随灌水施肥或施肥后随即灌水。沙性土壤保肥保水能力差，应勤施、薄施、浅施；质地黏重的土壤可重施肥、深浅结合，并保持土壤表层疏松；红壤山地应深施，采用条施或沟施的方法，既可改良土壤，又可引根系向深层发育，有利于抗旱和抗寒。在柑橘发根盛期（一般 6～7 月）结合促进根系发育可浅施淡肥，如果此时深施浓肥反而会引起新根截断过多和烧伤新根。

叶面喷施在植株出现中量、微量元素（镁、硫、硼、锰、锌等）缺乏症状时进行。一般把肥料溶解在水里，配成低浓度液肥，用喷雾器喷到叶片上，一般喷后15分钟至2小时即被可吸收利用。养分通过叶片背面气孔进入树体内，吸收快，增产效果良好。常用肥料的浓度：硼酸0.05%～0.2%，硼砂0.05%～0.2%，硫酸锌0.05%～0.2%，硫酸锰0.05%～0.2%，硫酸镁0.1%～0.2%。

一般来说，开花期喷0.1%硼酸或硼砂＋0.3%～0.4%尿素混合液，可促进开花坐果。谢花后春梢叶片转绿时，喷施0.4%尿素＋0.2%～0.3%磷酸二氢钾，可减少幼果脱落，提高坐果率。在幼果膨大期喷施0.3%尿素＋0.5%～1%硫酸钾或硝酸钾，可促进果实增长，喷施2%石灰水可减轻果实日灼病和增加钙素。采前1～2个月喷1%～2%过磷酸钙浸出液2～3次，15～20天一次，可略增果实含糖量，降低柠檬酸含量，改善果实品质；冬季喷施0.3%～0.5%磷酸二氢钾，可促进花芽形成，增加花数。幼年树各次抽梢后，可喷施0.3%尿素，促进枝条生长充实，提早结果。实践证明，在进行根外追肥的同时，结合喷施生长素，可取得更好的保花保果和果实生长的良好效果。必须注意的是，根外追肥和喷生长素应掌握适宜的浓度和用量，过浓、过多都会引起肥（药）害或其他副作用，过低、过少效果不好。

叶面喷施一般以喷湿叶面开始下滴水珠为度。生长素一般喷施2～3天即起作用，5～6天效果即达高峰，喷施后可维持15～20天，一般15～20天喷一次，连续不宜超过3次，过多易产生药害。喷施后下雨，效果差或无效，应补喷。无风雨晴天或阴天喷施效果好，夏天12～16时不宜喷施，因气温高，易产生药害。

4. 主要微量元素缺素症发生原因及矫治

（1）缺硼　柑橘缺硼常出现在酸性土、碱性土、低硼土、有机质含量低、施用石灰过量的土壤，干旱的气候条件也易引起缺硼。缺硼矫治：喷施 0.1%～0.2%硼酸或硼砂，可矫治柑橘缺硼症。花期喷硼是关键时期，一般 7～10 天一次，1～2 次即可取得良好效果。

（2）缺锌　柑橘最普遍的营养失调是缺锌，仅次于缺氮。缺锌广泛发生在酸性土、轻沙土，施肥导致含磷量高，氮肥、土壤水分、过量的钾钙和其他元素不平衡，都引起缺锌。缺锌矫治：新梢萌发喷施锌肥能取得较好的效果。3 月下旬、7 月下旬，叶面喷施 0.2%硫酸锌＋0.2%尿素；4～6 月根系生长旺盛时期，每株树施 0.1 千克硫酸锌与猪牛粪拌匀进行土壤施肥，矫治效果较好。

（3）缺锰　一般酸性土和碱性土均发生缺锰。酸性土缺锰是由于淋溶损失，碱性土缺锰因为锰可溶性非常低。缺锰矫治：5～8 月喷 0.2%～0.3%硫酸锰溶液，即可矫治。

（4）缺铁　石灰性土壤、土壤水分过多和不透气、碳酸氢根离子含量高、营养元素不平衡（磷、钙、锰、锌、铜）、其他重金属和土壤低温、品种和砧木对铁的敏感有差异，特别是枳砧对铁非常敏感，都是缺铁的原因。缺铁矫治：石灰性土壤缺铁难于矫治，柑橘缺铁喷 0.05%～0.2%柠檬酸铁或硫酸亚铁，有局部效果。根系挂瓶吸铁法是当前防治柑橘缺铁的有效方法，掌握浓度 0.5%柠檬酸＋15%硫酸亚铁，5～7 月挂瓶效果均好。多施有机肥，亩施 1 000～1 500 千克有机肥，并按每株施硫酸亚铁 1～1.5 千克与有机肥混合条施，也可取得良好效果。

四、专用肥配方

配方 I

氮、磷、钾三大元素含量为 30%的配方：

$30\% = N10 : P_2O_5 \quad 6 : K_2O 14 = 1 : 0.6 : 1.4$

原料用量与养分含量（千克/吨产品）：

硫酸铵 100　$N = 100 \times 21\% = 21$　$S = 100 \times 24.2\% = 24.2$

尿素 160 　　　　　$N=160×46\%=73.6$

磷酸一铵 58 　　　$P_2O_5=58×51\%=29.58$

　　　　　　　　　$N=58×11\%=6.38$

过磷酸钙 190 　　$P_2O_5=190×16\%=30.4$

　　　　　　　　　$CaO=190×24\%=45.6$

　　　　　　　　　$S=190×13.9\%=26.41$

钙镁磷肥 10 　　　$P_2O_5=10×18\%=1.8$

　　　　　　　　　$CaO=10×45\%=4.5$

　　　　　　　　　$MgO=10×12\%=1.2$

　　　　　　　　　$SiO_2=10×20\%=2$

硫酸钾 280 　　　$K_2O=280×50\%=140$

　　　　　　　　　$S=280×18.44\%=51.63$

钼酸铵 0.5 　　　$Mo=0.5×54\%=0.27$

七水硫酸锌 20 　$Zn=20×23\%=4.6$　$S=20×11\%=2.2$

硝基腐植酸 100 　$HA=100×60\%=60$

　　　　　　　　　$N=100×2.5\%=2.5$

氨基酸 30

生物制剂 21

增效剂 10.5

调理剂 20

配方 Ⅱ

氮、磷、钾三大元素含量为 35% 的配方：

$35\%=N11:P_2O_5\ 9:K_2O\ 15=1:0.8:1.36$

原料用量与养分含量（千克/吨产品）：

硫酸铵 100 　$N=100×21\%=21$　$S=100×24.2\%=24.2$

尿素 158 　　　　$N=158×46\%=72.68$

磷酸一铵 139 　　$P_2O_5=139×51\%=70.89$

　　　　　　　　　$N=139×11\%=15.29$

氨化过磷酸钙 150 　$P_2O_5=150×16\%=24$

$CaO=150×24\%=36$

$S=150×13.9\%=20.85$

$N=150×3.5\%=5.25$

硫酸钾 300 　　$K_2O=300×50\%=150$

$S=300×18.44\%=55.32$

硼砂 15　$B=15×11\%=1.65$

氨基酸螯合锌、锰、钼、铁、铜 17

硝基腐植酸 86　　$HA=86×60\%=51.6$

$N=86×2.5\%=2.15$

生物制剂 15

增效剂 10

调理剂 10

配方Ⅲ

氮、磷、钾三大元素含量为 25% 的配方：

$25\%=N\ 9：P_2O_5\ 7：K_2O\ 9=1：0.78：1$

原料用量与养分含量（千克/吨产品）：

硫酸铵 100　$N=100×21\%=21$　$S=100×24.2\%=24.2$

尿素 130　$N=130×46\%=59.8$

磷酸一铵 68　　$P_2O_5=68×51\%=34.68$

$N=68×11\%=7.48$

钙镁磷肥 200　　$P_2O_5=200×18\%=36$

$CaO=200×45\%=90$

$MgO=200×12\%=24$

$SiO_2=200×20\%=40$

硫酸钾 180　　$K_2O=180×50\%=90$

$S=180×18.44\%=33.19$

七水硫酸锌 20　$Zn=20×23\%=4.6$　$S=20×11\%=2.2$

钼酸铵 0.5　　$Mo=0.5×54\%=0.27$

硝基腐植酸 200　$HA=200×60\%=120$

$$N = 200 \times 2.5\% = 5$$

氨基酸 39.5

生物制剂 30

增效剂 12

调理剂 20

第十八节　香　蕉　树

一、营养特性

1. 不同香蕉品种的养分吸收特性　我国香蕉生产虽然主栽区域面积没有其他水果面积分布广，但种类和品种繁多，包括香蕉、大蕉和龙牙蕉（主要有龙牙蕉和粉蕉等）三大类型的诸多品种。经过近年品种优化，香蕉生产已从过去的多个主栽品种种植发展到目前以巴西蕉为主。根据广东省农业科学院土壤肥料研究所多年研究结果，不同品种香蕉对养分的吸收比例接近，氮、磷、钾、钙、镁吸收比例为 1 :（0.08～0.09）:（3.05～3.27）:（0.55～0.61）:（0.13～0.27）。以每生产 1 吨香蕉果实计，不同品种需要吸收的氮、磷、钾养分量为矮脚遁地雷≈中把香蕉＞矮香蕉＞巴西蕉，这表明获得相等的果实产量，巴西蕉需要吸收的养分量较小，即需要的肥料量也相对较少，属于养分效率较高的品种（表 10 - 27）。

表 10 - 27　不同香蕉品种生产每吨果实养分吸收情况

品　种	吸收状况	氮（N）	磷（P）	钾（K）	钙（Ca）	镁（Mg）
中把香蕉	吸收量（千克）	5.89	0.47	18.77	—	—
	吸收比例	1	0.08	3.19	—	—
矮　脚遁地雷	吸收量（千克）	5.93	0.48	18.07	—	—
	吸收比例	1	0.08	3.05	—	—

（续）

品　种	吸收状况	氮（N）	磷（P）	钾（K）	钙（Ca）	镁（Mg）
矮香蕉	吸收量（千克）	4.84	0.45	14.9	2.97	0.62
	吸收比例	1	0.09	3.08	0.61	0.13
巴西蕉	吸收量（千克）	4.59	0.41	15.0	2.52	1.22
	吸收比例	1	0.09	3.27	0.55	0.27

2. 不同生育期香蕉叶片养分含量变化动态　巴西蕉在营养生长期叶片养分以氮含量最高，而且较为稳定，在花芽分化期至抽蕾期（即孕蕾期）含量急剧下降，抽蕾后下降趋势减缓。叶片钾含量在营养生长期一直保持上升趋势，花芽分化期至抽蕾期水平显著提高，期间与叶片氮含量有一交叉点，在抽蕾期达到最高，然后逐渐下降。在整个生育期，叶片氮、钾含量明显高于其他营养元素，并表现出明显的消长关系，而且两者在孕蕾期有交叉点，表明孕蕾期是巴西蕉营养的关键期。因此，在生产上，花芽分化期（球茎呈蒜头状）至抽蕾前是香蕉施肥的关键时期。

叶片钙、镁含量在整个生育期的变化非常相似，在营养生长期含量逐渐降低，抽蕾期降至最低，然后有所上升，与叶片钾含量的变化趋势大致相反，显示叶片钾含量与钙、镁含量之间存在着一定的拮抗作用，钙、镁含量之间则有协同的关系。在缺镁的香蕉产区，如果同时施用钾和钙、镁肥，需要注意这三种养分的平衡施用，否则某一种养分施入过多则会抑制香蕉对另外两种养分的吸收。叶片硫含量在整个生育期变化不大，成熟期稍有提高，叶片磷含量一直稳定在较低水平。

3. 不同生育期香蕉根系养分含量变化动态　巴西蕉根系养分含量在整个生育期均以钾含量最高，达到5.49%，为氮含量的2～3倍。钾含量在营养生长期最高，至花芽分化期逐渐下降，至抽蕾期明显下降至最低，然后在果实膨大期又稍有提高。根系氮含量在整个生育期变化不大，在1.4%～1.7%之间变动。根系磷含量在整个生育期十分稳定，钙含量也变化很小，而镁含量则随着根系的生长而不断提高，表现出与钾含量大致相反的变化趋势。因此，在香蕉施肥时，需要注意钾、镁之间的拮抗作用。

4. 不同生育期香蕉对养分的吸收 巴西蕉在营养生长期（18片大叶前），干物质累计占全生育期物质总量的10.7%，氮、磷、钾吸收比例为1：0.10：2.72；孕蕾期（18～28片大叶）氮、磷、钾养分吸收量占全生育期的35.4%，吸收比例为1：0.11：3.69；果实发育成熟期氮、磷、钾养分吸收量占全生育期的53.9%，吸收比例为1：0.10：3.19。16～23片大叶期间，干物质积累急剧增加。在花芽分化期（18片大叶）前后45天中，植株生长迅速，假茎显著增粗，叶片明显增大，生物产量急剧增加。

5. 香蕉养分累积总量 成熟期的巴西蕉植株养分吸收量为钾＞氮＞钙＞镁＞磷≈硫，氮、磷、钾、钙、镁、硫养分的吸收比例为1：0.09：3.27：0.55：0.27：0.09。从各养分在巴西蕉植株的累积来看，氮主要集中在果肉、叶片及假茎中；磷在果肉、果皮和叶片中含量较高；超过1/3的钾累积在假茎中，其他部位钾吸收量差别不大；钙主要分布在假茎、叶柄及叶片中；镁则在假茎、叶片、球茎及叶柄中含量较高；大部分的硫积累在叶片和果肉中。因此，假茎与叶片是巴西蕉养分最主要的累积器官。在成熟期，收获果穗（果肉、果皮及果轴）带走的养分（占全株）：氮38.6%、磷54.8%、钾33.4%、钙8.0%、镁17.8%、硫31.5%，其余大部分养分留在残株上。

对于微量元素，巴西蕉吸收养分量为锰＞铁＞锌＞硼，绝大部分铁集中在球茎和假茎，锰主要分布在叶片、叶柄和假茎中，硼在各部位的分布相对均匀，在叶片、假茎、果肉、果皮和叶柄中含量均较高，锌主要集中在假茎和球茎中。收获果穗带走的铁占全株总吸铁量的2.1%，锰16.5%，硼、锌分别占38.2%和21.2%。因此，香蕉收获后的残株尚含有大量的大、中、微量元素养分，只要是健康的香蕉残株，均应尽量就地还田以减少施肥量。

巴西蕉在亩产 4 032 千克的高产条件下，植株需要吸收的养分量为 18.50 千克氮、1.65 千克磷、60.48 千克钾、10.16 千克钙、4.92 千克镁、1.61 千克硫、140.56 克铁、195.59 克锰、15.36 克硼和 29.27 克锌，即相当于生产每吨果实的养分吸收量为 4.59 千克氮、0.41 千克磷、15.0 千克钾、2.52 千克钙、1.22 千克镁、0.40 千克硫、34.86 克铁、48.51 克锰、3.81 克硼、7.26 克锌。

二、需肥特点

香蕉是多年生常绿大型草本植物，植株高大，生长快，产量高，对肥料反应敏感，需肥量大。据报道，中等肥力水平的香蕉园每生产 1 000 千克香蕉果实约需吸收氮（N）9.5～21.5 千克、磷（P_2O_5）4.5～6 千克、钾（K_2O）21.2～22.5 千克。香蕉是典型的喜钾作物，对钙、镁的需求量也较高，氮、钙的吸收比例约为 1：0.69。氮、镁的吸收比例约为 1：0.2。

香蕉在整个生长发育过程中，孕蕾期前对氮需求量大，后期对磷、钾需求较多。香蕉是耐氯作物，施用含氯化肥不会对产量和品质产生不良影响。

三、香蕉园土壤肥力状况

根据近年来对广东省蕉园土壤养分状况的调查显示，如以第二次全国土壤普查评价标准进行评价，广东省蕉园土壤整体上有机质、有效镁含量为中下水平，有效磷、有效铁、有效锌含量丰富，有效钙含量为中上水平，速效钾、缓效钾、有效硫含量较高，有效锰含量丰富与缺乏情况均存在，有效硼含量较普遍缺乏。进一步的分析表明，广东缺钾蕉园主要集中在惠州，缺镁蕉园主要分布在茂名和阳江，缺锰蕉园主要在茂名，而阳江、肇庆、惠州、东莞、潮州和汕头地区的蕉园普遍缺硼。然而，与第二次土壤普查结果相比，由于经过多年的耕作和培肥，广东省蕉园土壤的有机质含量明显下降，有效磷和速效钾含量则大幅提高。

广东省农业科学院土壤肥料研究所对蕉农施肥情况进行了调查。珠江三角洲蕉农普遍反映香蕉施肥以氮、磷、钾肥为主，较少施用有机肥，极少施用中、微量元素肥料，而粤西产区蕉农则较多施用有机肥，化肥也常施用氮、磷、钾肥，但几乎不施用中、微量元素肥料。这与广东蕉园土壤普遍缺乏中、微量元素的现状是吻合的。因此，在香蕉测土配方施肥工作中，应该重视有机肥及中、微量元素的合理施用。

四、缺素症状与防治措施

1. 缺氮　在生产中，特别是根系生长不好及杂草竞争生长的情况下，常发生氮缺素症，叶片变成淡绿色，叶片中脉、叶柄、叶鞘带红色，叶距缩短出现"莲座状"簇顶。通常施用的氮肥有硝酸铵、硫酸铵和尿素，施肥量大约是每年每亩17千克。正常情况下，每年施氮肥3～4次，有条件的地方可结合灌水或下雨，每月追施一次较为理想。在干旱条件或发生缺素症状时，可用浓度为2%的尿素溶液进行叶面喷施，每7天左右喷施一次，连续喷施2～3次。

2. 缺磷　香蕉对磷的需求量不多，吸收最快的阶段是2～5月龄期，抽蕾后对磷的吸收约为营养生长阶段的20%。磷的供应不足常阻碍植株生长和根系发育，较老叶片边缘失绿，继而出现紫褐色斑点，最后汇合形成"锯齿状"枯斑。受影响的叶片卷曲，叶柄易折断，幼叶呈深蓝绿色。通常施用的磷肥是过磷酸钙，在种植前每亩每年用6.6千克与土壤混合施入20厘米深的沟内。在发生缺磷症状时，喷施1.5%～2%过磷酸钙水浸液，每7～8天喷施一次，至症状消失。

3. 缺钾　在一般情况，香蕉对氮、磷、钾的需求比例为 4：1：14。因此，钾是香蕉营养中的一个关键性元素。如果缺钾最普遍的症状是最老叶出现橙黄色失绿，接着很快枯死，寿命显著缩短，中脉弯曲。生长受到抑制，叶片变小，抽蕾延迟。通常施用的钾肥是硫酸钾（K_2SO_4）。贫瘠的土壤如果要使第一代果高产，每年每亩可施硫酸钾 130 千克。实践证明，在坡地蕉园，同一块地当收获 2～3 代果后，将遗留的假茎及其废弃物埋入地下，腐烂后能有效满足下一代果对钾的大量需求。在发生缺磷症状时，喷施 1%～1.5% 氯化钾水溶液，每 7～10 天喷施一次，一般连续喷施 3～4 次即可矫治。

4. 缺钙　香蕉缺钙时最初症状出现在幼叶，侧脉变粗，尤其是靠近中脉的侧脉；叶缘失绿，当这些叶斑开始衰老时，失绿向中脉扩展，呈现锯齿状叶斑，有时还会出现"穗状叶"，即一些叶片变形或几乎没有叶片。防治措施：对酸性土壤施用石灰，将 pH 值调整到 6.5，一般需施240～570 千克碳酸钙，沙质土壤少施，黏土需多施。对 pH 值超过 8.5 的香蕉园，应施用石膏，每亩 80～100 千克。土壤干旱缺水时，应及时灌水，以利根系对钙的吸收。在发生缺钙症状时，喷施 0.3%～0.5% 硝酸钙，每 5～7 天喷施一次，连续喷施 2～3 次。最好喷施 1 000～1 500 倍的氨基酸螯合钙，效果好于硝酸钙。

5. 缺镁　镁缺乏常表现在种植多年的老蕉园，叶缘中脉渐渐变黄，叶序改变，叶柄出现紫色斑点，叶鞘边缘坏死等。有效防止措施是叶面喷施 1%～2% 硫酸镁水溶液，每 7～10 天喷施一次，至症状消失。

6. 缺硫　吸收硫最快的时期是植株营养生长阶段，抽蕾后吸收速度减慢。果实生长所需要的硫主要由叶片和假茎提供，香蕉植株如果缺硫，会导致果穗很小或抽不出来，症状主要表现在幼叶上，呈黄白色。硫的补充主要是施用硫酸铵、硫酸钾和过磷酸钙，一般每亩每年定期施用含硫肥料 33 千克，就能避免硫缺。

在发生缺硫症状时，结合追肥增施含硫化肥，或叶面喷施 0.5%～1% 的含硫化肥，每 7～10 天喷施一次，一般连续喷施 2～3 次。

7. 缺锰 缺锰多呈现出第二或第三片幼叶边缘"梳齿状"失绿，通过根施或喷施，每亩每年施入 46～73 克硫酸锰，能有效减少锰缺乏症。在发生缺锰症状时，喷施氨基酸复合微肥或 0.5% 硫酸锰水溶液，每 7～10 天喷施一次，至症状消失。

8. 缺锌 蕉园中缺锌多发生在 pH 值较高或施石灰过多的土壤。常出现植株幼叶显著变小，变为披针形，叶背面有花青素显色，随着幼叶展开而逐渐消失，叶片展开后出现交错性失绿。有时果实扭曲，呈浅绿色。消除缺锌症状，通常实行根外追肥，叶片喷施 0.5% 硫酸锌见效最快。喷施含锌的氨基酸复合微肥 600～800 倍稀释液，每 5～7 天喷施一次，连续喷 2～3 次即可消除缺锌症状。

9. 缺铁 铁缺乏主要出现在石灰质土壤中，常表现为整个叶片失绿，变成黄白色，春秋季比夏季严重，干旱时更明显。叶面喷施 0.5% 硫酸亚铁溶液，每 7～8 天喷施一次，一般需连续喷施 3～4 次。

10. 缺硼 土壤缺硼常导致香蕉植株叶面积变小，叶片变形、卷曲，叶背出现特有的垂直于叶脉的条纹。种植蕉苗时每亩施 80 克硼砂，能减少症状出现。发生缺硼症状时喷施 0.2% 硼酸水溶液，每 5～7 天喷施一次，连续喷施 2～3 次即可消除缺硼症状。

五、安全施肥技术

香蕉全年约需追肥 10～15 次，一般每亩年施氮（N）20～51.4 千克、磷（P_2O_5）10～27 千克、钾（K_2O）40～86.5 千克。综合各地施肥量，平均每年每亩施氮（N）39 千克、磷（P_2O_5）15 千克、钾（K_2O）60 千克，氮、磷、钾的比例约为

1∶0.38∶1.54。如果按每亩种植香蕉 120～140 株、年产香蕉 2 000～4 000 千克计算，每年每亩需施 13 - 5 - 20 香蕉专用肥 250～400 千克，平均每株用肥 3～6 千克，或每株用有机肥 20～30 千克，尿素 0.5 千克，三元复混肥 0.5～0.7 千克＋过磷酸钙 0.5 千克＋氯化钾 1～1.5 千克。南方酸性土壤易缺镁，每亩施硫酸镁 25～30 千克。

施肥时期主要在两个阶段。

定植至花芽分化前：即在定植或留芽后开始施肥，到花芽分化前应将占全年施肥量的 65％～75％。广东、广西地区一般分 3 次施用，即 2 月、4 月和植株形成"把头"时施肥。

果实生长发育期：该阶段肥料用量约占全年施肥量的 25％～35％。广东、广西地区一般在植株果实发育时和 10 月下旬分两次施用。

新植香蕉园定植前应施足基肥，一般每株施优质有机肥 15～20 千克和香蕉专用肥 0.3～0.8 千克。多季香蕉的施肥量及施肥次数可比单季香蕉多 20％左右。施用方法多采用穴施法。

越冬蕉在 12 月至翌年 1 月间应施基肥，每亩用一定量的有机肥配合部分化肥或专用肥。宿根蕉每年应施肥 5 次，分别在 2 月中旬、4 月、6～7 月、采收后和 10 月进行，用于协调植株营养和增强植株抗逆能力。

六、专用肥配方

配方 I

氮、磷、钾三大元素含量为 38％的配方：

38％＝N 13∶P_2O_5 5∶K_2O 20＝1∶0.38∶1.54

原料用量与养分含量（千克/吨产品）：

硫酸铵 100　　N＝100×21％＝21　S＝100×24.2％＝24.2

尿素 226　　　N＝226×46％＝103.96

磷酸二铵 28　　P_2O_5＝28×45％＝12.6

N＝28×17％＝4.76

过磷酸钙 200　P$_2$O$_5$＝200×16％＝32

　　　　　　CaO＝200×24％＝48

　　　　　　S＝200×13.9％＝27.8

钙镁磷肥 30　P$_2$O$_5$＝30×18％＝5.4

　　　　　　CaO＝30×45％＝13.5

　　　　　　MgO＝30×12％＝3.6

　　　　　　SiO$_2$＝30×20％＝6

氯化钾 333　K$_2$O＝333×60％＝199.8

　　　　　　Cl＝333×47.56％＝158.37

硼砂 15　　　B＝15×11％＝1.65

氨基酸螯合钙、稀土、锌 16

生物制剂 20

增效剂 11

调理剂 21

配方Ⅱ

氮、磷、钾三大元素含量为 30％的配方：

30％＝N 8∶P$_2$O$_5$ 2∶K$_2$O 20＝1∶0.25∶2.5

原料用量与养分含量（千克/吨产品）：

硫酸铵 100　N＝100×21％＝21　S＝100×24.2％＝24.2

尿素 128　N＝128×46％＝58.88

过磷酸钙 120　　　P$_2$O$_5$＝120×16％＝19.2

　　　　　　　　CaO＝120×24％＝28.8

　　　　　　　　S＝120×13.9％＝16.68

钙镁磷肥 12　　　P$_2$O$_5$＝12×18％＝2.16

　　　　　　　　CaO＝12×45％＝5.4

　　　　　　　　MgO＝12×12％＝1.44

　　　　　　　　SiO$_2$＝12×20％＝2.4

氯化钾 333　　　K$_2$O＝333×60％＝199.8

$Cl=333×47.56\%=158.37$

硼砂 15　　　　　　$B=15×11\%=1.65$

氨基酸螯合钙、稀土、锌 14

硝基腐植酸 150　　　$HA=150×60\%=90$

$N=150×2.5\%=3.75$

氨基酸 56

生物制剂 30

增效剂 12

调理剂 30

配方Ⅲ

氮、磷、钾三大元素含量为 26% 的配方：

$26\%=N\,9：P_2O_5\,3：K_2O\,14=1：0.33：1.56$

原料用量与养分含量（千克/吨产品）：

硫酸铵 100　　$N=100×21\%=21$　　$S=100×24.2\%=24.2$

尿素 144　　　$N=144×46\%=66.24$

过磷酸钙 200　　$P_2O_5=200×16\%=32$

$CaO=200×24\%=48$

$S=200×13.9\%=27.8$

钙镁磷肥 20　　$P_2O_5=20×18\%=2.6$

$CaO=20×45\%=9$

$MgO=20×12\%=2.4$

$SiO_2=20×20\%=4$

氯化钾 233　　$K_2O=233×60\%=139.8$

$Cl=233×47.56\%=110.81$

硼砂 15　　　　　$B=15×11\%=1.65$

氨基酸螯合铁、稀土、锌 17

硝基腐植酸 211　　$HA=211×60\%=126.6$

$N=211×2.5\%=5.28$

生物制剂 20

增效剂 10
调理剂 30

第十九节　荔　枝　树

一、营养特性与需肥特点

1. 营养特性　根据荔枝目标产量制定施肥方案时，荔枝果实的养分带走量是首要考虑的指标，要根据品种的不同作出相应的调整。不同荔枝品种果实养分带走量有所不同（表 10 - 28），每吨果实带走氮量 1.35～2.29 千克，其中以桂味、淮枝和三月红最高；磷 0.28～0.90 千克，以桂味最高，其他品种差异不大；钾 2.08～2.94 千克，品种间的差异相对较小；钙和镁则以桂味带走量较高。

表 10 - 28　荔枝果实带走的养分量参考值

品　种	养分带走量（千克/吨）					
	氮（N）	磷（P$_2$O$_5$）	钾（K$_2$O）	钙（Ca）	镁（Mg）	硫（S）
三月红	1.35～1.88	0.31～0.49	2.08～2.52	—	—	—
妃子笑	1.61	0.28	2.32	0.25	0.19	0.14
淮　枝	1.76	0.28	2.32	0.25	0.19	0.14
糯米糍	1.61	0.27	2.32	0.25	0.19	0.14
桂　味	2.29	0.9	2.94	0.52	0.28	0.16

不同生长器官的养分元素含量：

（1）叶片和枝条　据有关研究，黑叶、淮枝和大造等品种的矿质营养元素含量从高到低排列顺序为氮、钙、钾、镁、磷、铁、硼、锌、铜。广东省农业科学院土壤肥料研究所对桂味荔枝叶片和枝条的分析结果表明，叶片的矿质元素含量排列顺序为氮＞钙＞钾＞镁＞磷＞硼＞锌，枝条的矿质营养排列顺序为氮＞

钾＞钙＞镁＞磷＞硼＞锌；郑立基的研究结果显示，在不同生长期养分元素的排列顺序均保持这一规律。因此，在荔枝重剪或回缩的条件下（如妃子笑每年修剪量较大），必须补充氮、钾、镁元素，以促进树体营养恢复。

（2）花序　花序的矿质营养含量均高于其他部位。广东省生态环境与土壤研究所研究结果，荔枝花序中的磷、钾含量均高于同时期的叶片，氮、磷、钾比例为1：0.11：0.56，开花所消耗养分顺序为氮＞钾＞钙＞磷＞镁，为了减少花序过度生长，减少营养消耗，防止花序过度生长对花性和坐果产生的不良影响，花期施肥必须与控花措施紧密结合。例如，妃子笑的花穗较长，消耗营养多，并且大量产生雄花，对坐果相当不利，花期氮、磷肥的施用必须谨慎，一是要防止混合花芽，二是要防止花穗过度生长。通常将施肥与花穗生长调控相结合，保证有花又有果。

开花需要较多氨基酸。澳大利亚的研究结果表明，荔枝花穗中，赖氨酸、精氨酸、蛋氨酸、天门氨酸是雌雄穗的主要营养成分，有利于开花坐果。开花期不良的气候条件会影响氨基酸向花穗的运转和合成，在花穗生长前期补充氨基酸和硼、钙元素有利于提高花的质量。荔枝有"惜花不惜子（果）"之说，即经常出现多花无果的现象，花期养分管理必须慎之又慎。

（3）根系　据报道，荔枝根系的矿质养分含量最低，氮和钾的含量最高，铁和锌的含量高于其他器官。土壤 pH 值达到 7 以上时首先影响的是根系对铁和锌的吸收。另外，荔枝常会生成共生菌根，生成菌根后菌丝具有吸收养分的功能，从而增加根系对养分的吸收和利用。据报道，荔枝栽种 30 天后可观察到根系的菌根。增加有机肥的施用，可增加荔枝根系形成共生菌根的机会，提高荔枝对土壤养分和施肥的利用。

（4）果实　根据有关研究测定，荔枝收获期果实养分含量顺序为钾＞氮＞钙≥镁＞磷＞锌＞硼，表明在果实中钾、钙、镁营养元素起着重要的作用。

2. 需肥特点 荔枝生长发育需 16 种必需的营养元素，从土壤中吸收最多的是氮、磷、钾。据报道，每生产 1 000 千克鲜荔枝果实，需从土壤中吸收氮（N）13.6～18.9 千克、磷（P_2O_5）3.18～4.94 千克、钾（K_2O）20.8～25.2 千克，其吸收比例约为 1∶0.25∶1.42，由此可见，荔枝是喜钾果树。荔枝对养分的吸收有 2 个高峰期：一是 2～3 月抽发花穗和春梢期，对氮的吸收量很多，磷次之；二是 5～6 月果实迅速生长期，对氮的吸收达到最高峰，对钾的吸收也逐渐增加，如果养分供应不足，易造成落花落果。

二、营养诊断与营养失调补救措施

1. 我国南方荔枝园土壤养分状况

（1）广东省 据广东省农业科学院土壤肥料研究所对全省 8 个市荔枝产区 64 个土壤样本（深度 0～30 厘米）的测试结果（表 10-29），土壤有机质含量在 5.1～68.8 克/千克，平均值为 15.6 克/千克，处于低水平的占 47.8%；碱解氮在 5.3～152.9 毫克/千克，处于较低水平的占 58.3%；有效磷范围在 2.1～337.8 毫克/千克之间，处于较低水平的占 10.5%；有效钾在 8.3～598.2 毫克/千克，有 31.4% 的土壤处于较低水平，表明荔枝园土壤氮最为缺乏，其次为钾，磷在大多数果园已经充足。

表 10-29　广东省主要荔枝园土壤有机质和大量元素含量状况

项目	有机质（克/千克）	碱解氮（毫克/千克）	有效磷（毫克/千克）	速效钾（毫克/千克）
含量范围	5.1～68.8	5.3～152.9	2.1～337.8	8.3～598.2
平均值	15.6	58.5	53.4	77.3
5、6 级土壤（%）	47.8	58.3	10.5	31.4

中量元素钙的养分值在 15.6～1576 毫克/千克，有 79.1% 的土壤钙含量小于 500 毫克/千克；镁的养分值14.6%～207.4

毫克/千克，有 98.5％的土壤镁含量少于 100 毫克/千克；硫的养分值在 9.3％～124.0 毫克/千克，有 15％的土壤硫含量小于 16 毫克/千克，表明广东省荔枝土壤中钙和镁的缺乏成为普遍性的问题，加强钙和镁的补充，调节钾与钙、镁的平衡，成为土壤养分管理的重要内容。

微量元素中有效铁最为丰富，其平均值达 71.4 毫克/千克，没有出现低铁的土壤；有效锰平均值为 113.3 毫克/千克，处于较低水平的有 23.4％；有效硼平均值为 0.16 毫克/千克，处于较低水平的占 98.4％；有效锌平均值为 2.1 毫克/千克，有 26.6％的土壤处于较低水平。因此，荔枝栽培中要注重硼、锌、钼、锰等微量元素合理施用，使其能在果树花果发育中发挥真正的作用。

荔枝园土壤由于施肥习惯和自然因素的影响，会出现土壤养分依深度而变化的现象。据广东省生态环境与土壤研究所罗薇等（1998）对广东东莞、增城荔枝园 5 个土壤剖面的研究结果，土壤有机质含量 0.5～31.0 克/千克，土壤 pH 值 4.1～5.3，土壤盐基代换量 2.5～10.2 厘摩尔/千克，表层盐基饱和度小于 20％，土壤表层酸度大于次表层，保肥和供肥能力以次表层较低，各种有效养分含量均以表层较高，次表层多数营养元素达到缺乏的水平。

（2）福建省　根据庄伊美（1994）对福建乡城、龙海、漳浦、南进、长泰等 6 个生产县（区）进行的 120 个土壤样本的中、微量元素测定，土壤有效锌平均值为 4.4 毫克/千克，有 20％处于较低的水平；土壤活性锰平均为 2.4 毫克/千克，有 60％样本的锰含量较低；有效铜平均值为 1.3 毫克/千克，有 80％样本的铜含量较低；有效硼平均值为 0.3 毫克/千克，有 79.2％样本的硼含量较低；有效钼平均值为 0.28 毫克/千克，有 10％处于较低的水平；大部分样本有效铁的含量较高，pH 值 7.6～8.7 的土壤铁处于较低水平。从整体来看，福建省荔枝园土壤铁、锌、钼较为充足，锰、硼和铜较为缺乏。随着土壤深度的增加土壤酸度增加，有机质和有效氮、磷、钾有所下降。

（3）广西壮族自治区　根据江泽普（2004）的测定结果，广西红壤荔枝园 37 个样本有机质平均含量为 1.91%，全氮、有效磷和有效钾的平均值为 1.26 克/千克、17.4 毫克/千克和 97.0 毫克/千克，按贫瘠化指数评价，有机质有 27% 的样本达到中度或重度贫瘠，全氮有 32% 的样本达到中度或重度贫瘠，有效磷和有效钾分别有 75% 和 67% 的样本达到中度或重度的水平。因此，氮、磷、钾平衡供应是广西红壤荔枝园的重要措施。

（4）海南省　海南荔枝园土壤氮、磷、钾养分有特别之处。据陈明智（2001）报道，48 个土壤测定结果，土壤有机质平均值为 2.058%，属严重缺乏的仅有 8%，土壤有效氮、有效磷和有效钾分别有 2%、100% 和 100% 的样本处于缺乏水平，一方面说明海南省荔枝园土壤磷和钾的有效性低，这与砖红壤对磷的高度固定有关，另一方面说明氮肥过多施用。有必要采用测土平衡施肥以提高磷肥的利用，如施用钙镁磷肥和部分酸化磷肥。

2. 荔枝园土壤养分含量分级指标　土壤测试后，测试部门一般会对养分测定值的高低作出判断，并提供测试报告。如果只提供测试值，可根据表 10-30 和表 10-31 判别养分的高低，凡养分测定值在"缺乏"或"低"范围或以下的，就需施用含该养分元素的物料。也可以咨询测试部门和专业研究机构。

表 10-30　土壤养分分级指标参考值

分级	全氮（N）（克/千克）	全磷（P_2O_5）（克/千克）	全钾（K_2O）（克/千克）	有机质（%）	水解氮（N）（毫克/千克）	速效磷（P_2O_5）（毫克/千克）	速效钾（K_2O）（毫克/千克）
极缺乏	<3	<4	<6	<0.5	<30	<5	<50
缺乏	3~8	4~8	6~10	0.5~1.5	30~60	5~15	50~80
中等	8~16	8~12	10~15	1.5~3.0	60~90	15~30	80~150
丰富	16~30	12~18	15~25	3.0~5.0	90~120	30~80	150~200
极丰富	>30	>18	>25	>5.0	>120	>80	>200

表 10-31 土壤有效态微量元素的分级及临界值

微量元素	极低	低	中等	临界值
铜（有效态）	<0.1	0.1～0.2	0.3～1.0	0.2
硼（水溶态）	<0.25	0.25～0.50	0.6～1.0	0.5
钼（有效态）	<0.1	0.1～0.15	0.16～0.20	0.15
锰（代换态）	<0.1	1.0～2.0	2.1～3.0	3.0
锌（有效态）	<0.5	0.5～1.0	1.1～2.0	0.5

3. 叶片分析诊断

（1）诊断部位　目前国内外对荔枝叶片诊断的采样部位有 3 种方法：一是，3～5 月龄秋梢顶部倒数第二复叶的第 2～3 对小叶（时间为北半球 12 月），我国大陆多采用这种方法。二是秋梢成熟至花穗出现 1～2 周时花穗下面的叶片，以澳大利亚和我国台湾省较多采用。三是坐果后 8～10 周挂果枝的叶片，以南非和新西兰采用较多。

（2）荔枝叶片营养诊断标准　表 10-32、表 10-33 列出国内外荔枝叶片诊断的适宜参考值，可作为解析叶片分析结果时参考使用。

表 10-32 荔枝叶片营养元素的适宜指标参考值

品种	营养元素含量（%）				
	N	P	K	Ca	Mg
糯米糍	1.50～1.80	0.13～0.18	0.70～1.20	—	—
淮枝	1.40～1.60	0.11～0.15	0.60～1.0	—	—
兰竹	1.50～2.20	0.12～0.18	0.70～1.40	0.30～0.80	0.18～0.38
大造	1.50～2.0	0.11～0.16	0.70～1.20	0.30～0.50	0.12～0.25
禾荔	1.60～2.30	0.12～0.18	0.80～1.40	0.50～1.35	0.20～0.40
桂味	1.56～1.92	0.12～0.18	0.87～1.26	0.36～0.68	0.18～0.28
三月红	1.91～2.28	0.20～0.26	1.08～1.37	—	—

表 10-33　我国台湾和国外荔枝叶片诊断标准参考值

元　素	国　家				
	中国台湾	新西兰	南非	以色列	澳大利亚
N（%）	1.60~1.90	1.5~2.0	1.30~1.40	1.50~1.70	1.50~1.80
P（%）	0.12~0.27	0.1~0.3	0.08~0.10	0.15~0.30	0.14~0.22
K（%）	—	0.7~1.4	1.00	0.70~0.80	0.70~1.10
Ca（%）	0.60~1.11	0.5~1.0	1.50~2.50	2.00~3.00	0.60~1.00
Mg（%）	0.30~0.50	0.25~0.60	0.40~0.70	0.35~0.45	0.30~0.50
Cl（毫克/千克）	—	<0.1%		0.30~0.35	<0.25
Na（毫克/千克）	—			300~500	<500
Mn（毫克/千克）	100~250	40~400	50~200	40~80	100~250
Fe（毫克/千克）	50~100	25~200	50~200	40~70	50~100
Zn（毫克/千克）	15~30	15~25	15	12~16	15~30
B（毫克/千克）	25~60	15~50	25~75	45~75	25~60
Cu（毫克/千克）	10~25	5~20	10		10~25

4. 营养失调症状与补救措施　荔枝常见营养失调症状及矫正如表 10-34。

表 10-34　荔枝常见缺素症状及补救措施

营养失调类型	症状	补救措施
缺氮	老叶变黄，叶变薄，易早落，果实少，花穗短而弱，严重时叶缘扭曲。	及时施氮，喷施0.5%尿素，每7天喷一次，连续喷2~4次。
氮过剩	叶色浓绿，叶片薄、大、软，枝梢徒长，易感染病虫害，花穗长，果实转色慢。	环割，犁翻根群，注意平衡施用钾肥和钙肥，注意控梢，防病虫害。
缺磷	老叶叶尖和叶缘干枯，显棕褐色，并向主脉发展，枝梢生长细弱，果汁少，酸度大。	及时深施磷肥，并配施有机肥，叶面喷施1%的磷酸铵或磷酸二氢钾，每7~8天喷施一次。

（续）

营养失调类型	症状	补救措施
磷过剩	类似氮过剩症状，严重时会显示缺锌症状。	环割，犁翻根群，注意平衡施用钾肥，注意控梢。
缺钾	老叶叶片褐绿，叶尖有枯斑，并沿叶缘发展，叶片易脱落，坐果少，甜度低。	及时施钾，叶面喷施 0.5%～1% 硫酸钾或磷酸二氢钾，每 7～10 天喷一次。
缺钙	新叶片小，叶缘干枯，易折断，老叶较脆，枝梢顶端易枯死，根系发育不良，易折断，坐果少，果实贮藏性差。	合理施用石灰，喷施 0.3%～0.5% 硝酸钙或螯合钙，每 7～8 天喷施一次，至缺素症状消失。
缺镁	老叶叶肉显淡黄色，叶脉仍显绿，显鱼骨状失绿，叶片易脱落。	及时施用镁肥，喷施 0.5% 硫酸镁或硝酸镁，每 7～10 天喷一次。注意钾、钙、镁的平衡施用。
缺硫	老熟叶片沿叶脉出现坏死，显褐灰色，叶片质脆，易脱落。	加强施用有机肥料和含硫肥料，喷施 0.5% 硫酸钾或硫酸镁，每 10 天左右喷施一次。
缺锌	顶端幼芽易产生簇生小叶，叶片显青铜色，枝条下部叶片显叶脉间失绿，叶片小，果实小。	喷施 0.25% 硫酸锌或氨基酸螯合锌 1 000 倍水溶液，每 7～8 天喷施一次，一般连续喷施 2～3 次。
缺硼	生长点坏死，幼梢节间变短，叶脉坏死或木栓化，叶片厚、质脆，花粉发育不良，坐果少。	喷施 0.3% 硼砂或硼酸水溶液，每 5～7 天喷施一次，至症状消失。

　　值得注意的是，荔枝显示营养失调症状最终的原因并不一定是养分供应不足。如砧木与接穗不亲和极易产生类似缺素症的症状；土壤酸性强的情况下，荔枝根系易受铝毒害，导致地上部生长不良也易产生类似缺素症的表象；病毒、线虫、天牛侵蚀和不良气候条件会影响树体养分的运转，产生类似缺素症的现象。总之，缺素诊断必须结合气候、土壤条件、栽培措施、病虫害状况进行综合分析，找出"病"根，才能对"症"下药。

三、安全施肥技术

由于大多数荔枝种植在丘陵山地，土壤存在着旱、酸、瘠、黏（或沙）、水土流失等严重问题，在果树定植前需要进行土壤改良，促进土壤熟化，创造疏松肥沃、透水通风的土壤环境。为了使果树壮根茂叶，为夺取高产、稳产奠定物质基础，通常在定植果树前进行种植穴土壤改良，定植后再扩穴至全园改良。一般每个种植穴（1 米见方）施用腐熟有机肥 100～200 千克、复合微生物肥 1 千克、钙镁磷肥 2～3 千克、石灰粉 3.0～5.0 千克。将有机肥、生物肥和磷肥混匀后再与表土拌匀，施入定植穴。定植穴的上部表土与部分石灰混匀后回填，在回填土后种植果苗。回填土应高出植株基部 10～15 厘米，以保持新植果苗逐渐适应环境，使根系向肥沃部位伸展。幼年树扩穴改土次数一般每年3～4次，可在植株不同方向挖沟（深 0.5 米，长 0.5 米），每株每次施腐熟有机肥 30～50 千克、生物肥 1 千克、过磷酸钙 1～2 千克。按扩穴同样方法分层施用。果树挂果后每年扩穴一般在采果结束后和冬至前后两次，每年各在两个方向挖环沟，方法与幼龄树同。

1. 幼年树施肥 采用少量多次的方法，通常在每次梢萌动前施用，年施 4～6 次。第一年施用氮肥（尿素）0.1～0.15 千克、磷肥（过磷酸钙）0.05～0.1 千克，并在秋梢萌动前加施一次氯化钾 0.2～0.3 千克；第二、第三年施氮肥量增加 1～2 倍，施用钾肥次数增加 2～3 次。

2. 成年树施肥 成年树施肥一般每年 3～4 次（表 10 - 35）。

表 10 - 35 常用肥料肥效速度

肥料种类	肥效速度（%）			开始见效天数（天）
	第一年	第二年	第三年	
硫酸铵	100	0	0	3～7
硝酸铵	100	0	0	5

（续）

肥料种类	肥效速度（%）			开始见效大数（天）
	第一年	第二年	第三年	
尿素	100	0	0	7～8
过磷酸钙	45	35	20	8～10
猪粪	45	35	20	15～20
粪	65	25	10	10～15
牛粪	25	40	35	15～20
羊粪	45	35	20	15～20
人尿	100	0	0	5～10
草木灰	75	15	10	15
骨粉	30	35	35	15
专用肥	80	20	0	8～10

（1）攻梢肥 以施用速效肥料为主，每株施专用肥 2.5～3 千克或尿素 0.8～1.0 千克＋磷肥 0.2～0.4 千克＋氯化钾 0.3～0.5 千克，可分两次施用，一次在采果前 7～10 天，采果后迅速修剪。在第一次梢成熟时施第二次肥，施用肥料的深度以 20～40 厘米为佳，即施用时把肥料与土混匀或对水 50 倍后淋土，然后盖土。若要施用有机肥，最好在采果前 7～10 天与化肥一同施用，每株施花生麸 3 千克。另外，在秋梢老熟后，可结合清园施用石灰。有机肥的施用最好在温度较低且比较稳定时，如广州地区冬至。速效有机肥如花生麸、人畜尿最好不要在这个时期施用，以免引发冬梢长出。建议以施用迟效有机肥，如草料、牛粪，每 100 千克有机物料加磷肥 1～1.5 千克、石灰 0.5 千克，对水 10 千克开沟施用。

（2）花肥 在花芽分化（结果梢起红点时）期施用，每株施专用肥 2～3 千克或尿素 0.3～0.5 千克＋磷肥 0.4～0.6 千克＋钾肥 0.3～0.5 千克，撒施或穴施均可；另外，在花穗长至 10～

15 厘米，每株施硼砂 50 克、硫酸镁 200 克、硫酸锌 80 克、磷肥 0.2～0.25 千克、钾肥 0.3～0.5 千克（施用方法同上）。

（3）果肥　在谢花后 7～10 天和果实膨大期施用，重施磷、钾肥。第一次施用时要看叶色，若叶色淡绿、老叶浅黄时，施专用肥 1～2 千克或尿素 0.1 千克＋磷肥 0.10～0.2 千克＋钾肥 0.2～0.3 千克；当叶色浓绿时，不施氮肥，磷肥减半。第二次施肥要注意氮源的选择，每株施用硝酸钙 0.2～0.3 千克、磷肥 0.2～0.3 千克、氯化钾 0.3～0.5 千克（方法同上）。也可以结合施用有机速效肥料，如花生麸、粪、牛尿等。

（4）叶面喷肥　在荔枝树周年生长期内均可喷施农海牌氨基酸复合微肥 600～800 倍稀释液，或结合追肥，根据需要加入水溶性化肥进行叶面喷施，每 7～10 天喷施一次。

3. 水肥一体化施肥技术　近年来，荔枝采用水肥一体化施肥技术已经逐渐得到应用和果农的接受。由于采用水肥一体化施肥技术能及时提供适当的水分和养分，及时、定量满足荔枝营养生长，在短时间内对大面积荔枝园进行施肥灌溉，比常规方法施肥快 7～10 倍。连续几年的对比试验结果均表明，荔枝采用水肥一体化施肥技术，可显著地提高荔枝产量和品质，主要原因是增加了坐果率，果实增大，果实中大果的比例明显提高。

四、专用肥配方

氮、磷、钾三大元素含量为 35％的配方：

36％＝N16：P_2O_5　5：K_2O 14＝1：0.31：0.88

原料用量与养分含量（千克/吨产品）：

硫酸铵 100　　N＝100×21％＝21　S＝100×24.2％＝24.2

尿素 270　　　　N＝270×46％＝124.2

磷酸二铵 71　　P_2O_5＝71×45％＝31.95

　　　　　　　　N＝71×17％＝12.07

过磷酸钙 100　　P_2O_5＝100×16％＝16

$CaO=100\times24\%=24$

$S=100\times13.9\%=13.9$

钙镁磷肥 10　　$P_2O_5=10\times18\%=1.8$

$CaO=10\times45\%=4.5$

$MgO=10\times12\%=1.2$

$SiO_2=10\times20\%=2$

氯化钾 233　　$K_2O=233\times60\%=139.8$

$Cl=233\times47.56\%=110.81$

硼砂 15　　$B=15\times11\%=1.65$

硫酸镁 29　$MgO=29\times16\%=4.64$　$S=29\times13\%=3.77$

氨基酸螯合锌、锰、铜、铁 21

硝基腐植酸 89　　$HA=89\times60\%=53.4$

$N=89\times2.5\%=2.23$

生物制剂 20

增效剂 12

调理剂 30

第二十节　龙　眼　树

一、营养特性与需肥特点

1. 营养特性　龙眼树是典型的亚热带多年生常绿乔木，性喜温暖，怕霜冻，耐旱、耐瘠、耐阴，适宜生长在年平均气温 $20\sim22$℃的地区，冬季一段冷凉的气候有利于花芽分化，天气过暖，花穗少，发育不良，落花落果严重。龙眼树体高大，树冠圆头形或半圆形，枝叶繁密、浓郁；根系发达、庞大，分布深广并具有菌根，能耐旱、耐酸、耐瘠瘠。在正常栽培管理条件下，龙眼的经济寿命可长达数十年。龙眼实生苗种植后需 7~10 年才开始结果，但现代栽培一般都采用嫁接苗或圈枝苗种植，一般 3 年后开始结果，6～7 年进入丰产期，且树形较矮，分枝低，树冠整齐，便于管理操作。目前龙眼树具有较广泛的适应能力，只需具备较深厚的土层，并在栽培中注意土壤改良熟化和平衡施肥，一般都能获得较好的产量和良好的果实品质。然而，外界环境中光、温、水、风等自然因素也都可能对龙眼的生长、产量及品质构成较大的影响。

龙眼树挂果期 3～5 个月，周年进行根系生长，多次抽发新梢，有利于树体营养物质积累。但是，气候的季节性变化影响到龙眼不同物候期对养分的需求，早结丰产、优质稳产，必须根据其生长规律和营养特点，合理地调控树体营养平衡，培育健壮的结果母枝，控梢促花，疏花疏果，保果壮果，提高果实品质。

龙眼树根系由粗壮庞大的垂直根和水平根组成。垂直根可入土 3 米以上，水平根是吸收根系，其分布约为树冠的 1.5～3 倍，分枝能力远强于垂直根。水平根一部分向新土层延伸，扩大根系分布范围；另一部分从土壤中吸收水分和矿质营养，并合成部分内源激素和其他生物活性物质。由于龙眼根系的菌根具有好气性，因此吸收根一般分布在 50 厘米以内。龙眼树的断根再生力强并拥有内生菌根，有利于对矿质营养和水分的吸收，可增强其抗逆性，尤其有利于对磷的吸收利用。龙眼树根系一年中呈周期性生长，与地上部枝梢生长交替进行；土温大于 15℃时新根开始活动，高于 33℃进入休眠状态，最适生长温度为 23～28℃；一般具有春、夏、秋 3 个生长高峰期，成年树则在 10 月中下旬秋梢充实期又形成一个吸收根生长的小高峰，此期根系生长对花芽分化有一定促进作用。培育发达水平根是龙眼栽培的重要目标，必须通过发达的水平根系增强养分和水分的吸收能力，才能保持健壮的地上部生长。在根系生长高峰期内进行施肥，可显著增加养分的吸收，提高肥料利用率。

龙眼树的树枝分为营养枝和生殖枝（结果母枝）。树枝的生长一是加长二是增粗，还与其他植物一样存在顶端优势、垂直优势，主枝层状排列。龙眼每年抽 3～4 次梢，春梢和秋梢各 1 次，夏梢 1～2 次，冬梢很少发生，其中春梢长势较差，通常不能形成良好的结果母枝。夏梢是重要的枝梢，生长较为充实，分枝较多，是萌发秋梢的重要枝梢，也可成为来年的结果母枝。秋梢是最佳的翌年结果母枝，秋梢抽生老熟后，在冬初开始有一段停止生长时期，积累足够的养分，待来年早春进行花芽分化，之后抽生花穗并开花结果。充足的营养物质积累是促进秋梢发育形成结果母枝的重要基础条件，而营养物质的积累与营养生长关系密切，树体生长健壮、枝叶生长良好是前提，秋末冬初停止新梢抽生，秋梢老熟由消耗占优势转为积累占优势，为花芽分化、抽生花穗积累丰富的营养物质。因此，科学平衡施肥，培养强壮的秋梢作为来年结果母枝，是克服龙眼大小年结果现象，保证丰产、优质的有效措施。

叶是进行光合作用制造有机营养物质的主要器官，其生长从幼叶出现、展叶到面积不断增大、转绿老熟为止，全过程一般需要 45～60 天。

花芽生理分化一般出现在 12 月至翌年 1 月，此时要求枝叶等营养器官停止生长以促进物质的积累，一般相对干旱和适当低温较有利于花芽生理分化。龙眼花穗一般在 2 月上旬至 3 月下旬抽生，此后开始形态发育逐渐形成完全花穗。在此期间必须防止"冲梢"。龙眼开花期一般在 4 月中旬至 5 月下旬，依地区、品质、气候、树势、抽穗期等而异。单穗花期 20 天左右，全树花期 30 天以上，在同一果园内，同一母树雌花、雄花常交错并存，授粉机会较多。龙眼开花期间营养消耗很大，据测试，花器含氮 7.4～13.72 克/千克、磷 1.69～4.82 克/千克、钾 17.38～26.52 克/千克。

开花受精后开始坐果，因为龙眼的授粉机会多，坐果率很高，一般可达 20%，高者可达 40%，但生理落果现象也较明显。开花结果与天气有密切的关系，开花期如果天气晴朗，气温高，湿度较大，则花芽盛，流蜜多，坐果率高。龙眼受精后半个月内有一次落果高峰期，主要由于授粉受精不良出现生理落果。生理落果以开花授粉后 3～20 天（5 月中旬至 6 月上旬）最多，约占总落果数的 40%～70%，此期落果与花器发育不良和授粉受精不良有关，花器发育和授粉受精又与气候因素关系密切。6 月中旬至 7 月中旬会出现第二期生理落果，这期落果主要因肥水不足、营养不良引起，会严重影响产量；病虫为害及其灾害性天气（阴雨连绵、暴雨、大风、干旱等）会加剧落果。因此，6 月中旬以后果实发育后，肥水的充足供应对提高产量有密切关系。

2. 需肥特点 龙眼正常生长发育需要 16 种必需的营养元素，从土壤中吸收最多的是氮、磷、钾。据报道，由于龙眼的栽培条件、土壤、气候、品种、产量、树龄、树势等不同，各地的施肥比例和施肥也不同，每生产 1 000 千克龙眼鲜果，需氮（N）4.01～4.8 千克、磷（P_2O_5）1.46～1.58 千克、钾（K_2O）7.54～8.96 千克。对氮、磷、钾的吸收比例为 1：（0.28～0.37）：（1.76～2.15）。

龙眼树生长期长，挂果期短，不同阶段对营养元素的需求量也不同。据研究，龙眼从 2 月开始吸收氮、磷、钾等养分，在6～8 月出现第二次吸收高峰，11 月至翌年 1 月下降。氮、磷在11 月，钾在 10 月中旬即基本停止吸收。果实对磷的吸收从 5 月开始增加，7 月达到吸收高峰，龙眼在周年中吸收养分最多的时期是 6～9 月。

据报道，龙眼每株全年施肥量氮（N）0.46～0.86 千克、磷（P_2O_5）0.15～0.20 千克、钾（K_2O）0.4～1 千克，氮、磷、钾的比例为 1：0.3：（1.1～1.2）。另据报道，广西龙眼成年树一般每株每年施氮（N）0.8～1.4 千克、磷（P_2O_5）0.25～0.6 千克、钾（K_2O）0.7～1.2 千克；福建龙眼成年树每株每年施氮（N）0.83～1.64 千克、磷（P_2O_5）0.6～0.73 千克、钾（K_2O）0.94～1.47 千克。另据报道，每生产 100 千克

龙眼鲜果，需吸收氮（N）1.3 千克、磷（P_2O_5）0.4 千克、钾（K_2O）1.1 千克。

二、营养诊断与缺素补救措施

1. 叶片分析　叶片营养分析的准确性和代表性，直接与取样和样品处理的方法、测定分析技术有密切关系。龙眼叶片的采样方法：12 月下旬至翌年 1 月下旬，在有代表性的 10~20 株上共采 80~100 片小叶进行分析。叶片采集必须在树冠中上部外围充分老熟的枝梢上，从顶部开始算起，取第二至第三片复叶的中部小叶。

叶片采样后应尽快到具备测试条件的有关部门用无离子水洗净，120℃杀酶 20 分钟，85℃烘干，最后将叶片磨碎。叶片样品的化学分析方法：氮、磷、钾分析的样品都是用硫酸—过氧化氢一次消化；氮用凯氏定氮法，磷用钒钼黄比色法，钾用火焰光度计测定。钙、镁、锌、铁、铜、锰等用硝酸—高氯酸消化，用原子分光光度计测定。硼用姜黄素比色法测定。氯用水浸提后，用硝酸银滴定法测定。

叶片营养元素含量适宜指标参考值：N（%）1.4~1.9、P（%）0.10~0.18、K（%）0.5~0.9、Ca（%）0.9~2.0、Mg（%）0.13~0.30、B 15~40 毫克/千克、Fe 30~100 毫克/千克、Mn 10~200 毫克/千克、Zn 10~40 毫克/千克、Cu 4~10 毫克/千克。

2. 土壤养分测试诊断　土壤养分测定诊断是指导龙眼科学施肥的重要手段，但同样存在局限性，主要是土壤养分含量不等于完全能被果树利用的养分量，也不能完全代表果树体内的营养状况。然而，通过土壤养分测试诊断与叶片营养分析诊断结合，可显著提高测土配方施肥的可靠性和准确性。

土壤样品的采集方式需根据种植果园的地形而定。较为平坦的果园，一般土壤肥力较均匀，采用梅花点分布取点，每个样点在树冠滴水线以外的非施肥区挖土采集，采集深度 0～50 厘米，对于坡地果园，则按等高线树冠滴水线附近的非施肥区进行布点采样，按之字形分布采集土壤，采集完毕混合后采用四分法留取 1 千克左右土壤为供测定样本。

分析测试内容主要包括土壤有机质、氮（全氮和碱解氮）、磷（全磷和速效磷）、钾（缓效钾和速效钾—水溶性和交换性钾）、钙（全钙和交换性钙）、镁（全镁和交换性镁），以及微量元素铁、锰、锌、铜、硼、钼、氯的含量等。还应测定与土壤养分有效性有关的土壤性质，如土壤酸碱度和土壤理化性质等。

土壤营养元素适宜指标参考值：有机质（％）1.5～2.0、全氮（％）＞0.05、水解氮（毫克/100 克）7～15、速效磷（毫克/100 克）10～30、速效钾（毫克/100 克）50～120、代换性钙（毫克/千克）150～1 000、代换性镁（毫克/千克）40～100、有效铁（毫克/千克）20～60、有效锌（毫克/千克）2～8、代换性锰（毫克/千克）1.5～5、易还原性锰（毫克/千克）80～150、有效铜（毫克/千克）1.2～5.0、水溶性硼（毫克/千克）0.4～1.1、有效钼（毫克/千克）0.20～0.35。

3. 营养失调症状与补救措施 龙眼营养失调症状及其常用补救措施见表 10 - 36。

表 10 - 36　龙眼营养失调症状及补救措施

营养失调类型	症　状	补救措施
缺　氮	老叶变黄，叶变薄，易早落，果实少，花穗短而弱，严重时叶缘扭曲。	及时施氮，结合喷施 0.5％尿素，每 7～8 天喷一次，共 3 次。
氮过剩	叶色浓绿，叶片薄、大、软，枝梢徒长，易感染病虫害，花穗长，果实转色慢。	环割，犁翻根群，注意平衡施用钾肥和钙肥，注意控梢，防病虫害。
缺　磷	老叶叶尖和叶缘干枯，显棕褐色，并向主脉发展。枝条梢生长细弱，果汁少，酸度大。	及时深施磷肥，并配施有机肥，结合叶面喷施 1％的磷酸铵或磷酸二氢钾，每 7～8 天喷施一次。

（续）

营养失调类型	症　状	补救措施
磷过剩	类似过氮症状，严重时会显示缺锌症状。	环割，犁翻根群，注意平衡施用钾肥，注意控梢。
缺　钾	老叶叶片褐绿，叶尖有枯斑，并沿叶缘发展，叶片易脱落，坐果少，甜度低。	及时施钾，并喷施 0.5%磷酸二氢钾，每隔 10 天喷一次，连续喷施 3～4 次。
缺　钙	新叶片片小，叶缘干枯，易折断，老叶较脆，枝梢顶端易枯死，根系发育不良，易折断，坐果少，果实贮藏性差。	合理施用石灰，结合喷施 0.5%硝酸钙或螯合钙 1 000 倍水溶液，每 7～10 天喷施一次，至症状消失。
缺　镁	老叶叶肉显淡黄色，叶脉仍显绿，显"鱼骨状失绿"，叶片易脱落。	及时施用镁肥，结合喷施 0.5%硫酸镁或硝酸镁，注意钾、钙、镁的平衡施用。
缺　硫	老熟叶片沿叶脉出现坏死，显褐灰色，叶片质脆，易脱落。	加强施用有机肥料和含硫肥料，结合喷施 0.5%硫酸钾或硫酸镁。
缺　锌	顶端幼芽易产生簇生小叶，叶片显青铜色，枝条下部叶片显叶脉间失绿，叶片小，果实小。	喷施 0.25%硫酸锌或螯合锌 1 000 倍水溶液，每 7～8 天喷施一次，连续喷施 2～3 次。
缺　硼	生长点坏死，幼梢节间变短，叶脉坏死或木栓化，叶片厚、质脆，花粉发育不良，坐果少。	喷施 0.3%硼砂或硼酸水溶液，每 7～8 天喷一次，一般喷施 2～3 次。

　　值得注意的是，龙眼显示以上营养失调症状最终原因并不一定是养分供应不足。如砧木与接穗不亲和极易产生类似缺素症状；土壤酸性强作物根系易受铝毒害，导致地上部生长不良也易产生类似缺素症状；病毒、线虫、天牛侵蚀和不良气候条件会影响树体养分的运转而产生类似缺素症状。总之，缺素诊断必须结合气候、土壤条件、栽培措施、病虫害状况进行综合分析，找出"病"根，才能对"症"下药。

三、安全施肥技术

1. 幼年树施肥

幼苗定植肥：定植时施优质有机肥每株 20～50 千克、龙眼树专用肥 1～2 千克（或生石灰 1 千克、钙镁磷肥 2 千克），将肥料与表土混匀后分层施入定植穴中。

定植 1 个月后施肥：每株用 30% 的腐熟人粪尿淋在根际部位，以后每隔 2～3 个月施肥一次，全年施肥 4～6 次。1～2 龄幼树，栽植前一周每株施龙眼专用肥 0.15～0.2 千克或 45% 氮磷钾复合肥 150～200 克，促进新梢生长和展叶。在新梢伸长基本停止、叶色由红转淡绿时，每株施腐熟清粪水加专用肥 0.2～0.3 千克，促进枝梢叶片转绿，提高光合作用。幼树施肥应先稀后浓，随着树龄增加逐渐提高浓度和施肥量，一般从第二年起，施肥量在前一年的基础上增加 40%～60%。

定植 2 年后施肥：为促进幼龄树迅速生长，需扩穴施肥，每株分层施入腐熟有机肥或生物有机肥 30～40 千克、生石灰 1～1.5 千克、龙眼专用肥 1～2 千克（或磷酸二铵 1～2 千克），施后用土覆盖。追肥每年 4～5 次，每次每株施优质有机肥或生物有机肥 10～20 千克、专用肥 0.5～1.5 千克（或 40% 氮磷钾复合肥 0.3～0.6 千克）。

定植 4 年后施肥：龙眼树冠已形成，开始开花结果，在春梢萌动时每株施优质有机肥或生物有机肥 30～40 千克、专用肥 2～3 千克。花期、幼果期和攻梢期叶面喷施 0.2%～0.4% 磷酸二氢钾 1～2 次，为顺利进入结果期奠定基础。

2. 青壮年树施肥

采前肥：采果前 10～15 天在树冠滴水线范围内淋施腐熟优质水肥一次，每株淋施含饼肥 3 千克（或腐熟鸡粪 20～25 千克）、专用肥 2～3 千克、40% 氮磷钾复合肥 1.5～2 千克、尿素 0.5～1 千克、硼砂 30～50 千克。

攻梢肥：在秋梢抽生时，对新梢萌芽淋施专用肥 0.5 千克、尿素 0.5 千克；在新梢转绿时淋施专用肥 0.5～1 千克。最后一次梢抽出后，不能再施氮肥，可施专用肥 2 千克或磷、钾肥各 1

千克。

根外追肥：在新梢开始转绿时，可喷施农海牌氨基酸复合微肥，并在稀释的肥液中加入 0.2%～0.4%磷酸二氢钾，每 7 天左右喷一次，喷施 2 次为好。

3. 成年结果树施肥 定植 20 年后进入正常开花结果的成年树，采用集中与补挖相结合的施肥方法。

花前肥：在 3 月上旬开花前施用。每株施腐熟猪牛粪 15 千克、饼粕 1 千克、龙眼专用肥 1～1.5 千克（或尿素 0.3～0.4 千克，钙、镁、磷、钾肥各 0.3 千克）。

保果促梢肥：在 5 月中旬至 6 月上旬施用。每株施专用肥 3～5 千克（或尿素 0.6 千克、过磷酸钙 2 千克、钙镁磷肥 1～2 千克、氯化钾 2 千克），可采用环状沟、放射沟、月形沟等方式，将肥料与表土混匀后施入沟内后覆土。

采果肥：在采果前 7～10 天或采果后立即施肥。每株可施专用肥 1.4～1.6 千克、液体优质有机肥 100～200 千克（或尿素 1.4～1.6 千克），结合浇水效果更好。

根外追肥：在龙眼整个生育期尤其是坐果后到采用前 20 天，可喷施农海牌氨基酸复合微肥 600～800 倍稀释液，并在稀释的肥液中加入 0.3%～0.5%的尿素、0.2%～0.4%磷酸二氢钾，对增强树势、提高产量和品质有很好的效果，也可适时适量喷施含微量元素的化肥。

四、专用肥配方

氮、磷、钾三大元素含量为 30%的配方：

$30\% = N12 : P_2O_5 \ 5 : K_2O \ 13 = 1 : 0.42 : 1.08$

原料用量与养分含量（千克/吨产品）：

硫酸铵 100 　　$N = 100 \times 21\% = 21$ 　$S = 100 \times 24.2\% = 24.2$

尿素 198 　　　$N = 198 \times 46\% = 91.08$

磷酸一铵 46 　　$P_2O_5 = 46 \times 51\% = 23.46$

$$N = 46 \times 11\% = 5.06$$

过磷酸钙 150 $P_2O_5 = 150 \times 16\% = 24$

$$CaO = 150 \times 24\% = 36$$

$$S = 150 \times 13.9\% = 20.85$$

钙镁磷肥 15 $P_2O_5 = 15 \times 18\% = 2.7$

$$CaO = 15 \times 45\% = 6.75$$

$$MgO = 15 \times 12\% = 1.8$$

$$SiO_2 = 15 \times 20\% = 3$$

氯化钾 216 $K_2O = 216 \times 60\% = 129.6$

$$Cl = 216 \times 47.56\% = 102.73$$

硼砂 15 $B = 15 \times 11\% = 1.65$

氨基酸螯合锌、锰、铁、钼 21

硝基腐植酸 100 $HA = 100 \times 60\% = 60$

$$N = 100 \times 2.5\% = 2.5$$

氨基酸 67

生物制剂 30

增效剂 12

调理剂 30

第二十一节　菠　萝　树

一、营养特性与需肥特点

1. 营养特性

（1）菠萝果实（果＋芽）带走的养分量　根据菠萝目标产量制定施肥方案时，菠萝果实的养分带走量是首要考虑的指标，要根据品种的不同作出相应的调整。不同菠萝品种果实养分带走量稍有不同，根据中国热带农业科学院南亚热带作物研究所分析测定，每 1 000 千克果实带走的氮量 0.73～0.76 千克；带走的五氧化二磷量 0.099～0.111 千克；带走的钾量 1.63～1.71 千克。通常情况下，菠萝芽作为繁殖材料也会从土壤中带走养分，据中国热带农业科学院南亚热带作物研究所调查，每带走 1 000 千克果实中，果、芽带走的氮养分量 0.95～0.99 千克，带走的五氧化二磷量 0.13～0.14 千克，带走的钾量 1.99～2.09 千克。

（2）菠萝不同生长器官的养分元素含量

叶片：根据南亚热带作物研究所研究分析测定结果，巴厘和卡因品种的矿质营养元素含量从高到低的排列顺序为钾、氮、钙、硫、镁、磷、铁、锰、硼，不同品种叶片氮、磷、钾含量差异不大，钾含量是氮的 2.07～2.85 倍，所以在菠萝栽培中要加强钾肥的施用，以满足菠萝对钾的需求。嫩叶磷、钾含量略高于成熟叶，成熟叶氮、磷、钾含量高于老叶，说明随着叶片衰老，叶片氮、磷、钾养分会向新生器官转移。与芒果等其他热带果树相比，菠萝叶片钙含量不高，只有 0.4%～0.6%。

茎：菠萝茎是叶片着生的位置，是支撑器官，也是养分贮藏的器官。菠萝茎氮、磷含量与成熟叶片差异不大，钾含量大大低于成熟叶片。茎越大，产量越高，培育健壮的茎是取得高产的关键。

根系：菠萝根系氮、磷、钾含量不但远远低于叶片，而且低于其他器官，但铁含量则远远高于其他器官。

果柄：菠萝果柄氮、磷含量较低，与根系相差不大，但钾远高于根系，与叶片差不多。

果实：菠萝收获期果实的养分含量顺序为钾＞氮＞磷，磷含量与成熟叶片差异不大，氮、钾含量低于成熟叶片。

芽：菠萝芽的养分含量顺序为钾＞氮＞磷，且氮、磷、钾含量较高，特别是磷含量大大高于叶片，为了培育壮苗，应注意磷肥施用，特别是磷含量低的土壤。

（3）主要生长部位的养分动态变化

叶片养分动态变化：巴厘、菠萝两个品种的叶片氮、磷、钾含量在菠萝快速生长期略有下降，在果实生长发育期显著下降，这表明果实生长发育消耗了叶片中的氮、磷、钾养分，为了促进果实生长发育，在果实生长发育期还应施入适量氮、磷、钾肥。

茎养分动态变化：在营养生长发育期，茎部氮、磷、钾养分含量有升有降，在快速生长期略有下降，在缓慢生长期略有回升；在果实生长期，茎氮、磷、钾养分含量逐步下降。

根系养分动态变化：在营养生长发育期，根系氮、磷、钾含量有升有降，前期略高，后期略有降低，在生殖生长期，根系氮、磷、钾养分略有下降。

果实养分动态变化：果实氮、磷、钾养分含量随着果实生长而下降。

（4）菠萝产量与营养的关系　菠萝产量主要与种植密度、单株果重有关，一般情况下，随着种植密度增加，其产量增加，但平均单果重下降，菠萝与植株养分存在一定正相关，即适宜养分含量是取得高产的必要前提。

（5）菠萝裂果与营养的关系　菠萝裂果在许多品种上都有发生，但有些品种特别明显。菠萝裂果与水分密切相关，干旱后突然降雨，极易造成裂果，所以在干旱时应适当进行灌溉。菠萝裂果也与果实养分有一定的关系，特别是硼、钙元素缺乏易造成裂果，另外，氮含量过高也易造成裂果。

（6）菠萝黑心病与营养的关系　菠萝黑心病是一种多因素引起的果肉变褐、变黑生理性病害。造成菠萝黑心病原因有许多，如病毒、果实发育期低温，也与果实养分含量、各元素比例有很大关系。如果实生长发育期过量施用氮肥，造成果实膨大过快，果实氮含量过高，极易出现黑心病。另外，施用氯化钾增加果酸和维生素 C 含量，可减轻黑心病危害。在果实生长发育期要减少植物生长激素施用次数，少施氮肥，以防黑心病发生。

2. 需肥特点　菠萝从定植至收获第一造果，一般需 15～18 个月。在各生育期所需养分均不相同，应按其需肥特点施肥。菠萝正常生长需要 16 种必需的营养元素，以从土壤中吸收的氮、磷、钾、钙、镁较多。菠萝对氮、磷、钾三要素的要求，在营养生长期比例为 17∶1∶16，进入开花期为 7∶10∶23。据报道，每生产 1 000 千克菠萝果实，需氮（N）3.75～8.76 千克、磷（P_2O_5）1.07～1.89 千克、钾（K_2O）7.36～17.2 千克、钙（CaO）2.22 千克、镁（MgO）0.78 千克，其吸收比例约为 1∶（0.21～0.29）∶1.96∶0.59∶0.21。由此可知，菠萝土壤中吸收钾最多，氮次之，最后是钙、磷、镁。菠萝从定植到收果的整个生长过程对氮、磷、钾的吸收有 3 个高峰期。10～20 叶期为第一高峰期，27～45 叶期为第二高峰期，第三高峰期在现红至小果期。在施肥措施上，第一年重施氮，其次是磷和钾，第二年在催花前，特别在小果膨大期追施足够的钾，其次是氮和磷。菠萝在果实膨大期对钙、镁养分吸收量达到最高值。据报道，广西菠萝用肥氮、磷、钾的平均比例为 1∶0.62∶0.9；广东省的平均比例为 1∶0.23∶0.5。

二、营养诊断与营养失调补救措施

1. 叶片分析诊断　目前国内对菠萝叶片诊断的采样部位多是从刚成熟叶的白色基部采样，分析结果按比对指标判断。其营养元素的适宜参考指标大致为：N（%）1.12～1.90，P（%）0.13～0.31，K（%）2.04～4.08，Ca（%）0.30～0.50，Mg（%）0.18～0.30。

2. 土壤养分分级指标　菠萝土壤养分分级指标见表 10 - 37。

表 10 - 37　土壤养分分级指标

分级	全氮（N）（%）	全磷（P_2O_5）（%）	全钾（K_2O）（%）	有机质（%）	水解氮（N）（毫克/千克）	速效磷（P_2O_5）（毫克/千克）	速效钾（K_2O）（毫克/千克）
极缺乏	<0.03	<0.04	<0.6	<0.5	<30	<5	<50
缺乏	0.03～0.08	0.04～0.08	0.6～1.0	0.5～1.5	30～60	5～15	50～80

（续）

分级	全氮（N）（%）	全磷（P₂O₅）（%）	全钾（K₂O）（%）	有机质（%）	水解氮（N）（毫克/千克）	速效磷（P₂O₅）（毫克/千克）	速效钾（K₂O）（毫克/千克）
中等	0.08～0.16	0.08～0.12	1.0～1.5	1.5～3.0	60～90	15～30	80～150
丰富	0.16～0.30	0.12～0.18	1.5～2.5	3.0～5.0	90～120	30～80	150～200
极丰富	>0.30	>0.18	>2.5	>5.0	>120	>80	>200

3. 缺素症状及补救措施 菠萝营养失调症状有缺氮、氮过剩、缺磷、磷过剩、缺钾、缺钙、缺镁、缺铁、锰过剩和缺硼等，微量元素缺乏报道极少。现将菠萝缺素症状列举如表10-38。

必须注意的是，菠萝黄化失绿除了可能是缺氮、缺铁外，土壤中可交换性锰含量过高也易造成菠萝失绿黄化；菠萝粉蚧、线虫等为害根系后也会引起菠萝失绿黄化，所以菠萝失绿黄化诊断必须结合气候、土壤条件、栽培措施、病虫害状况进行综合分析，找出"病"根，才能对"症"下药。

表10-38　菠萝常见营养失调症状及补救措施

营养失调类型	症状	补救措施
缺氮	总体失绿，黄化，叶尖坏死，特别是老叶。	及时追施氮肥，喷施2.0%～3.0%尿素或硫酸铵，每7天一次，连续喷施2～4次。
氮过剩	叶色浓绿，叶片薄、大、软，果实易得黑心病，果实不耐贮存。	平衡施肥，特别加强钾、钙肥施用，喷施农海牌氨基酸复合微肥800～1 000倍稀释液，每7天一次。
缺磷	叶色变褐，特别是老叶更为明显。老叶叶尖和叶缘干枯，显棕褐色，并向主脉发展，枝梢生长细弱，果实汁少，酸度大。	及时深施磷肥，并配施有机肥，叶面喷施2.0%～3.0%的磷酸铵或磷酸二氢钾，每7～10天喷施一次，连续喷施2～3次。

（续）

营养失调类型	症状	补救措施
磷过剩	类似氮过剩症状，严重时会显示缺钙、缺锌症状。	近两年内不再施用磷肥，加施钙、锌肥，增施其他肥料。
缺钾	植株矮小。	及时施钾，喷施 3 次 2.0%～3.0%氯化钾或硫酸钾，每隔 10 天喷一次，至消除症状。
缺钙	很少出现缺钙可视症状。	酸性过强、可交换性钙含量较低时，可合理施用石灰，缺钙时喷施 0.5%硝酸钙，每 7 天一次。
缺镁	老叶显淡黄色，叶脉仍显率。	喷施 1.5%～2.0%硫酸镁或硝酸镁，每 7～10 天喷施一次，至症状消失。
缺铁	植株中上部叶变黄失绿，严重时整株叶片失绿黄化，但叶片仍然有绿色条纹。	施用有机肥料，叶面喷施 1.0%～1.5%硫酸亚铁或氨基酸螯合铁1 000倍水溶液，每 7～8 天喷一次。
锰过剩	幼嫩叶黄化，叶片不均匀失绿，呈黄绿相间云团状，随时间推移，失绿随叶位下移，后期整株黄化，基部叶片干枯，菠萝植株矮小，叶片少而薄，果小，严重时不能抽蕾。	深耕，客土，喷施 1.0%～2.0%硫酸亚铁，每 5～7 天喷施一次，至解除症状。
缺硼	畸形，皮厚小果，小果之间爆裂，充斥着果皮分泌物，顶苗少或没有，托芽多，叶末端干枯。	喷施 0.3%～1.0%硼砂，每 7～8 天喷施一次，一般需连续喷施 2～3 次。

三、安全施肥技术

1. 基肥　基肥以有机肥为主，无机肥为辅，在定植前施用。一般每亩施腐熟优质有机肥 2 000～3 500 千克、饼肥 50～100 千克、生物有机肥 30～50 千克、骨粉 50～100 千克、过磷酸钙 20 千克、菠萝专用肥 20～30 千克，也可施硫酸铵 5～10 千克、过磷酸钙 15～20 千克、硫酸钾 10～15 千克、硫酸镁 20 千克代替专用肥。

在定植前按行距挖宽 50 厘米、深 30 厘米的种栽沟，将肥料混匀后施入种栽沟内，盖一层薄土，避免肥料对根系造成伤害。

2. 追肥 菠萝营养生长期长，占整个生育期的 60% 以上，是形成产量的关键时期，应适时追肥。

壮苗肥：在营养生长期的 3～5 月亩追施菠萝专用肥 25～30 千克或尿素 20 千克＋氯化钾 10 千克；7～9 月亩追施菠萝专用肥 25～30 千克或尿素 10 千克＋氯化钾 15 千克。视植株长势情况，结合喷施农海牌氨基酸复合微肥 2～3 次，对增强植株抗逆能力效果明显。

促花壮蕾肥：在花芽分化前期至花蕾抽发前期，即 10 月至翌年 2 月，亩施菠萝专用肥 30～40 千克或生物有机肥 40 千克＋氯化钾 15 千克代替专用肥。

壮果催芽肥：菠萝植株谢花后，进入果实膨大期，亩施菠萝专用肥 25～30 千克或生物有机肥 30～40 千克，结合喷施农海牌氨基酸复合微肥，每 8～15 天一次。

壮芽肥：菠萝果实采收前后与下一次基肥一起施用，亩施菠萝专用肥 25～30 千克或生物有机肥 60～80 千克＋氯化钾 15 千克，穴施于离根基部 15 厘米左右处，施后浇水。

3. 根外追肥 在菠萝周年生长期内，均可喷施具有多功能的农海牌氨基酸复合微肥，对提高增强树势、提高抗逆能力、提高产量、改善品质效果显著。

四、专用肥配方

氮、磷、钾三大元素含量 30% 的配方：
$30\% = N12 : P_2O_5 3.33 : K_2O14.76 = 1 : 0.28 : 1.23$
原料用量与养分含量（千克/吨产品）：
硫酸铵 100　　$N = 100 \times 21\% = 21$
　　　　　　　$S = 100 \times 24.2\% = 24.2$
尿素 200　　　$N = 200 \times 46\% = 92$

过磷酸钙 200　$P_2O_5 = 200 \times 16\% = 32$

　　　　　　　　$Ca = 200 \times 24\% = 48$

　　　　　　　　$S = 200 \times 13\% = 26$

钙镁磷肥 20　　$P_2O_5 = 20 \times 18\% = 3.6$

　　　　　　　　$CaO = 20 \times 45\% = 9$

　　　　　　　　$MgO = 20 \times 12\% = 2.4$

　　　　　　　　$SiO_2 = 20 \times 20\% = 4$

氯化钾 246　　$K_2O = 246 \times 60\% = 147.6$

　　　　　　　　$Cl = 246 \times 47.56\% = 117.0$

硼砂 15　　　　$B = 15 \times 11\% = 1.65$

氨基酸螯合锌、铁、锰、钼 13

七水硫酸镁 70　$MgO = 70 \times 16.35\% = 11.45$

　　　　　　　　$S = 70 \times 13\% = 9.1$

硝基腐植酸 85　$HA = 85 \times 60\% = 51$

　　　　　　　　$N = 85 \times 2.5\% = 2.13$

生物制剂 21

增效剂 10

调理剂 20

第二十二节　脐 橙 树

一、需肥特点

脐橙是多年生高产果树，每年从树上采摘大量果实带走了从土壤中吸收、转化、贮藏于果实中的各种营养元素，土壤中这些营养元素含量都有一定限度，若不及时加以补充，势必造成贫乏。土壤中某些必需元素尤其是大量消耗的元素供给不足时，就会影响树势、产量和果实品质；严重缺乏时，会引发各类缺素症，甚至植株死亡。因此，根据树龄、树势、物候期、产量状况、品质要求及土壤现状等不同条件产生的树体营养实际需要进行经济有效施肥，是最有效的补充各类营养元素的措施。

脐橙生长结果需要的营养元素有 16 种，按矿质元素的需要量，可分为大量元素（氮、磷、钾）、中量元素（钙、镁、硫）和微量元素（硼、锌、铁、铜、锰、钼）。这些营养元素在脐橙生理上各有其重要作用，且元素间不能互为代替。据研究，每生产 1 000 千克脐橙鲜果需氮（N）4.5 千克、磷（P_2O_5）2.3 千克、钾（K_2O）3.4 千克，三元素的比例为 1：0.51：0.76。

二、缺素症状与补救措施

脐橙栽培中常见的缺素症有缺钾、缺镁、缺硼、缺锌和缺锰等 5 种，而且缺镁和缺硼常常相伴发生。

1. 缺钾　缺钾症是脐橙最常见的缺素症，春梢开始转绿时即会开始表现。缺钾时老叶叶尖和邻近的叶缘部分开始黄化，随后向下部扩展，叶片稍卷曲，呈畸形，新梢生长短小细弱；落花落果重；果形变小，果皮薄而光滑；抗旱、抗寒能力降低。补救措施：① 增施有机肥，培肥地力。充分利用生物钾肥资源，实行杂草覆盖，增施有机肥料，促进农业生态系统中钾的再循环和再利用，缓解钾肥供需矛盾，能有效防止缺钾症发生。②合理施用钾肥。钾肥来源主要为硫酸钾及其复合肥，含硅酸盐细菌的生物有机肥其解钾菌可分解土壤中钾以增加供钾能力。③ 控制氮肥施用量，保持养分平衡，缓解缺钾症的发生。缺钾症的发生与氮肥施用过量有很大关系，在供钾能力较低或缺钾的土壤上，钾肥施用得不到充分保证时，更应严格控制氮肥施用量。④ 排水防涝。防止因地下水位高，土壤过湿，影响根系呼吸或根系发育，阻碍根系对钾的吸收。⑤喷施 1%～1.5%硫酸钾水溶液，每 7～8 天喷一次，一般连续喷 2～3 次。

2. 缺镁　缺镁症也是脐橙最常见的缺素症，一般在 6 月开始表现症状，以夏末和秋季果实接近成熟时发生最多。缺镁时，结果母枝和结果枝中位叶的主脉两侧出现肋骨状黄色区域，叶尖到叶基部保持绿色的部分约成倒三角形，附近的营养枝叶色正常。严重时，冬季大量落叶，有的患病树采后就开始大量落叶。病树易遭冻害和感染炭疽病，大小年结果明显。补救措施：一般可施用钙镁磷肥或硼镁肥，补给土壤中镁的不足，亩施钙镁磷肥40～50 千克，硼镁肥 5～6 千克。叶面喷施镁肥可作为补救缺镁症的应急处理措施，用硫酸镁 0.2％溶液在缺镁症高发期每隔7～10 天喷施一次，连续喷施 2～3 次。

3. 缺硼　缺硼时，初期新梢叶出现水渍状斑点，叶畸形，叶脉发黄增粗，表皮开裂，新芽丛生，幼果发僵发黑，成熟果实的果皮增厚、粗糙，内果皮层有褐色胶状物，果肉干瘪而无味。严重时，树顶部生长点受抑制，树上出现枯枝落叶，树冠秃顶，有时还可看到叶柄断裂，叶倒挂在枝梢上，最后枯萎脱落。补救措施：① 改善土壤环境，培肥地力，提高土壤的供硼能力。同时，应改善土壤的保水供水性能，促进脐橙根系的生长发育和对硼的吸收利用。② 增施有机肥，间种绿肥，以提高土壤有效硼，增强土壤供硼能力。③ 增施硼肥，一般叶面喷施氨基酸复合微肥 600 倍稀释液或硼砂 0.2％～0.3％水溶液，每 5～7 天喷施一次，连续喷施 2～3 次，即春梢转绿期一次，夏梢转绿期 1～2 次。硼肥土施，应根据树体大小确定施用量，一般情况下小树每株施硼砂 20～30 克或硼镁肥 20～30 克，大树每株施硼砂 100～200 克或硼镁肥 100～150 克。土壤追肥，应将硼肥与 20 倍细表土拌匀后施入。叶面喷施要做到正反叶面都均匀喷到。

4. 缺锌　缺锌时，抽生的新叶随着老熟，叶脉间出现黄色斑点，逐渐形成肋骨状的鲜明黄色斑块；严重时，新生叶变小，抽生枝梢节间缩短，叶丛生状，果实明显变小。一般同一株树上的向阳部位较荫蔽部位发病为重。补救措施：①合理施肥。在低锌土壤上要严格控制磷肥施用量。在缺锌土壤上既要做到磷肥与锌肥配合施用，同时还应避免磷肥过分集中施用，防止局部磷、锌比例失调而诱发脐橙缺锌。②增施锌肥。叶面喷施锌肥，一般用 0.1%～0.2%硫酸锌溶液进行叶面喷施，也可喷施氨基酸复合微肥 600 倍液，每 7 天左右喷施一次，一般喷 2～3 次。土施硫酸锌一般每亩 1～2 千克，并根据土壤缺锌程度及固锌能力进行适当调整。施用锌肥时要注意，无论是土施还是叶面喷施，锌肥的残效期很长，不需年年施用。③如果园中发现缺锌症的树是零星分布，应考虑与柑橘黄龙病的关系，以改变防治措施。

5. 缺锰　缺锰大多在新叶暗绿色叶脉之间出现淡绿色斑点或条斑，随着叶片成熟，症状越来越明显，淡绿色或淡黄绿色区域随着病情加剧而扩大，叶片变薄，老熟叶片上也常保留症状。补救措施：① 改良土壤。一般增施有机肥和硫黄。② 叶面喷施。在新梢叶片转绿时，喷施氨基酸复合微肥 600～800 倍稀释液，每 7～8 天喷施一次，或喷施 1～2 次硫酸锰 0.5%水溶液。土壤施用硫酸锰每亩 1～2 千克，与 20 倍表土拌匀后施入土壤。

三、安全施肥技术

1. 施肥原则　综合土壤、树况、天气等不同情况和变化，采用腐熟有机肥与无机肥结合，以腐熟有机肥为主；氮、磷、钾三要素与其他营养元素结合，提倡叶片营养诊断、配方施肥；正确掌握施肥量、施肥时期和方法，提高肥料利用率，防止产生肥害。

2. 土壤施肥

条状沟施：在树冠滴水线外缘相对两侧开条状施肥沟，将肥料、土拌匀施入沟内，每次更换位置。

环状沟施：沿树冠滴水线外缘相对两侧开环状施肥沟，将肥、土拌匀施入沟内，每次更换位置。

放射状沟施：在树冠投影范围内距树干一定距离处开始，向外开挖 4～6 条内浅外深、呈放射状施肥沟，将肥、土拌匀施于穴内，每次更换位置。

穴状施肥：在树冠投影范围内挖若干施肥穴，将肥、土拌匀施于穴内，每次更换位置。

水肥浇施：腐熟有机肥兑水稀释，浇施于树冠范围内。肥料可选用枯饼、人畜粪尿等，浇施前必须完全腐熟；水肥浇施必须严格掌握肥料使用浓度，防止浓度过高造成肥害。以腐熟饼肥为例，建议使用浓度1%左右，最高不超过1.5%；有机水肥中可适当添加尿素、复合肥等速效化肥，化肥浓度应控制在0.5%以下。采用水肥浇施，为防止根系上浮，成年大树每次浇施量不少于50千克，幼树浇透为止。为减少水肥流失，使水肥能够深入渗透，也可于树冠滴水线外缘两侧开挖深15～20厘米的条状或环状沟，水肥浇入沟内，待其完全下渗后，覆一层薄土减少蒸发。如此多次使用后，最终将施肥沟完全填满。

3. 根外追肥　可在春梢、秋梢转绿期尤其是在果实膨大期喷施农海牌氨基酸复合微肥，每10天左右喷一次，也可喷施无机营养元素。常用根外追肥使用浓度：尿素0.2%～0.3%（缩二尿含量<0.25），硫酸锌0.2%，硫酸镁0.05%～0.2%，硼砂0.1%～0.2%，磷酸二氢钾0.2%～0.3%，钼酸铵0.05%～0.1%。根外追肥一是要注意严格控制使用浓度和肥料种类，二是切忌高温时节进行，以免灼伤叶、果表皮。

当年定植幼树施肥：当年定植的幼树，以保成活、长树为主要目的，但根系又不发达，施肥方法多采用勤施薄施，少量多次。从定植成活后半个月开始，至8月中旬止，每隔10～15天追施一次稀薄腐熟有机水肥＋脐橙专用肥，秋冬季节结合扩穴改土重施一次基肥。

结果前幼树施肥：结果前的幼树扩大树冠是主要目的，为投产做准备。以有机肥为主，适当增施氮肥，辅以磷、钾肥。施肥时期：每次新梢抽生前7～10天施促梢肥，新梢剪后追施1～2次壮梢肥，秋冬季深施一次基肥。促梢肥，株施腐熟有机肥（或生物有机肥）1～1.5千克和脐橙专用肥0.2～0.3千克，基肥每株深施腐熟饼肥 2～5 千克和脐橙专用肥 1～2.5 千克。

初结果树施肥：初结果期脐橙树既要继续扩大树冠，又要形成一定产量，其结果母枝以早秋梢为主，施肥要以壮果攻梢肥为重点，施肥量随树龄和结果量增加而逐年增多。春芽肥，株施脐橙专用肥 0.2～0.4 千克；壮果攻秋梢肥，株施腐熟饼肥（或生物有机肥）2～3 千克和脐橙专用肥 0.3～0.5 千克。基肥每株深施腐熟饼肥 2～5 千克和脐橙专用肥 1～2 千克。

成年结果树施肥：成年脐橙园视施肥时间不同，全年施肥 2～3 次。一般采果后施基肥，2 月中下旬至少 3 月上旬施芽前肥（也有的将基肥与芽前肥一同施用），6 月下旬至 7 月上旬施攻秋梢壮果肥。以株产 60 千克以上树为例：基肥株施腐熟有机肥（或生物有机肥）4～5 千克和脐橙专用肥 0.5～1.5 千克；春肥，冬季已施用基肥的，以氮、磷为主，株施脐橙专用肥 0.3～0.5 千克；基肥与春芽肥一同施用的，以腐熟有机肥（或生物有机肥）为主，配合氮、磷、钾肥，株施腐熟有机饼肥或生物有机肥 5～6 千克和脐橙专用肥 0.3～0.5 千克。壮果肥有机肥和无机肥深混施，株施腐熟饼肥（或生物有机肥）4～5 千克和脐橙专用肥 0.3～0.5 千克。

施肥方法采用条状、放射状沟或环状沟均可，沟深 50～60 厘米，沟底施入粗有机物（稻草、植物秸秆等）20～35 千克，上层施入腐熟有机饼肥（或生物有机肥）3～5 千克、脐橙专用肥 0.5～1.5 千克。无论脐橙幼龄树还是成年树，8 月上旬以后应停止施入速效性氮肥，改用有机肥料代替，防止因氮肥过多抽生晚秋梢或影响果实着色。

四、专用肥配方

氮、磷、钾三大元素含量 30% 的配方：

$30\% = N\ 13 : P_2O_5\ 6.7 : K_2O\ 10.3 = 1 : 0.52 : 0.79$

原料用量与养分含量（千克/吨产品）：

硫酸铵 100　　N=100×21％=21

　　　　　　　S=100×24.2％=24.2

尿素 216　　　N=216×46％=99.36

磷酸一铵 62　P₂O₅=62×51％=31.62

　　　　　　　N=62×11％=6.82

过磷酸钙 200　P₂O₅=200×16％=32

　　　　　　　Ca=200×24％=48

　　　　　　　S=200×13.9％=27.8

钙镁磷肥 20　P₂O₅=20×18％=3.6

　　　　　　　CaO=20×45％=9

　　　　　　　MgO=20×12％=2.4

　　　　　　　SiO₂=20×20％=4

硫酸钾 206　　K₂O=206×50％=103

　　　　　　　S=206×18.44％=37.99

硼砂 15　　　　B=15×11％=1.65

氨基酸螯合锌、锰、铁 20

硝基腐植酸 90　HA=90×60％=54

　　　　　　　N=90×2.5％=2.25

氨基酸 20

生物制剂 20

增效剂 10

调理剂 21

第二十三节　杨 梅 树

一、需肥特点

我国杨梅主产区多在土壤结构不良、肥力偏低的地方，虽然杨梅具有菌根，能固定空气中氮素，但在瘠薄的土壤中栽种，必须依靠施肥来保证其正常生长和结果所需的各种养分，当养分不足时，产量低、品质差，还造成大小年结果。杨梅是常绿果树，产量高，需肥量大，生长土壤瘠薄，均衡提供养分是优质高产的关键，因此杨梅施肥应以有机肥为主，化肥为辅的原则。

幼年树以促进生长、迅速形成丰产树冠为目的，因此除栽植前施足基肥外，在3～8月的生长季节，应以薄肥多次追施，并以速效性氮肥为主，配合适量氮磷钾专用复混肥或尿素。

新植幼树成活后及时施用速效性薄肥，在春、夏、秋梢抽生前半个月施入，一般株施尿素0.1千克，由于幼年树抵抗力弱，施肥时要求土壤含水量充足，可于降雨前后施入或兑水施入。

三年生后，每株增加肥料用量，配合适量磷钾肥。如全年株施杨梅专用肥0.5～0.8千克或尿素0.3～0.5千克，加草木灰2～3千克、硫酸钾0.11～0.12千克。

始果后施肥时要注意少氮增钾，以控制生长，促进结果。施肥方法多采取环状和盘状施肥，促进根系向外延伸，扩大树冠。

结果树以高产、稳产、优质、高效为目标。施肥原则为增钾少氮控磷。一般全年施肥2～3次。若全年施3次肥，第一次为萌芽前的2～3月，以钾肥为主，配施氮肥，满足杨梅春梢生长、开花与果实生长发育的养分需求；第二次壮果肥于5月中旬，以速效性钾肥为主，补充果实生长发育的养分需求，提高果实品质；第三次为采果后的6～7月，以有机肥为主，辅以速效性氮肥，及时补充树体养分。三次施肥量分别约占30％、30％和40％。若全年施两次肥，第一次萌芽前施第一次肥，施肥量约占40％；第二次采果后施入，约占60％。

二、缺素症状与补救措施

杨梅对氮、磷、钾三要素的要求差异很大。因对磷素需要量很少，一般不出现缺磷症状；有菌根共生，也不易出现缺氮现象。目前常见杨梅缺素症有下列几种。

1. 缺钾 树势衰弱，从老叶开始，叶尖到叶脉逐渐变黄干枯死亡，叶片褐色，叶缘似烧焦状，并出现斑点状的死亡组织，有时叶卷曲显皱纹，果肉不饱满，畸形果多。补救措施：土壤追施钾肥，每株 1～2 千克，树冠喷施 0.5%～1%磷酸二氢钾或1%～1.5%的硫酸钾，每 7～15 天喷施一次，至症状消失。

2. 缺硼 杨梅大多栽植在山地，因为土层浅，硼素易流失。有机肥料缺少、pH 值偏高等因素也会导致缺硼症。初期表现叶片变小，叶色暗淡，顶端枝叶发白，枝条生长点死亡，新叶粗糙，有烧焦状斑点，叶柄、叶脉易折断，根系不发达，蕾、花易落，果实不饱满。严重时枝条丛生，枝条顶端节间变短，春梢萌发迟，顶芽萎缩，不结果或少结果，甚至枯梢。预防方法：增施有机肥，不施磷肥；增施硼砂，在树冠直径 3 米左右施硼肥50～100 克＋尿素 100～200 克，对水施；也可对树冠喷施 0.12%硼砂＋0.14%尿素混合液，一般每8～15 天喷施一次，连续喷 2～4 次。

3. 缺锌 除叶脉附近绿色外，其余叶肉褪绿，似黄色条斑。树体矮小、叶小、丛生、缺绿，新叶有灰色或黄白色斑点，根系生长差。果实发育不好，肉柱硬、细、尖或变形，品质差。防治措施：结合防病害，喷施 70%代森锰锌或代森锌 600～800 倍液，加入 0.3%～0.5%硫酸锌，每 7～8 天喷一次，一般喷施2～4 次。

4. 缺钼 树体矮小，易感病虫，幼叶黄绿，老叶变厚，叶脉间肿大向下卷曲，根瘤发育差，果实重量下降或推迟成熟。补救措施：喷 0.1%～0.2%钼酸铵水溶液，每 8～10 天喷施一次，一般喷施 2～3 次。

5. 缺镁 叶脉两侧出现不规则黄斑，老叶缺绿，但叶脉仍绿，叶肉变黄变褐，最后死亡，开花受抑制，花色苍白。补救措施：每株追施镁盐175 克或用 1%～2%硫酸镁叶面喷施，每 7～10 天喷施一次，一般喷施 2～3 次。

三、安全施肥技术

1. 幼年树施肥 种植后当年 8 月每株施尿素 0.05 千克、硫酸钾 0.04 千克或稀薄人粪尿 2～3 千克，10～11 月施专用肥 0.3～0.5 千克或施饼肥 0.5～1 千克、草木灰 0.5～1 千克。

种植后第 2～3 年，5～6 月每株施专用肥 0.3～1.2 千克、优质有机肥 10～20 千克或 45% 氮磷钾复合肥 0.25～1 千克，10～11 月施菜饼肥 0.8～1.2 千克＋专用肥 0.5～1.5 千克；第 4～5 年开始结果后增加施肥量，5～6 月每株施过磷酸钙 0.2 千克、氯化钾 1～1.5 千克或专用肥 1～1.6 千克，10～11 月施饼肥 3～4 千克或专用肥 2 千克。

2. 成年树施肥 一般每年 3～4 次，用量按树体大小而定。第一次在早春 2～3 月，看树施用稀薄速效肥，每株施杨梅专用肥 0.5～0.8 千克，以满足春梢抽发和开花结果所需，但这次肥料小年树可不施；第二次在 5 月下旬，以速效氮肥和钾肥为主，每株施氮钾专用肥 0.5～1 千克，以促进果实肥大；第三次在果实采收结束后，7～8 月是杨梅花芽分化和发育期，及时施入采后肥，对补充树体养分，促进花芽分化有重要作用。施肥量以 20～30 年生大树为例，每株施专用肥 3～5 千克或 0.5～1 千克，再加硫酸钾或氯化钾 2.5～3 千克、过磷酸钙 0.5 千克。第四次在 9～10 月，结合土壤深翻扩穴施基肥，每株施厩肥 25～30 千克、复合微生物肥 1 千克、专用肥 2～3 千克。对有机肥缺乏或运输不便的山区，在深翻扩穴、施用绿肥的同时，每株可施用杨梅专用肥 2～4 千克。另外，在杨梅果实肥大期和 7～11 月养分贮积期可喷施农海牌氨基酸复合微肥，每 10 天左右喷施一次，一般喷施 3～4 次。可增强树体抗逆能力，促进优质高产。

3. 施肥方法

环状沟施：以幼年树比较适宜，以杨梅树干为中心，在树冠滴水线处挖一条环状沟，沟宽 30～40 厘米，深 20～30 厘米，将肥料混匀后施入环状沟内与土壤拌匀，施肥后盖土。

条状沟施：以树干为中心，在树冠外围投影下偏外 15～20 厘米处挖宽 30～40 厘米、深 20～30 厘米若干条状沟，把肥料放入条沟内与泥土拌匀后盖土，条沟随着树冠向外扩大而外移。

放射状沟施：常用于成年树，以树干为中心，与树冠切线垂直，沿树冠滴水线开始向内挖 4～6 条放射状条沟，沟长 40～60 厘米，宽 30～40 厘米，深 20～30 厘米，施肥后再盖土。翌年改变位置，达到全园深翻之目的。

穴施法：以树干为中心，在树冠外围投影下，挖深 20～30 厘米、直径 30～40 若干穴，施肥后覆土。此法多用于成年树施肥。

撒施法：在树冠投影面积下，耙开表土约 5～10 厘米，把液肥或粉肥浇撒在树盘面上，待液肥稍干后覆土。

四、专用肥配方

氮、磷、钾三大元素含量为 30％的配方：

$30\% = N8 : P_2O_5 \ 6 : K_2O \ 16 = 1 : 0.44 : 2$

原料用量与养分含量（千克/吨产品）：

硫酸铵 100	$N = 100 \times 21\% = 21$
	$S = 100 \times 24.2\% = 24$
尿素 106	$N = 106 \times 46\% = 48.76$
磷酸一铵 65	$P_2O_5 = 65 \times 51\% = 33.15$
	$N = 65 \times 11\% = 7.15$
过磷酸钙 150	$P_2O_5 = 150 \times 16\% = 24$
	$CaO = 150 \times 24\% = 36$
	$S = 150 \times 13.9\% = 20.85$
钙镁磷肥 15	$P_2O_5 = 15 \times 18\% = 2.7$
	$CaO = 15 \times 45\% = 6.75$

$$MgO=15\times12\%=1.8$$
$$SiO_2=15\times20\%=3$$

氯化钾 267　　$K_2O=267\times60\%=160.2$
　　　　　　　$Cl=267\times47.56\%=126.99$

硼砂 15　　　$B=15\times11\%=1.65$

氨基酸螯合锌、锰 15

硝基腐植酸 150　$HA=150\times60\%=90$
　　　　　　　　$N=150\times2.5\%=3.75$

氨基酸 39

生物制剂 25

增效剂 13

调理剂 40

第二十四节　椰　子　树

一、需肥特点

椰子树正常生长发育需要 16 种必需营养元素，但以土壤中氮、磷、钾的吸收量最多。各椰子生产国对椰子的需肥特点几乎都做过研究，提出不少研究报告。吉尤斯研究认为，每亩椰子（10～11 株）产椰果 470 个左右，估计每年从土壤中吸收氮 6.13 千克、磷 2.73 千克、钾 9.13 千克，其比例为 1：0.45：1.49。印度学者研究认为，每亩 12 株椰子，每株产椰果 100 个，估计每年从土壤中吸收氮 10.5 千克、磷 1.87 千克、钾 19.2 千克，其比例为 1：0.18：1.83。椰子树需要全肥，以钾最多，氮、磷次之。椰树是嗜氯特性果树，应注意施用氯肥。

椰子在不同物候期对养分的吸收量不同。我国海南省 5～10 月气温高、降水量充沛，椰子生长量大，抽叶多，抽苞、裂苞数和雌花数量最多，对氮、磷、钾的吸收量最多。11～12 月随着温度逐渐下降，降水量减少，椰子生长量相对减少，需要的营养元素也逐渐减少。1～4 月气温低，降水量少，抽叶少，生长慢，吸收的氮、磷、钾数量也最少。

二、叶片分析诊断临界指标

1. 叶片采样方法 成龄椰树采第一片展开叶往下数第 14 片叶，幼龄椰树采冠层中部相对稳定的叶片。分别采取复叶中部的 3～5 对小叶（裂片），并根据需样量多少取中间 20～30 厘米作为样品分析。

2. 营养临界指标 氮 1.8%～2.0%、磷 0.12%、钾 0.8%～1.0%、钙 0.5%、钠 0.2%～0.24%、镁 0.3%、氯 0.5%、硫 0.2%、铁 50 毫克/千克、锰 60 毫克/千克、铜 2 毫克/千克、锌 8.4～9.3 毫克/千克、硼 14 毫克/千克。

叶片分析结果某元素低于临界数值时，施肥会有效果。

三、缺素症状与补救措施

1. 缺氮 椰树缺氮表现为叶簇不同程度变黄，生长受抑制。随着症状加重，老叶完全变成金黄色，幼叶变成浅绿色，叶面失去光泽，花序大多发育不全，雌花减少。缺氮后期，茎干顶部变细，似笔尖状。树冠仅有少量短小的叶片。在这种情况下，不能长出花序，即使有花序也很少或无雌花，最终椰树变光秃。补救措施：合理施肥，在发生缺氮症状时，土壤追施速效氮肥，施后浇水。直接的补救措施是叶面喷施1%～2%尿素水溶液，每5～7 天喷施一次，至症状消除。也可树体注射尿素或其他水溶氮肥液体。

2. 缺磷 生长减慢，叶子变小，严重缺磷时小叶发黄且硬化。一般情况下，椰树对磷的需求量相对较少，特别缺磷的现象很少见。补救措施：如发生缺磷症状，叶面喷施 1%～1.5%过磷酸钙水浸液，每 7 天左右喷施一次，至缺素症状消失。也可土壤追施磷肥，然后浇水。

3. 缺钾　缺钾初期症状为叶中脉两侧出现两条纵向锈色斑点，叶片轻微变黄，小叶尖端明显变黄。叶片变黄多集中在叶缘部位，变黄叶面很快坏死。早期特征是树冠心部的叶子变黄，到后期，较老的叶片也变黄干枯，在树干上可见枯死的悬垂叶片。通常缺钾的椰树生势差，树干细长，小叶变短，花序、坐果及每个果穗上的椰果数量都减少。轻度至中度缺钾的椰树对施钾肥的反应迅速，长期严重缺钾的椰树对施钾肥的反应迟钝，需要2～3年才显示出肥效。补救措施：在发生缺钾症状时及时喷施1%～1.5%硫酸钾水溶液，每7～8天喷施一次，至症状消除。也可土壤追施钾肥，施入土壤后浇水。

4. 缺钙　小叶变黄，小叶尖端有黄色至橙色环状坏死斑点，后蔓延至整片小叶。叶片逐渐干枯，心部的叶比老叶较早出现症状。补救措施：改良土壤，加强水肥管理。合理施肥是预防缺钙的根本方法。一旦发生缺钙症状时，喷施0.2%～0.3%硝酸钙水溶液或氨基酸螯合钙1 000倍水溶液，每7天左右喷施一次，补钙效果较快。

5. 缺镁　缺镁是椰树最常见的矿质营养缺乏症之一，多发生在幼龄椰树和幼苗上。通常表现为外轮叶子变黄。严重缺镁时，小叶变黄加剧，尖端坏死。叶面产生许多褐色斑渍，致使成熟叶片过早凋萎。补救措施：在发生缺镁症状时，及时喷施1%～2%硫酸镁水溶液或氨基酸螯合镁800～1 000倍水溶液，每7～10天喷施一次，一般需喷施3～4次。如果土壤缺少有效镁时，应追施含镁肥料。

6. 缺硫　幼叶和老叶都变橙黄色，小叶逐渐坏死，叶轴呈弓形和变弱。随叶龄增加而加剧褪绿和坏死。第二第一片叶可能变黄。在后期，树顶部的大多数叶片掉落，较老叶片严重坏死。椰果减产，果实小，椰肉厚度正常，干枯椰果的椰肉变柔韧，椰干常为褐色。补救措施：追施硫黄粉或含硫肥料，结合防病虫害喷施 45％石硫合剂 150 倍液，每亩 50 千克，也可结合追肥喷含硫化肥。

3. 缺微量元素　椰树微量元素缺乏症状很少被人注意，氯对于高等植物是一种微量元素，但却是椰树的主要养分之一。椰树缺氯的症状是叶片变黄，较老的叶子出现斑纹，叶外缘和小叶尖端干枯，与缺钾症状相似；此外，缺氯椰树果型较小。缺铁、缺锰症状是较幼龄的叶子褪绿；椰树缺硼仅在有限范围内发生，通常流行于幼龄，特别是 3～6 龄椰树和苗圃幼苗，其症状是萌发出的叶子较短，小叶变形卷曲，退化，叶尖严重坏死，初期，心叶的两个末端小叶伸展受到抑制，小叶由于横向收缩而皱褶，比正常的叶片厚且易碎，当病害发生时，叶片坏死，只剩枯黑的光秃叶柄，无小叶萌发，椰树逐渐死亡。补救措施：在发生微量元素缺素症状时，可用氨基酸复合微肥 600 倍水溶液，加入0.2％～0.5％所缺元素进行叶面喷施，每 7～10 天喷施一次，至症状消除为止。

四、安全施肥技术

1. 苗圃施肥　苗圃施肥宜施足基肥，每亩施优质有机肥1 300～1 500 千克和椰树专用肥 100～130 千克，或用氯化钾、过磷酸钙和硫酸镁的混合肥 130 千克代替专用肥。将肥料与土拌匀，施在定植穴中上层。追肥在 2 月龄施一次，用量为每株施椰树专用肥 50～60 克，或用硫酸铵 25 克、氯化钾 25 克、氯化钠40 克代替专用肥。5 月龄再施一次，每株用量为椰树专用肥80～100 克，或用硫酸铵 20 克、氯化钾 25 克、氯化钠 40 克代替专用肥。

2. 幼龄树施肥　幼龄树施肥应随树龄而不同，定植时，基肥一般每株用椰树专用肥 300～350 克和腐熟有机肥 25～30 千克或硫酸铵 150 克、氯化钾 200 克。6 月龄时再施椰树专用肥400～450 克或硫酸铵 200 克、氯化钾 250 克。到一年龄树，施椰树专用肥 1 000 克或硫酸铵 500 克、氯化钾 500 克。以后每年适当增加用量，若不用专用肥时，还需配施适量的过磷酸钙。5 年树龄以上的椰树，每株每次施椰树专用肥 2～3.5 千克或硫酸铵 1 500 克、氯化钾 1 000 克、过磷酸钙 500 克。

3. 成龄树施肥　成龄树每年每株施用有机肥 50～100 千克、椰树专用肥 2～3.5 千克或尿素 1.3 千克、重过磷酸钙 0.3 千克、氯化钾 3 千克。

施肥时间以椰树生长发育的物候期为依据。在海南，3～9 月椰子生长发育快，是理想的施肥期；比较肥沃的土壤每年只需施肥 1～2 次；土壤结构不良、保肥保水差的瘦瘠沙土，每年需施肥 3～4 次。速效肥或水肥应施在距树基 1～1.7 米处，深度以 15～20 厘米为宜。腐熟有机肥与化肥配施应在树冠 1/2～2/3 处，深度 20 厘米。施肥方法可采用撒施、放射沟施、侧沟施、环状沟施等，但通常多采用侧沟施或环状沟施肥。

五、专用肥配方

氮、磷、钾三大元素含量 30％的配方：

30％＝N10.5：P_2O_5 4.5：K_2O 15＝1：0.43：1.43

原料用量与养分含量（千克/吨产品）：

氯化铵 200　　N＝200×25％＝50

　　　　　　　Cl＝200×66％＝132

尿素 111　　　N＝111×46％＝51.06

磷酸一铵 25　 P_2O_5＝25×51％＝12.75

　　　　　　　N＝25×11％＝2.75

过磷酸钙 180　P_2O_5＝180×16％＝28.8

　　　　　　　CaO＝180×24％＝43.2

　　　　　　　S＝180×13.9％＝25.02

钙镁磷肥 20　 P_2O_5＝20×18％＝3.6

　　　　　　　CaO＝20×45％＝9

$$MgO=20\times12\%=2.4$$
$$SiO_2=20\times20\%=4$$

氯化钾 250　　$K_2O=250\times60\%=150$
$$Cl=250\times47.56\%=118.9$$

硼砂 15　　$B=15\times11\%=1.65$

氨基酸螯合锌、锰、铁 20

七水硫酸镁 100　　$MgO=100\times16.35\%=16.35$
$$S=100\times13\%=13$$

氨基酸 27
生物制剂 20
增效剂 12
调理剂 20

第二十五节　杧果树

一、营养特性与需肥规律

杧果是多年生木本果树，每个结果周期一般为一年，在一年中多次萌芽，多次抽梢，进入结果期较早。芒果生长发育需 16 种必需的营养元素，从土壤中吸收氮、磷、钾、钙、镁的量较大。据报道，每生产 1 000 千克鲜果需氮（N）1.735 千克、磷（P_2O_5）0.231 千克、钾（K_2O）1.974 千克、钙（CaO）0.252 千克、镁（MgO）0.228 千克，吸收量最多的是钾，氮次之，其吸收比例为 1∶0.13∶1.14∶0.15∶0.13。果实带走的养分因土壤、品种、栽培管理措施不同而有一定差异。

杧果树不同生育期叶片和果实对各种养分的吸收量也不相同。芒果采果后，植株以营养生长为主，大量吸收养分，积累营养物质，迅速恢复树势。

果实生长发育及养分变化规律可分为三个阶段：第一阶段，

开花稔实至坐果 20～25 天，为果实缓慢生长期，氮、磷、钾、钙、镁的吸收量分别占养分总吸收量的 25％、14％、1％、15％、14％。第二阶段，坐果后 20～60 天，为果实迅速生长期，对氮、磷、钾、钙、镁的吸收量分别占养分总吸收量的 68％、66％、63％、85％、65％，果实迅速膨大。第三阶段，果实又进入缓慢生长期，果实对氮、磷、钾、钙、镁的吸收量分别占养分总吸收量的 7％、20％、36％、0％、21％。

由此可见，果实生长前期应补充氮和钙，后期应适当补充钾素，对磷和镁的需求量较平稳。

二、营养失调诊断

1. 缺氮 果树缺氮后植株矮小，枝软叶黄，叶片黄化，顶部嫩叶变小、失绿、无光泽，严重时叶尖和叶缘出现坏死斑点。成年树缺氮会提早开花，但花朵少，坐果率低，果实小。病因：管理粗放的果园水肥等管理不当、土壤瘠薄、缺肥和杂草多易发生缺氮症。

2. 缺磷 缺磷后植株生长矮小纤细，下部老叶的叶脉间先出现坏死褐色斑点或花青素沉积斑块，叶变黄。最后变为紫褐色干枯脱落，顶部抽生出的嫩叶小且硬，两边叶缘向上卷，植株生长缓慢。严重缺磷时，树体生长迟缓，分枝少，叶小，花芽分化不良，果实成熟晚，产量下降。病因：施肥不合理，在疏松的沙壤或施入有机质多的土壤会出现缺磷。酸性或含钙量多的土壤，土壤中磷素被固定成磷酸钙或磷酸铁铝，不能被果树吸收。

3. 缺钾 缺钾首先从下部老叶开始表现症状，老叶的叶缘先出现黄斑，叶片逐渐变黄，发病后期导致叶片坏死干枯。严重时顶部嫩叶变小。叶片伸展后叶缘出现水渍状坏死或不规则黄色斑点，整叶变黄。缺钾的另一种表现是"叶焦病"，常在 8 龄内的树发生，结果树发生较少。病因：细砂土、酸性土及有机质少的土壤，或者在轻度缺钾土壤中氮肥过多，也易表现缺钾症。沙质土施石灰过多，可降低钾的可给性。施肥不合理也是造成缺钾的主要原因。

4. 缺钙　缺钙时叶片呈黄绿色，且顶部叶片先黄化。严重时，老叶沿叶缘部分带有褐色伤状，且叶片卷曲；顶芽变现干枯，花朵萎缩。病因：土壤酸度较高时，钙易流失；如果氮、钾、镁较多，也容易发生缺钙症。

5. 缺镁　缺镁典型症状是新叶表现不明显，老叶从叶缘开始黄化，中脉缺绿。病因：酸性土壤或沙质土壤中镁易流失，或者当钾、磷含量过多时都会发生缺镁症。

6. 缺锌　成熟叶片的叶尖出现不规则棕色斑点，随着斑点扩大最后合并成大的斑块，形成整片坏死。幼叶向下反卷，叶片成熟后变厚而脆，叶小且皱，最后主枝节间缩短，有大量带有小而变形叶片的侧枝发生。病因：土壤呈碱性时，有效锌减少，易表现缺锌症；大量施用磷肥可诱发缺锌症；淋溶强烈的酸性土锌含量较低，施用石灰时极易出现缺锌现象。

7. 缺锰　老叶的症状不明显，新叶则叶肉变黄，叶脉仍为绿色，整张叶片形成网状，侧脉仍然保持绿色，这是区别于其他缺素症状的主要征象。病因：土壤为碱性时，使锰呈不溶解状态，常可使芒果表现缺锰。土壤为强酸性时，常由于锰含量过多而造成果树中毒。春季干旱，易发生缺锰。碱性大（pH 值大于7.2）的土壤也容易出现缺锰。

8. 缺铁　缺铁时幼叶缺绿呈黄绿色，生长缓慢，幼叶逐渐黄化脱落，新梢生长受阻。病因：铁对果树的呼吸起重要作用。土壤中铁的含量一般比较丰富，但在盐碱性重的土壤中，大量可溶性二价铁被转化为不溶性三价铁盐而沉淀，不能被利用。

9. 缺硫　表现叶肉深绿，叶缘干枯，新叶未成熟就先脱落。病因：芒果园土壤供硫不足，有机肥料施用量少，含硫肥料施用量不足。

10. 缺硼 成熟叶片略为黄化而变小，黄化部分渐渐变为深棕色坏死；幼叶叶缘的叶肉有棕色斑点出现，随着生长发育逐渐枯萎凋谢；主枝生长点坏死，大量抽生侧枝，侧枝生长点也会逐渐坏死，生长完全受阻。花器的花粉管不能伸长，影响受精，坐果率低。幼果果实变畸形，果肉部分木栓化，呈褐黑色，出现裂果现象，严重时成熟后果肉硬化，出现水渍状斑点，有些果肉呈海绵状，并有中空现象，但外观并无任何迹象。病因：土壤瘠薄的山地、河滩沙地及砂砾地果园，硼易流失。早春干旱和钾、氮过多时，都能造成缺硼症。石灰质较多时，土壤中的硼易被固定。

三、缺素防治措施

合理施肥，增施有机肥，加强水土保持，必要时可种植绿肥，改良瘠薄土壤。改良土壤，使之适于杧果树的生长条件。在有机肥不足的产区可补充微量元素。根据杧果树需肥要求，在年生长期内适量追施氮肥，沙质土果园一般年氮量以每株300～500克为宜，黏质土果园以每株500～700克为宜。

缺磷时可喷施0.2%～0.6%磷酸二氢钾，每7～10天喷一次，要想从根本上解决这个问题，必须从土壤中增加磷肥，结果树施磷量一般以每株150克五氧化二磷为宜。

缺钾时可先将病叶剪除，喷铜制剂进行防治。重点是改善杧果树根际环境，翻耕后增施有机肥、生物钾肥和硫酸钾。每亩施硫酸钾或氯化钾30～40千克，黏质土芒果园每株施氯化钾或硫酸钾600～700克。在发生缺钾症状时，喷0.5%～1%硫酸钾水溶液，每7～10天喷施一次，至症状消失。

缺钙症出现时在酸性土壤上施石灰，喷施2%硝酸钙或氯化钙，或进行灌根，作为补救措施。

缺锌的补救方法是将硫酸锌与有机肥一同混合作肥料施用，快速急救可用硫酸锌叶面喷施，每7～10天喷施一次。

缺硼时喷施 0.2%～0.3%硼酸或硼砂水溶液，每 7～10 天喷施一次，一般需喷 3～4 次。

缺镁时喷施 0.1%硫酸镁，每 7～10 天喷施一次，至症状解除。

缺锰时应注意改良土壤，增加土壤中有机质含量和调节土壤酸碱度。

缺铁时喷施 0.2%硫酸亚铁或 1 000 倍氨基酸螯合铁液，每 7～8 天喷一次。

四、安全施肥技术

根据芒果生长发育需肥特点，综合有关研究成果，芒果施肥的氮、磷、钾比例为 1∶0.2∶（1.2～1.8）较为适宜。热带地区土壤中钙、镁含量低，常按氮、磷、钾、钙、镁为 1∶0.2∶1∶0.9∶0.2 的比例计算钙、镁用量。根据杧果树的需肥特点，对结果树一般选择 4 次施肥：第一次在采果前后，每株施腐熟有机肥 15～20 千克＋芒果专用肥 1～3 千克，在树冠滴水线内侧挖环状沟浅施，如遇干旱天气，施肥后要灌水。第二次在芒果花芽分化期施催花肥，一般在 10～11 月，株施腐熟有机肥 15～20 千克＋杧果树专用肥 1～2 千克或石灰 1 千克、复混肥 0.5～1 千克、生物有机肥 5～8 千克、硫酸钾 0.5～1 千克，环状沟施，以促进花芽分化，保证花的发育。第三次施壮花肥，一般 1～3 月是花蕾发育与开花期，株施杧果树专用肥 0.2～0.25 千克或尿素 0.1～0.15 千克、硫酸钾 0.2 千克。在盛花期前及盛花期内，各喷 500 倍硼酸一次，可提高树体营养水平，促进花穗和小花发育，提高两性花比率，健壮花质，增强抵抗低温阴雨等不良天气的能力，提高坐果率。第四次施壮果肥，在 4～5 月株施生物有机肥 3～5 千克＋杧果树专用肥 0.5～0.8 千克，促进果实迅速增长，协调枝梢与果实养分分配的矛盾。根据树势状况，必要时喷施农海牌氨基酸复合微肥，并在稀释的肥液中加入 0.2%～

0.4％的磷酸二氢钾，对增强树势、提高产量和品质效果明显。也可适时适量喷施各种化肥（含微量元素肥料）和黄腐酸等营养物质。

五、专用肥配方

氮、磷、钾三大元素含量30％的配方：

$30\% = N\ 13.5 : P_2O_5\ 2.5 : K_2O\ 14 = 1 : 0.24 : 1.04$

原料用量与养分含量（千克/吨产品）：

硫酸铵 100 　　　　$N = 100 \times 21\% = 21$

　　　　　　　　　$S = 100 \times 24.2\% = 24.2$

尿素 248 　　　　　$N = 248 \times 46\% = 114.08$

过磷酸钙 135 　　　$P_2O_5 = 135 \times 16\% = 21.6$

　　　　　　　　　$CaO = 135 \times 24\% = 32.4$

　　　　　　　　　$S = 135 \times 13.9\% = 18.77$

钙镁磷肥 20 　　　 $P_2O_5 = 20 \times 18\% = 3.6$

　　　　　　　　　$CaO = 20 \times 45\% = 9$

　　　　　　　　　$MgO = 20 \times 12\% = 2.4$

　　　　　　　　　$SiO_2 = 20 \times 20\% = 4$

氯化钾 233 　　　　$K_2O = 233 \times 60\% = 139.80$

　　　　　　　　　$Cl = 233 \times 47.56\% = 110.81$

硼砂 15 　　　　　 $B = 15 \times 11\% = 1.65$

氨基酸螯合锌、锰、铁、钙 20

七水硫酸镁 90 　　 $MgO = 90 \times 16.35\% = 14.72$

　　　　　　　　　$S = 90 \times 13\% = 11.7$

硝基腐植酸 84 　　 $HA = 84 \times 60\% = 50.4$

　　　　　　　　　$N = 84 \times 2.5\% = 2.1$

生物制剂 20

增效剂 10

调理剂 25

第二十六节　枇杷树

一、需肥特点

枇杷树正常生长发育需要吸收 16 种必需的营养元素，其中从土壤中吸收氮、磷、钾三要素较多，其他养分较少。枇杷树根系较浅，大多集中分布在 10~50 厘米土层中，对养分要求较高，成龄树对钾的需要量最大，其次是氮、磷。据研究，每生产1 000千克鲜果，需吸收氮（N）1.1 千克、磷（P_2O_5）0.4 千克、钾（K_2O）3.2 千克，其比例为 1∶0.36∶2.91，可见枇杷是喜钾果树。从开花到果实膨大期是枇杷树吸收养分最多的时期，尤其是对钾、磷的吸收增加较多。在各生育期中若养分供应不足，会对琵琶生产带来不良影响。后期若供氮过多，果实的原有味道变淡。适量供钾可提高产量，改善品质，增强树势，提高抗逆能力。但供钾过量会造成果肉较硬且变酸，在施肥中应注意适量。枇杷需钙量较大，在含钙丰富的土壤上，枇杷树势健旺。

二、施肥适宜时期

枇杷幼树一般年施肥 5~6 次，其目的是促进树体生长。为了保持经常性的营养供应，除了冬季以外的其他季节都可以施肥。一般每隔 2 个月施一次，以氮为主，施肥量视定植时的基肥施用量和土壤肥力不同而定，一般幼树易薄肥勤施。

成年结果树依其需肥特点和物候期，一般年施肥 3~4 次：第一次 5~6 月采果后至夏梢萌发前施，主要是恢复树势。促进夏梢抽发，生长健壮，为花穗发育打好基础。这次肥以速效肥与迟效肥混合施用。施肥量掌握在全年总用肥量的 50% 左右，迟熟的可提前至采果前施。第二次于 9~10 月开花前施，主要促进花蕾健壮、开花正常和提高树体的抗寒力。以腐熟农家肥为主，配合少量的化肥，施肥量占总施肥量的 10%～20%。第三次于 2～3 月幼果开始膨大期施。这期间亦是疏花疏果后，春梢抽发前，施肥主要促进幼果长大、减少落果并促进春梢抽发和枝梢充实。施肥量占总量的 20%～30%。第四次于幼果迅速肥大期施。枇杷果实后期在很短时间里果实增重达总果量的 70%，且糖分的营养物质也迅速积累，如此时不能及时均衡供应营养，不仅产量上不去，对树体影响也较大，追施占总肥量 10% 左右的肥料，均能提高产量和改善品质，尤其迟熟种更宜重视此次肥料的施用。有的地方后期采用 3% 过磷酸钙和 0.3% 尿素根外喷施，也能收到良好的效果。

因各地气候、品种、土壤肥力和栽培习惯不同，施肥时期也不一样，但作用和目标基本一致。长江流域一般年施春肥、夏肥、秋肥 3 次，华南地区则加施一次冬肥，台湾枇杷也采取 4 次施肥制，分别于 1～2 月、4～5 月、6 月和 10～12 月施，每株施氮、磷、钾复合肥 2 千克。

三、营养失调症与防治措施

1. 氮素过剩　枝梢旺长，叶色深绿，叶片因叶肉肥厚而皱褶；坐果率低，果实含青，着色差，成熟期推迟。防治措施：控制氮用量，掌握适宜施用时期，一般枇杷产 600 千克，需施氮肥 16～20 千克，氮肥应按平衡施肥与磷、钾肥配合施用。

2. 缺磷　根系生长衰弱，枝、叶生长不良，叶片小，暗绿色，坐果率低，产量和品质均受严重影响。

防治措施：改土培肥，提高土壤中磷的有效性；合理施用磷肥，一般每株施 P_2O_5 0.25～0.9 千克。对已发生缺磷症状时，可喷施氨基酸复合微肥 800 倍水溶液，加入 0.2%～0.3% 磷酸二氢钾，每 7～10 天喷施一次，一般连续喷施 2～3 次。

3. 缺钾　缺钾时表现新梢细弱，叶色失绿，叶尖叶缘出现黄褐色枯斑，叶片易落，结果率降低；果小且果实着色差，含糖量低。病因：沙质土壤和酸性土壤及有机质少的土壤，或者轻度缺钾土壤中偏施氮肥，都易发生缺钾症。沙质土壤施石灰过多时，也可降低钾的可给性。防治措施：发生缺钾症状时，叶面喷施 $0.1\%\sim1.5\%$ 硫酸钾或氯化钾水溶液，每 $7\sim10$ 天喷施一次，至症状消失。

4. 缺硼　枇杷树缺硼，茎顶端生长受阻，根部生长不良或尖端坏死，叶片增厚且变脆，或出现失绿坏死斑点，花数少，花粉粒发芽不良，花粉管伸长受阻，影响受精阻碍开花结果，根生长不良。病因：雨水较多，土壤中的硼易流失；干旱会影响果树对硼的吸收；土壤中石灰过多，钙离子会与可溶性的硼结合成高度不容的偏硼酸钙，造成果树缺硼。防治措施：干旱时期要及时灌水、浇水，在花期前后用 0.1% 硼砂加 0.2% 尿素连喷 4 次。

5. 缺钙　缺钙影响枇杷果实成熟和着色，根尖生长停止，根毛畸变，叶片顶端或边缘生长受阻，直至枯萎，枯花严重，易出现果实果脐病和果实干缩病。病因：土壤酸度较高可使钙很快流失；土壤中氮、钾、镁较多也容易发生缺钙症。防治措施：缺钙时增施石灰，在树冠外围和冠顶喷施 $0.2\%\sim0.3\%$ 硝酸钙水溶液或氨基酸钙 1 000 倍水溶液，每 $7\sim10$ 天喷施一次，连续喷施 $3\sim4$ 次。在采果后可喷施波尔多液或石硫合剂等。

6. 缺镁　缺镁时叶片褪绿黄化，从叶脉附近部位开始逐渐扩大，严重时叶肉变褐坏死，叶片干燥脱落，呈爪状，但叶脉仍保持绿色，形成清晰网状花叶，叶形完好。防治措施：平衡施肥，严格控制铵态氮肥和钾肥用量。对于因土壤酸度过大而引起的缺镁，应施用镁石灰，既可调节土壤酸度，又能提供镁元素，一般每亩施用量 $50\sim70$ 千克。施用硫酸镁（按 Mg 计）$2\sim4$ 千克，在每年基施有机肥时施用，每株再加入 1 千克钙镁磷肥，对防治缺镁症有良好效果。在发生缺镁症状时，叶面喷施 $0.5\%\sim1\%$ 硝酸镁或 $1\%\sim2\%$ 硫酸镁，每 $7\sim8$ 天喷施一次，一般需连续喷施 $3\sim4$ 次。

7. 缺锰或锰过剩 缺锰叶片失绿，严重时叶片变褐枯萎，果实质地变软，果色浅，坐果率低，产量也低。防治措施：改良土壤，施用锰肥。改良土壤一般可增施有机肥和硫黄；叶面喷施 0.1%～0.3%硫酸锰水溶液或氨基酸锰 1 000 倍水溶液，也可喷施含锰的氨基酸复合微肥，每 7～8 天喷一次，一般连续喷施2～3 次。还可用 1%硫酸锰水溶液进行树体注射。

锰过剩功能叶叶缘失绿黄化，并逐渐沿叶脉间向内扩展，失绿部位出现褐色坏死斑，异常落叶，根系黑腐。因锰和钼有拮抗作用，锰过剩时会诱发缺钼症状。防治措施：改良土壤，酸性土壤每亩施石灰 50～100 千克，以降低锰的活性。加强土壤水分管理，及时开沟排水，防止因土壤渍水而使锰大量还原促发锰中毒症。合理施用过磷酸钙等酸性肥料和硫酸铵、氯化铵、氯化钾等肥料，避免诱发锰中毒症。

8. 缺锌 叶片变小，树体衰弱，枝梢萎缩，花芽形成困难，结实不良，产量低。防治措施：在缺锌的土壤上严格控制磷肥用量，还要避免磷肥集中施用，避免局部磷、锌比失调而诱发枇杷树缺锌症。发生缺锌症状时，喷农海牌氨基酸复合微肥 600 倍水溶液或 0.5%硫酸锌水溶液，每 7～8 天喷施一次，一般喷 3～4 次。

四、安全施肥技术

枇杷幼树施肥主要目的是促进树体生长，以保土壤在周年内不缺养分。根据其全年生长、四季抽梢的特点，于各次梢萌发前施一次促梢肥，隔 15 天左右嫩梢展叶后再施一次壮梢肥，每年5～6 次，一般每株每次用腐熟稀人粪尿 10～20 千克和枇杷专用肥 0.3～0.6 千克。

成年结果树施肥，一般每亩施氮（N）10～20 千克、磷（P_2O_5）8～15 千克、钾（K_2O）10～20，分 3 次施用。第一次施采果肥，在 5～6 月枇杷采果后施下，能促进树势快速恢复，抽发健壮夏梢，充实结果母枝，促进花芽分化。每株施腐熟有机肥 40～50 千克、枇杷专用肥 2 千克或尿素 0.5 千克、过磷酸钙 2 千克。深树冠滴水线外挖环状沟施入。第二次施促花肥，在 9～10 月枇杷开花前施，提高结果率，每株施腐熟人粪尿 50 千克、枇杷专用肥 1.5～2 千克或硫酸钾 1 千克、过磷酸钙 1 千克。第三次施壮果肥，2～3 月定果后施入，可促进幼果迅速膨大，提高产量和品质，每株施枇杷专用肥 3～4 千克或尿素 1 千克、过磷酸钙 1 千克、硫酸钾 1.5 千克。在土壤施肥的同时，可对枇杷树进行叶面喷肥，用农海牌氨基酸复合微肥 600～800 倍稀释液，加入 0.3% 尿素和 0.3%～0.5% 磷酸二氢钾混合喷施，可增强树势，提高产量和品质。也可适时适量喷施尿素、磷酸铵、硫酸钾及中量元素和微量元素等养分。

五、专用肥配方

氮、磷、钾三大元素含量为 30% 的配方：

30%＝N10：$P_2O_5$8：K_2O12＝1：0.8：1.2

原料及养分含量（千克/吨产品）：

硫酸铵 100　　　N＝100×21%＝21

　　　　　　　　S＝100×24.2%＝24.2

尿素 141　　　　N＝141×46%＝64.86

磷酸一铵 105　　P_2O_5＝105×51%＝53.55

　　　　　　　　N＝105×11%＝11.55

过磷酸钙 150　　P_2O_5＝150×16%＝24

　　　　　　　　CaO＝150×24%＝36

　　　　　　　　S＝150×13.9%＝20.85

钙镁磷肥 15　　　P_2O_5＝15×18%＝2.7

　　　　　　　　CaO＝15×45%＝6.75

　　　　　　　　MgO＝15×12%＝1.8

　　　　　　　　SiO_2＝15×20%＝3

硫酸钾 240　　　$K_2O=240×50\%=120$

　　　　　　　　$S=240×18.44\%=44.26$

硼砂 15　　　　　$B=15×11\%=1.65$

氨基酸鳌合锌、锰、铁 20

硝基腐植酸 100　$HA=100×60\%=60$

　　　　　　　　$N=100×2.5\%=2.5$

生物磷、钾菌肥 40

生物制剂 20

增效剂 13

调理剂 41

第二十七节　火龙果树

一、需肥特点

火龙果较耐热、耐水，喜温暖潮湿、富含有机质的沙质土。

由于火龙果采收期长，要重施有机质肥料，氮磷钾复合肥要均衡长期施用。完全施用猪、鸡粪含氮量过高的肥料，使枝条较肥厚，深绿色且很脆，大风时易折断，所结果实较大且重，品质不佳，甜度低，甚至还有酸味或咸味。因此，开花结果期间要增施钾肥、镁肥和骨粉，以促进果实糖分积累，提高品质。

火龙果需肥量较大，种植前一定要施足基肥，果苗生长后，每月施肥 2～3 次，氮、磷、钾配合，根据果树的不同生育期，改变氮磷钾的比例及增减肥量；适当补施微量元素；每年再增施有机肥 1～2 次。充足的水肥条件是火龙果获得高产稳产的关键所在。

火龙果茎上架后又往下弯垂 1 米左右，即开始开花。开花结果期每个时段都需要充足的水肥才能满足火龙果的要求。有高投入才能高产出。火龙果长得好不好，最重要的是看它的三棱茎长得饱满，才有充足的养分供给花果生长。如果三棱茎扁平，即使能开花，果实也小，商用率低。

火龙果花期持续时间长，营养消耗较大，对肥料的需求量较大，特别是进入盛产期，更应加强肥水管理。

火龙果需要氮、磷、钾的比例一般为1：0.7：1.3，可见火龙果是喜钾果树。

火龙果同其他仙人掌类植物一样，生长量比常规果树要小，所以施肥要以充足、少量、多次为原则。

二、缺素症状与防治措施

1. 火龙果缺素症

（1）缺氮　火龙果植株缺氮，生长不良，蔓茎黄瘦，根系不发达，植株生长缓慢，甚至停止生长，出现落花、落果现象，果实品质下降。

（2）缺磷　火龙果植株缺磷时，花芽分化质量差、果实小、品质差。

（3）缺钾　火龙果植株缺钾，会出现新梢长势不好，抗逆性下降，果实变小，质量差。

（4）缺钙　植株缺钙会影响火龙果抗病虫害的能力，对新生长点、根尖端点也会产生影响。

（5）缺镁　火龙果植株缺镁，蔓茎变黄，果实小，甜度差，品质下降。同时会阻止氮和磷的吸收。

（6）缺硫　火龙果植株缺硫，会影响同化作用，蔓茎易凋萎，抗逆性差，果实小，质量差。

2. 防治措施　

火龙果施肥以有机肥为主，配以少量化肥。另外，还要根据需要追施氮肥和磷酸二氢钾，缺素时还要适量添加微量肥。每年7、10月及翌年3月施肥3次，各施牛粪堆肥1.2千克/株和专用肥200克或复合肥200克/株。

叶面肥喷施营养成分应以中微量营养元素补充为主，同时与大量营养元素相结合的原则，在结果前期以供应镁、硼、氮为主，结果中后期要更加注意钾、氮、镁、钙、铁和硼陆续补充施用。

三、安全施肥技术

火龙果一年四季均可定植，但以3～11月最好。定植前，每亩施充分腐熟的有机肥2 000千克和专用复混肥50千克。土壤深翻30厘米，耙平，起垄后定植。每穴植入1株苗木，用表土覆盖即可。定植后不要立即浇水，3～5天后再浇水，否则易腐烂死苗。

幼树（1～2年生）以施氮肥为主，薄施勤施，促进树体生长。成龄树（3年生以上）以施磷、钾肥为主，控制氮肥的施用量。

施肥应在春季新梢萌发期和果实膨大期进行，每年每株施有机肥25千克，每株施牛粪堆肥1.2千克和专用复混肥200克。

火龙果的根系主要分布在表土层，施肥应采用撒施法，忌开沟深施，以免伤根。此外，每批幼果形成后，根外喷施氨基酸复合微肥600～800倍水溶液，加入0.3%硫酸镁+0.2%硼砂+0.3%磷酸二氢钾，以提高果实品质。

施肥方法：

定植当年以施氮肥为主，磷肥为辅，适当增施钾肥。于定植苗发芽后，追施一次稀薄人粪尿，每株施1千克左右，以后每隔20天左右追施一次加有0.4%专用肥的人粪尿，一年追施6～8次，以促进幼树生长。进入结果期，每年每株施有机肥10千克+专用复混肥1千克+尿素0.5千克；初春植株开始恢复生长，追施一次专用复混肥，每株施0.5千克；结果期以施有机液肥为主，用饼肥与细米糠各50%，再加入生物菌剂，充分发酵腐熟后稀释成有机液肥施用，根据开花结果的批次分批分次施入，重点是花蕾生长期和幼果膨大期，每次每株施1～2千克。经常喷施氨基酸复合微肥600～800倍液，加入0.3%尿素或0.5%磷酸二氢钾，以提高果实品质。

火龙果植株的根系对土壤含盐量高度敏感，施肥浓度应宁淡勿浓，薄肥勤施。肥料应以多钾、磷，少氮成分的肥料为主，宜多施用农家肥。北方的土壤大多为碱性，施入腐熟的鸡粪，可缓和其碱性。豆饼、花生饼等腐熟后施用效果较好，不但可促使果实丰产，还能提高果实品质。根据植株生长和结果需要，也可施用一定数量的化肥，如复合肥，钾、磷肥等，还应特别注意在挂果期施用富含多种微量元素的肥料。施用化肥应掌握少量多次的原则，最好混入农家肥中施用。一年一般施用 4 次，分别施催梢肥、促花肥、壮果肥和复壮肥，成龄植株每年施肥量农家肥不得低于 5 千克，产量高的每个月必须追加壮果肥。如果植株表现缺氮，老熟过快，表现生长量不够，可以每次施肥中添加适量氮肥。同时，针对不同区域土壤不同时期可能出现的营养元素和微量元素缺乏，结合农家肥适时添加。

施肥时间最好选择在晴天的清晨或傍晚进行，施肥方法以土壤浅施、液体肥淋施、有机肥表施为好，尽量避免伤及根系。根外追肥也是火龙果常用的施肥方式，可在火龙果的关键需肥期施用，如生长前期可喷施氨基酸复合微肥 600～800 倍水溶液，配入 0.2％～0.3％尿素混合液，每 7～8 天喷施一次，连续喷施 3～5 次，促进枝条生长；后期可喷施氨基酸复合微肥 600～800 倍水溶液，配入 0.3％磷酸二氢钾混合液，每 7～8 天喷施一次，连续 3～4 次，促进枝条成熟和果实发育。还可喷施硼、钙、锌、钼等微量元素，补充植株微量元素的不足。

四、专用肥配方

氮、磷、钾三大元素含量为 30％的配方：

$30\% = N10 : P_2O_5\,7 : K_2O13 = 1 : 0.7 : 1.3$

原料用量与养分含量（千克/吨产品）：

硫酸铵 100　　　$N = 100 \times 21\% = 21$

　　　　　　　　$S = 100 \times 24.2\% = 24.2$

尿素 142　　　　$N=142×46\%=65.32$

磷酸一铵 85　　　$P_2O_5=85×51\%=4.34$

　　　　　　　　$N=85×11\%=9.35$

过磷酸钙 150　　$P_2O_5=150×16\%=24$

　　　　　　　　$CaO=150×24\%=36$

　　　　　　　　$S=150×13.9\%=20.85$

钙镁磷肥 15　　　$P_2O_5=15×18\%=2.7$

　　　　　　　　$CaO=15×45\%=6.75$

　　　　　　　　$MgO=15×12\%=1.8$

　　　　　　　　$SiO_2=15×20\%=3$

氯化钾 136　　　$K_2O=136×60\%=81.60$

　　　　　　　　$Cl=136×47.56\%=64.60$

硫酸钾 97　　　　$K_2O=97×50\%=48.50$

　　　　　　　　$S=97×18.44\%=17.89$

硼酸 15　　　　　$B=15×17.5\%=2.63$

氨基酸螯合锌、铁、铜、锰、钼、稀土 22

硝基腐植酸铵 131　$HA=131×60\%=78.6$

　　　　　　　　　$N=131×2.5\%=3.28$

氨基酸 40

生物制剂 25

增效剂 12

调理剂 30

第二十八节　腰 果 树

一、需肥特点

在海南省西南部滨海阶地对腰果四年施肥结果表明施氮肥有极显著的效果，每株结果树每年至少应施尿素 1.0 千克，才能保持氮素供应和消耗之间的平衡。氮、磷、钾配合施用效果更佳。单株产5千克坚果，需腰果专用肥3～4千克或尿素1.5千克、45％复合肥1.5～2千克。腰果在热带地区全年生长，但在我国海南省北部冬季生长缓慢，在寒潮低温期间基本停止生长。结果枝多在春季抽出，而南部地区多在冬季抽发，春季正是开花、结果和收获期，很少抽梢。

腰果树一般第二年开始开花，第三年开始结果，第八年进入盛产期，盛产期可持续15～20年。腰果树适宜在中性至微酸性土壤种植。腰果树根系生长需要通气良好的土壤，低洼积水地根系生长不良。碱性土和含盐过高的土壤也不宜种植，其他各类热带土壤均可栽种。

热带地区海拔900米可见到有腰果树生长，但一般在400米以下地区生长结果较好。

我国腰果植区土壤肥力一般很低，幼龄树必须施肥才能正常生长。苗期需肥量虽然不多，但却非常重要，尤其是氮磷肥的适当配合更为必要。定植第二年每株施尿素0.125千克、过磷酸钙0.25千克；定植第三年每株施尿素0.25千克、过磷酸钙0.25千克。此外，每株5～10千克有机肥混合以上无机肥。根据国外经验，单株产果5～10千克的树，每年每株应施用尿素0.625千克、过磷酸钙0.3千克、氯化钾0.2千克。这些肥料的大部分还要与有机肥（每株10～15千克）混合使用，于采果后及时施入。

二、营养元素与缺素症状

1. 氮　缺氮症状通常出现在植物老叶上，茎干纤细，植株矮小，枝疏叶黄。腰果植株缺乏氮素营养，2龄幼树的老叶普遍发黄，随即嫩叶也变黄，叶片细小。腰果幼苗的缺氮症状可在种植后45～60天发现，症状表现为叶片的颜色逐渐由黑色变为灰绿色，然后变黄，植株生长矮小。严重缺氮的腰果幼苗在种植后

4 个月内死亡。

2. 磷 缺磷导致植株生长矮小，叶片暗红色。播种 5 个月的腰果幼苗缺磷，植株低部位的老叶会枯萎脱落。

3. 钾 腰果幼苗生长两个月后可能会出现缺钾症，缺钾的幼苗低部位叶片（老叶）先在叶尖变黄，后叶缘开始发黄，并逐渐坏死。缺钾症状很快从幼苗低部位叶片蔓延到顶部叶片。

4. 钙 在降雨多和受雨水冲刷严重的地区，腰果植株经常发生缺钙症。缺钙表现为叶片卷曲畸形，叶缘萎蔫坏死，生长点死亡。在缺钙的土壤，腰果植株在种植 30 天后缺钙症状即可表现出来。

5. 镁 在滨海地区的腰果种植区，雨季时镁元素很容易被冲刷流失，产生缺镁症。镁是植株中较易移动的元素，腰果植株缺镁时，植株矮小，生长缓慢，症状首先表现在老叶上，在叶脉间褪绿，叶脉仍保持绿色，以后褪绿部分逐渐由淡绿色转变为黄色或白色。缺镁症状在老叶上逐渐转移到老叶基部和嫩叶。腰果缺镁症常与缺钙症同时发生。

6. 锌 缺锌的腰果植株生长缓慢，植株矮小，节间短小，叶小呈簇生状。腰果植株缺锌在酸性土壤、沙土或石灰土地区容易发生。

7. 硼 沙土地区普遍缺硼。腰果植株缺硼症状为嫩叶不能展开，叶片卷曲，生长点死亡，严重缺硼时影响果实发育，甚至不能坐果。

8. 锰 缺锰导致腰果蔫黄病发生；锰过量容易引起缺铁失绿症。腰果植株缺锰，首先在嫩叶上失绿发黄，但叶脉和叶脉附近保持绿色，叶片上沿着叶脉出现坏死斑，坏死斑随着叶片成熟而扩大。叶片成杯形，叶缘出现褐色斑点，同时带有白色带状斑。

9. 钼 土壤酸化（pH4.5～5.0）容易导致缺钼。腰果植株缺钼时，叶片出现黄斑，严重缺钼时，枝条上的叶片全部落叶。

三、安全施肥技术

1. 育苗施肥　播前 2～4 个月挖穴，深、宽各 40～60 厘米，每穴施有机肥 10～20 千克、腰果专用肥 0.5～0.8 千克或过磷酸钙 0.5～1.2 千克，与表土混合后作基肥施入穴中。每穴播 2～3 粒种子，也可用压条方式进行繁殖。

2. 幼树施肥　幼树施肥应以有机肥为主，若施较高用量的氮、磷、钾肥，有可能出现微量元素短缺的典型现象，因为幼株在氮、磷、钾肥的刺激下生长迅速，而植穴内微量元素很少，根系尚不发达，因而土壤越贫瘠，亏缺症状出现越快。随着株龄增长，微量元素亏缺症状就会逐渐消失。

3. 合理施肥　据报道，海南省乐东县（1982）试验，氮、磷、钾配施后第一年就较对照增产 50% 以上，只施磷肥的处理仅增产 11%；陵水县（1976）施肥除草的成龄腰果树平均每株产坚果 5.85 千克，对照只产坚果 1.3 千克。

腰果施肥应以有机肥与化肥配合施用，利于改良土壤和预防缺素症的发生。

腰果树施肥应随树龄和产量的增加而相应增加。定植当年，除施基肥外，一般不需要追肥，从第二年开始，每株施腰果专用复混肥 0.3～0.5 千克、有机肥 10～30 千克，并逐年适量增加。从第七年起进入盛果期，应根据当年目标产量和地力状况来确定施肥量。一般单株产 5 千克坚果，需施堆肥、绿肥等有机肥 28～40 千克和专用复混肥 3～4 千克或尿素 1.5～2 千克、45% 氮磷钾复合肥 1.5～2 千克。根据海南省的气候特点，一般施速效氮肥不能迟于 10 月下旬，以雨季初期和雨季中期分次施用效果好，而磷、钾肥或腰果专用肥可一次施用，施用时将有机肥与专用肥复混肥混合均匀后再施用。可采用放射沟、环状沟施，注意每年应轮换施肥位置，并随树龄增长而向外扩展。将有机肥、专用肥或无机肥混合后施用，施肥应结合中耕、除草、浇水。

四、专用肥配方

氮、磷、钾三大元素含量为 30％ 的配方：

30％＝N15：P_2O_5 6：K_2O 9＝1：0.4：0.6

原料用量与养分含量（千克/吨产品）：

硫酸铵 100　　　　N＝100×21％＝21

　　　　　　　　　S＝100×24.2％＝24.2

尿素 255　　　　　N＝255×46％＝117.30

磷酸一铵 83　　　 P_2O_5＝83×51％＝42.33

　　　　　　　　　N＝83×11％＝9.13

过磷酸钙 100　　　P_2O_5＝100×16％＝16

　　　　　　　　　CaO＝100×24％＝24

　　　　　　　　　S＝100×13.9％＝13.9

钙镁磷肥 10　　　 P_2O_5＝10×18％＝1.8

　　　　　　　　　CaO＝10×45％＝4.5

　　　　　　　　　MgO＝10×12％＝1.2

　　　　　　　　　SiO_2＝10×20％＝2

氯化钾 150　　　　K_2O＝150×60％＝90

　　　　　　　　　Cl＝150×47.56％＝71.34

七水硫酸镁 40

硼砂 20　　　　　 B＝20×11％＝2.2

氨基酸螯合锌、锰、稀土 9

硝基腐植酸 150　　HA＝150×60％＝90

　　　　　　　　　N＝150×2.5％＝3.75

生物制剂 26

增效剂 13

调理剂 44

第二十九节　沙　梨　树

一、需肥特点

沙梨产量较高，性喜肥沃土壤（生长在瘠薄土壤上的梨虽然也能结果，但果汁少，石细胞多，肉质硬，品质差），故施肥量应较一般果树为多。沙梨对氮、磷、钾肥的需求比例为 2.5：1：2.5，据报道，沙梨每生产 100 千克果实，需要纯氮 0.3 千克、磷 0.15 千克、钾 0.3 千克。

沙梨保水保肥力差，应以腐熟有机肥料为主。

一般每生产 1 000 千克沙梨果实，应施沙梨专用肥 30～50 千克或尿素 10 千克、过磷酸钙 15 千克、硫酸钾 8 千克，氮、磷、钾的比例为 $N：P_2O_5：K_2O=1：0.52：0.87$。

二、营养元素缺素症与防治措施

1. 缺素症状诊断

（1）缺氮　生长期轻度缺氮，叶色呈黄绿色，严重缺氮时，沙梨树新梢基部老叶逐渐失绿转变为橙红色或紫色，最后变为黄色，并不断向顶端发展，使新梢绿叶也变为黄色，同时新生的叶片变小，易早落；叶柄与枝条呈钝角，枝条细长而硬，皮色淡红褐色。该病发生后花芽、花及果实少，果实也变小。发生原因：果园土壤瘠薄、管理粗放、缺肥和杂草多易发生缺氮症。叶片含氮量在 2.5%～2.6%时即表现缺氮。

（2）缺磷　沙梨树磷供应不足时，光合作用产生的糖类物质不能及时运转，累积在叶片内，转变为花青素，使叶色呈紫红色，尤其是春夏季生长较快的枝叶。这种症状是缺磷的重要特征。发生原因：土壤中疏松的沙土或有机质多常缺磷。当土壤中含钙量多或酸度较高时，土壤中磷素被固定成磷酸钙或磷酸铁铝，不能被果实吸收。叶片含磷量在 0.15% 以下时，即发生缺磷症。

（3）缺钾　当年生枝条中下部叶片边缘先产生枯黄色，接着呈枯焦状，叶片常发生皱缩或卷曲。严重缺钾时，整个叶片枯焦，挂在枝上不易脱落，枝条生长不良，果实常呈不熟状态。新梢中部叶含钾量低于 0.5% 时，即缺钾。发生原因：细沙土、酸性土及有机质少的土壤，或者轻度缺钾土壤中偏施氮肥，都易表现缺钾症状。沙质土施石灰过多，可降低钾的可给性。

（4）缺钙　缺钙时新梢嫩叶上形成褪绿斑，叶尖及叶缘向下卷曲，几天后褪绿部分变成暗褐色，并形成枯斑，这种症状可逐渐向下部扩展。果实缺钙易形成顶端黑腐。发生原因：当土壤酸度较高时，可使钙很快流失。如果氮、钾、镁较多，也容易发生缺钙症。

（5）缺镁　缺镁可使叶绿素减少，降低光合强度。沙梨树缺镁时呈现出失绿症，先从枝基部叶开始，失绿叶表现为叶脉间变为淡绿或淡黄色，呈肋骨状失绿。枝条上部的叶呈深棕色，叶片上叶脉间可产生枯死斑。严重缺镁时，从枝条基部开始落叶。发生原因：在酸性土壤或沙质土壤中镁容易流失，或者当施钾或磷过多时都会发生缺镁症。在碱性土壤中则很少表现缺镁。

（6）缺铁　多从新梢顶部嫩叶开始发病，初期先叶肉失绿变黄，叶脉两侧仍保持绿色，叶片呈绿网纹状，较正常叶小。随着病情加重，黄化程度愈加发展，致使全叶呈黄白色，叶片边缘开始产生褐色焦枯斑，严重者叶焦枯脱落，顶芽枯死。梨树缺铁可造成黄叶病。发生原因：铁对沙梨树叶片叶绿素形成起催化作用，又是构成呼吸酶的重要成分，对果树的呼吸起重要作用。土壤中铁的含量一般比较丰富，但在盐碱性重的土壤中，大量可溶性二价铁被转化为不溶性三价铁盐而沉淀，不能被利用。春季干旱时由于水分蒸发，表层土壤中含盐量增加，又正值梨树旺盛生长期，需铁量较多，所以缺铁症发生较多。

（7）缺硼　梨树缺硼时，细胞分裂和组织分化都受影响，多在果肉的维管束部位发生褐色凹斑，组织坏死，味苦，形成缩果和芽枯。发生原因：土壤瘠薄的山地、河滩沙地及砂砾地果园，硼易流失。早春干旱和钾、氮过多时，都能造成缺硼症。石灰质较多时，土壤中的硼易被固定。

（8）缺锰　可导致叶绿素减少，光合强度降低。主要表现为叶脉间失绿，即呈现肋骨状失绿。这种失绿从基部到新梢部都可发生（不包括新生叶），一般多从新梢中部叶开始失绿，向上下两个方向扩展。叶片失绿后，沿中脉显示一条绿带。发生原因：土壤为碱性时，使锰呈不溶解状态，常可使梨树表现缺锰。土壤为强酸性时，常由于锰含量过多，而造成果树中毒。春季干旱，易发生缺锰症。

（9）缺锌　叶片狭小，叶缘向上或不伸展，叶呈淡黄绿色。节间缩短，细叶，簇生呈丛状。花芽减少，不易坐果。即使坐果，果小发育不良。当7月中旬至8月中旬新梢中部叶锌含量低于10毫克/千克时，即缺锌。发生原因：土壤呈碱性时，有效锌减少，易表现缺锌症。大量施用磷可诱发缺锌症。淋溶强烈的酸性土（尤其是沙土）锌含量低，施用石灰时极易出现缺锌现象。

2. 防治措施　合理施肥，增施有机肥料，种绿肥压青，改良瘠薄地，加强水肥管理。在有机肥不足的沙梨产区，可增施化肥和中量、微量元素，可防治沙梨树的缺素症。

秋梢生长期，树体需要大量氮素，可在树冠喷布0.3%～0.5%尿素溶液，可有效防止沙梨树缺氮。

对缺磷果树，可在展叶期叶面喷施0.5%～1%磷酸二氢钾。因土壤碱性和钙质高造成的缺磷，需施入硫酸铵使土壤酸化，以提高土壤中磷的有效成分。

生长期每亩追施硫酸钾20～25千克，叶面喷0.5%磷酸二氢钾，每 7～10 天喷一次，可防止沙梨树缺钾。

在沙质地上穴施石膏、硝酸钙或氯化钙。叶面喷氨基酸螯合钙 1 000 倍水溶液，每 7～10 天喷一次，对易发病树一般喷 4～5 次，可防止沙梨树缺钙。

沙梨树轻度缺镁时，采用叶面喷洒含镁溶液效果快。严重缺镁以根施效果较好，酸性土壤施镁石灰或碳酸镁，中性土壤可施硫酸镁。根施效果慢，但持续期长。叶面喷施一般喷 2％～3％硫酸镁，每 7～10 天喷一次，连续喷施 3～4 次，可使病树好转。

树体补铁，对发病严重的沙梨园，于发芽后喷 0.5％硫酸亚铁。也可用强力树干注射器按病情程度注射氨基酸螯合铁 1 000 倍溶液。

沙梨树花前、开花期和落花期后，喷施 0.3％～0.5％硼酸水溶液，每 7～8 天喷施一次，连续喷 2～3 次。每株大树施 150～200 克硼砂，也能有效的防止沙梨树缺硼，施后应立即灌水，以防产生药害。

叶面喷硫酸锰，叶片生长期，可喷 3 次硫酸锰 0.3％水溶液。土壤施锰，应在土壤含锰量极少时进行，一般将硫酸锰混合在其他肥料中施用。

落花后 3 周，用 0.2％硫酸锌加 0.3％尿素，再加 0.2％石灰混喷，可防止沙梨树缺锌症。

三、安全施肥技术

1. 施肥方法 在沙梨定植坑外，每年选相对两个方向挖 50 厘米深的施肥坑，将预备好的基肥与适量土壤混拌后填入，上盖一层土，掌握追肥坑逐年轮换方向，并不断向外扩展，这种土壤耕作方法叫"扩塘"（穴），它是保证沙梨树旺长和丰产的重要生产措施；化肥一般选在沙梨树冠"滴水线"处挖环状浅沟，施入后覆一层土。

2. 成年树施肥 成年树施三次追肥一次基肥即可，入冬前施基肥，每产 100 千克果实施入尿素 1 千克、过磷酸钙 1.5 千克、硫酸钾 0.8 千克或施沙梨专用肥 3～5 千克。

第一次在 2 月中旬施春肥，此次施肥主要是促进花器发育，提高坐果率，增强新梢生长，为 6～8 月花芽分化作准备。由于梨树大多以短果枝结果为主，短枝一般在花后 15 天即停梢，如果春肥施用过迟，则枝梢生长过旺，不能及时停梢而影响果实肥大和花芽分化。故此次施肥宜早不宜迟，以萌芽前 10～15 天（2月中下旬）施入为好，速效氮肥结合有机肥施用，磷肥一次性施入全年用量的 60%，氮肥占全年的 25% 左右，一般亩施畜禽粪水 2 000 千克和沙梨专用肥 60～70 千克或施尿素 15 千克、硫酸钾 15 千克、过磷酸钙 40 千克。也可每株施腐熟粪肥 20～50 千克、沙梨专用肥 5～8 千克，混合后在树冠周围开 20 厘米深沟施入，然后覆土。

第二次施肥在 5 月上中旬施夏肥（壮果肥）。此时正值梨树叶片大量形成期（亮叶期），且幼果开始膨大，并为 6～7 月果实迅速膨大和 6～8 月花芽分化提供足够养分，施肥量大，占全年50% 左右，一般亩施尿素 30 千克、硫酸钾 30 千克、畜禽粪水4 000 千克。中晚熟品种推迟到 6 月施用。

第三次施肥在采果后（中晚熟品种应在采果前施）施秋肥。主要目的是保护叶片，提高花芽质量，为来年丰产积累养分，施肥量占全年 25% 左右，一般亩施畜禽粪水 3 000 千克、复合微生物肥 20～30 千克、沙梨专用肥 30～40 千克或尿素 15 千克、硫酸钾 15 千克。

第四次施肥多在秋季入冬前施基肥。基肥可结合改土，施入有机肥，如畜禽肥、堆肥和配合一定量的磷肥，适当深施为好。强调施好基肥，加大有机肥用量，是生产绿色食品（梨）的重要技术环节。

3. 叶面施肥　每次喷药时结合进行叶面施肥，喷施氨基酸复合微肥 600～800 倍水溶液，加入 0.2% 尿素和 0.2% 磷酸二氢钾，每 7～10 天喷施一次，一般喷 4～5 次，花期喷 0.1% 硼砂等。

施用速效性肥料时，应少量多次，以免肥水流失。施肥方法可撒施、淘施、穴施、环施喷施。

四、专用肥配方

氮、磷、钾三大元素含量为 30% 的配方：

$$30\% = N12.56 : P_2O_5\ 6.53 : K_2O\ 10.93 = 1 : 0.25 : 0.87$$

原料用量与养分含量（千克/吨产品）：

硫酸铵 100
$N = 100 \times 21\% = 21$
$S = 100 \times 24.2\% = 24.2$

尿素 200
$N = 200 \times 46\% = 92$

磷酸一铵 76
$P_2O_5 = 76 \times 51\% = 38.67$
$N = 76 \times 11\% = 8.36$

过磷酸钙 150
$P_2O_5 = 150 \times 16\% = 24$
$CaO = 150 \times 24\% = 36$
$S = 150 \times 13.9\% = 20.85$

钙镁磷肥 15
$P_2O_5 = 15 \times 18\% = 2.7$
$CaO = 15 \times 45\% = 6.75$
$MgO = 15 \times 12\% = 1.8$
$SiO_2 = 15 \times 20\% = 3$

硫酸钾 219
$K_2O = 219 \times 60\% = 109.5$
$S = 219 \times 18.44\% = 40.38$

氨基酸硼 15　$B = 15 \times 10\% = 1.5$

氨基酸螯合锌、铁、铜、锰、稀土 22

硝基腐植酸铵 100　$HA = 100 \times 60\% = 60$
$N = 100 \times 2.5\% = 2.5$

氨基酸 36

生物制剂 25

增效剂 12

调理剂 30

第三十节　罗汉果树

一、营养特性与需肥规律

罗汉果树幼苗期吸收的氮、磷、钾重量比为 25：7：68，开花结果期为 14：2：84，果熟期 6：4：90。罗汉果树在生长发育的各个阶段，均以钾元素的需求量最大。

在不同的生育期，罗汉果树植株 N、P、K 三元素含量及变化趋势有所不同。氮素含量由高到低，依次为幼苗期、开花结果期、果熟期；磷素含量在果熟期最高，其次为幼苗期，开花结果期最低；钾素正好与氮素相反，其含量由高到低依次为果熟期、开花期、幼苗期。罗汉果树生长发育的各个阶段，均以钾素的需求量最大，尤其在开花结果期至果熟期更是超过氮素和磷素吸收量数倍至数十倍；氮元素的需求量为次，磷元素需求量所占比例甚少。说明对钾素的吸收能力强而对磷素的吸收能力较弱。

罗汉果组培苗幼苗期生长基本可以分为 3 个阶段：一为缓苗阶段，此期不宜追施化肥；二为恢复生长阶段，此期可适当进行追肥，且对肥料的施用浓度要尤为注意；三为加速生长阶段，此阶段要追肥，以补充养分，肥料的配比对植株生长有重要影响。在整个幼苗期，追肥均以偏重钾素的配方对植株生长促进作用较大。最佳施肥 N：P：K=1：1：2。罗汉果树定植后，植株生长迅速，生物量大，花期长，开花结果多，因而消耗养分也多，必须合理施肥才能稳产高产。罗汉果根系发达，吸收养分能力强，施肥要求在开花前施肥量不宜过多，若早期施肥量过多，易造成徒长，应在开花前少施肥轻施肥，开花后再多施。全年施基肥一次，追肥 4～5 次。

二、安全施肥技术

1. 基肥 在扒去培土时，离块茎基部 40～50 厘米处开半圆形沟，深 15～20 厘米，将腐熟厩肥 2.0～3 千克、罗汉果专用肥 100～150 克或过磷酸钙 100～150 克与土样匀后施入沟内，然后覆土。

新栽罗汉果树在种植前每株施入 5～8 千克腐熟猪牛栏粪或桐麸等农家肥、复合微生物肥 1 千克、100～150 克专用肥或过磷酸钙 100～150 克，作基肥，种植时每株再施生物有机肥 500～800 克。其肥效可长达 5～6 月。

2. 追肥 谷雨至立夏追第一次肥，也叫催蔓肥，当主蔓长至 30～40 厘米长时，每株施腐熟稀人粪尿 2～3 千克，掺入罗汉果专用肥 50～100 克，浇施。第二次追肥为催花、壮果肥，当主蔓上棚架后再追施腐熟人粪尿 1 千克，对水 2 千克，加专用肥 100～150 克，浇施。主要是促进侧蔓分生，提早开花，促进植株健壮生长，增强抗病能力。第三次追肥在 6 月下旬至 7 月上中旬，即盛花期，为提高坐果率高每株施腐熟人粪尿和饼肥 0.5～0.8 千克、专用肥 100～150 千克。第四次追肥在 8～9 月，是大批果实迅速发育膨大期，需养分较多，每株施腐熟人粪尿 0.6～0.8 千克，加专用肥 100～150 千克，对水浇施；可喷施少量硼肥和含钙微肥，以促进果实膨大，减少裂果。这时期应保持肥水供应均匀，特别是天旱时一定要及时补充水分，以防一旱一湿果实内外生长不协调造成裂果。第五次追肥为越冬肥，采果后至落叶休眠期前，及时施一次罗汉果专用肥每株 150～250 克，对水冲施，以延迟落叶，使薯果养分得到补充，提高抗寒力。

在果实膨大期，可根据植株生长状况，叶面喷施农海牌氨基酸复合微肥，每 10 天左右喷施一次，可增强植株抗逆能力，增加产量和改善品质。也可适时适量喷施其他无机营养成分肥料。

三、专用肥配方

氮、磷、钾三大元素含量为 30％的配方：

$30\％＝N10：P_2O_5\ 7：K_2O13＝1：0.7：1.3$

原料用量与养分含量（千克/吨产品）：

硫酸铵 150 　　　$N＝150×21\％＝31.50$

　　　　　　　　$S＝150×24.2\％＝36.30$

尿素 121 　　　　$N＝121×46\％＝55.66$

磷酸一铵 85 　　$P_2O_5＝85×51\％＝43.35$

　　　　　　　　$N＝85×11\％＝9.35$

过磷酸钙 150 　　$P_2O_5＝150×16\％＝24$

　　　　　　　　$CaO＝150×24\％＝36$

　　　　　　　　$S＝150×13.9\％＝20.85$

钙镁磷肥 15 　　$P_2O_5＝15×18\％＝2.7$

　　　　　　　　$CaO＝15×45\％＝6.75$

　　　　　　　　$MgO＝15×12\％＝1.8$

　　　　　　　　$SiO_2＝15×20\％＝3$

氯化钾 217 　　　$K_2O＝217×60\％＝130.2$

　　　　　　　　$Cl＝217×47.56\％＝103.12$

硼砂 10 　　　　$B＝10×11\％＝1.1$

氨基酸螯合锌、锰、铁、铜 20

硝基腐植酸 170 　$HA＝170×60\％＝102$

　　　　　　　　$N＝170×2.5\％＝4.25$

生物制剂 20

增效剂 12

调理剂 30

第三十一节 番 荔 枝

一、需肥特点

番荔枝生长发育需氮、磷、钾、钙、镁、硫、锌、硼、铁、钼、酮、钠等营养元素，所需要主要养分比例为 N：P_2O_5：K_2O：Ca：MgO=1：0.5：0.34：0.53：0.1。

番荔枝根系浅生，土壤保水能力较差，华南地区降雨又极不均匀，秋冬干旱，又常有春旱、夏旱，对番荔枝生长和结果不利。特别是果实发育期间需有稳定的水分供应，除进行土壤覆盖外，干旱时最好淋水。

采果后，对营养生长起重要作用的是水分，水分充足，树体保持绿叶的时间长，光合产物及其积累多，为下一次发芽、长梢、开花、结果提供充足的物质条件。故采果后除及时施肥外，更要配合水分供应。

番荔枝要求微酸性至微碱性土壤，除施氮、磷、钾完全肥料外，要注意施石灰，以中和酸性并提供钙营养。幼年树施肥以促进生长、迅速形成丰产树冠为目的，除施基肥外，结合修剪和培养枝梢的次数施肥，每培养一次梢施 1~2 次肥，肥料以氮为主。结果树施完全肥料，一般分 3 次施。

根据叶片和土壤分析进行施肥是生产的方向，以下资料可供参考：杂交种番荔枝在澳大利亚的叶片营养水平为：氮 2.5%～3.0%、磷 0.16%～0.2%、钾 1.0%～1.5%、钙 0.6%～1.0%、镁 0.35～0.50%、铁 40～70 毫克/升、锰 30～90 毫克/升、锌 15～30 毫克/升、铜 10～20 毫克/升、硼 15～40 毫克/升、钠 0.02%、氯 0.3%。普通番荔枝在广东的叶片营养水平为：氮 3.21%、磷 1.6%、钾 1.09%、钙 1.69%、镁 32%。

二、土壤管理与施肥

1. 土壤管理

（1）间种　连片种植的番荔枝园，第一、二年可间种豆类、蔬菜或番木瓜、菠萝、西瓜等短期水果，以增加初期收益，优化生态环境和增强山坡地水土保持能力。对间作物应除草、施肥。间作物收获后的残体覆盖于树盘或埋施作肥。

（2）除草松土覆盖　未行间作的番荔枝园，要及时清除树盘及其附近的杂草并松土。番荔枝根系浅生，易受表层土壤温、湿度变化影响，故松土宜浅，避免伤及吸收根，并进行土面覆盖。最好是生长季节行生物覆盖，旱季割除作物覆盖于树盘，株行间适度中耕，疏松土壤。

2. 施肥

（1）促梢促花肥　在大部分叶片已脱落、萌芽发梢前（广州地区在 3 月上旬）施，目的在于促进萌芽发梢和现花蕾开花，施肥量约占全年的 40%，以氮为主，配施少量磷、钾肥。在 3 月施肥后到开花前，可根据植株生势适当补施速效氮肥，也可进行根外追肥。

（2）壮果肥　在幼果横径 3～4 厘米时（广州地区约在 6 月）施，目的在于促进果实迅速增大，施肥量约占全年的 30%，以钾为主，配施氮肥。由于番荔枝在叶片存留期一般不会发芽侧枝，故在果实发育期期间即使多施肥也不会因促发新梢而引致落果；若施肥的同时对 20 厘米以上的营养枝打顶，抑制其伸长，则施肥促壮果实的作用更为明显。在采果前，还可根据树势和结果情况，适当补施肥，以提高果实品质。

（3）采果后肥　在采果后（广州地区 9～10 月）施，目的在于恢复树势，提高和延长叶片光合功能，防止叶片早落，增加树体养分积累，施肥量约占全年的 30%，施完全肥料，有机肥与无机肥、速效与迟效结合，适当增加磷肥。由于进入秋季后部分叶片脱落，营养生长较弱，又不必重点培养秋梢作为明年结果母枝，因此对果后肥一般不够重视。但采果后的营养积累对翌年春梢生长及开花结果影响很大，所以果后肥不能忽视。若进行产期调节栽培，果后肥量应及早施和增加施肥量，以促发新梢、开花和结果。

在我国台湾，番荔枝肥料三要料配合标准为氮∶磷∶钾＝4∶3∶4。1年生树酌施氮肥，2～3年生树每株每年施上述配比混合肥0.3～0.5千克，6年生树施2～4千克。华南地区山坡地赤红壤有机质含量低，有效磷、钾不足，肥料利用率一般不高，施肥配比及施肥量还根据具体情况而定。广东东莞虎门果农5～6年生番荔枝，开花前每株施氮磷钾复合肥（15-15-15）0.75千克，坐果后施0.5千克，果实膨大期施0.5千克加硫酸钾0.4千克，采果前根据结果量和果实大小补施复合肥0.5～0.75千克，采果后施优质农家肥、粪肥5千克，加过磷酸钙1千克。

三、安全施肥技术

番荔枝施肥原则是以有机肥为主，化肥为辅，有机肥与无机肥相结合施用。

幼树以迅速形成树冠为目的，除施足基肥外，每次新梢后宜短截、摘叶和追肥，以促进更多新梢萌发，肥料以氮为主。结果树则施完全肥料，在萌芽前、果实发育期、果实采收后3个时期施肥。全生育期每7～12天喷施一次氨基酸复合微肥，对提高产量和果实品质效果明显。施用番荔枝专用肥替代单质化肥其效果显著。

1. 萌芽前追肥　萌芽前追肥俗称促梢花肥。番荔枝当年的新梢量与开花结果呈正相关。新梢可在上一年的各类枝上萌发，即各类枝条都可成为结果母枝。故宜重施促梢促花肥，占全年施肥量的40%，以氮为主，配以磷、钾。另外，番荔枝宜在碱性土壤（pH7～8）上生长，对钙的反应良好。华南地区多为酸性土壤，故多施石灰对根系生长和果实发育有良好的作用。一般在大部分叶片脱落至萌芽前施肥完毕，开花前还可根据树势适当补施或进行根外追肥。

2. 果实发育期追肥　果实发育期追肥俗称壮果肥。普通番荔枝无明显的生理落果期。小果横径 3～4 厘米时可施追肥，占全年施肥量的 30%，以钾为主配合氮。因侧芽需落叶后才萌发，果实生长期间不会出现落叶现象，故多施肥也不会诱发大量新梢而导致落果。采前还可以根据树势适当补施，以提高品质。

3. 果实采收后施基肥　果实采收后施基肥俗称采果肥。普通番荔枝不是明显以秋梢为结果母枝，通常入秋后会自然落叶，营养生长减弱，往往忽视采后的施肥。普通番荔枝要到春暖萌芽前才全部落叶，采果后加强肥水供应不但可延长叶片寿命，还可减少落叶，增加树体贮藏养分，对一年春天枝梢生长和开花结果均有良好作用。此次追肥应占全年施肥量的 30%，以氮为主，适当增加磷肥。

4. 普通番荔枝施肥　开花前每株施番荔枝专用肥 0.7～0.8 千克或氮磷钾 45% 的复合肥 0.75 千克；坐果后施番荔枝专用复混肥 0.5 千克，果实膨大期施专用复混肥 0.5 千克，另加硫酸钾 0.4 千克；采果前根据结果量和果实大小补施专用复混肥 0.5～0.75 千克；采果后施优质农家粪便肥 15 千克、专用复混肥 0.5 千克、磷肥 1 千克。番荔枝施肥量情况可参考表 10 - 39。

表 10 - 39　番荔枝单株年施肥量（克/株·年）

树龄 (年)	肥料三要素用量（克）			肥料用量（克）		
	氮	磷	钾	硫酸铵	过磷酸钙	氯化钙
1～2	100	60	50	467	333	83
3～4	300	200	150	1 429	1 111	250
5～6	500	350	300	2 381	1 944	500
7～8	850	500	450	4 048	2 778	750
9 年以上	1 000	700	600	4 762	3 889	1 100

四、专用肥配方

氮、磷、钾三大元素含量为 30% 的配方：

30% ＝ N3. 6 ∶ P₂O₅8. 84 ∶ K₂O7. 62 ＝ 1 ∶ 0. 65 ∶ 0. 56

原料用量与养分含量（千克/吨产品）：

硫酸铵 100 $N=100\times21\%=21$

               $S=100\times24.2\%=24.2$

尿素 216 $N=216\times46\%=99.36$

磷酸一铵 121 $P_2O_5=121\times51\%=61.71$

               $N=121\times11\%=13.31$

过磷酸钙 150 $P_2O_5=150\times16\%=24$

               $CaO=150\times24\%=36$

               $S=150\times13.9\%=20.85$

钙镁磷肥 15 $P_2O_5=15\times18\%=2.7$

               $CaO=15\times45\%=6.75$

               $MgO=15\times12\%=1.8$

               $SiO_2=15\times20\%=3$

氯化钾 127 $K_2O=127\times60\%=76.20$

               $Cl=127\times47.56\%=60.40$

氨基酸硼 15 $B=15\times10\%=1.5$

氨基酸螯合锌、铁、铜、锰、钼、稀土 22

硝基腐植酸 100 $HA=100\times60\%=60$

               $N=100\times2.5\%=2.5$

硝酸钙 31 $Ca=31\times18\%=5.58$

               $N=31\times14.5\%=4.5$

氨基酸 30

生物制剂 25

增效剂 12

调理剂 36

第三十二节　番 木 瓜

一、需肥特点

番木瓜生长发育需要氮、磷、钾、钙、镁、硫、锌、硼、锰、铜、铁、钼等多种营养元素。

番木瓜周年开花结果，所需大量和微量元素养分必须充足。据广州市果树所介绍，在营养生长期，氮、磷、钾的比例是5：6：5，生殖生长期为4：8：8，台湾推荐的比例为4：8：5。

番木瓜植株生长快，早熟品种，种植后45～50天开始现蕾，全年开花结果，所需大量和微量元素必须供应充足才能满足正常生长和开花结果。海南大部分果园土壤硼、钾均较缺乏，生产中应重视施用钾肥和硼肥。番木瓜平衡施肥试验的最佳施肥配比，整个年生长期（1～12月）氮、磷、钾的比例是1：0.9：1.1，其中营养生长期氮、磷、钾的比例是1：1：0.5（含基肥），生殖生长期氮、磷、钾的比例是1：0.8：1.5。氮、磷、钾主要靠根系从土壤中吸收，需要量大，必须通过合理施肥才能满足速生、优质的需要，硼肥则通过土壤和叶面喷施来满足。

二、土壤管理与施肥

1. 土壤管理

（1）土壤覆盖　移植后初期，宜用稻草等植物残秆或塑料薄膜覆盖畦面。

（2）除草中耕　植后2～3个月内进行中耕除草培土，既可以消除露根现象，防止水土流失，又能保持土壤保肥保水能力。宜用化学除草剂是克芜踪、百草枯、一把火等。

2. 施肥　宜采用平衡施肥和营养诊断施肥。推荐施用的肥料种类见表10-40。

表 10 - 40   番木瓜推荐施用的肥料种类

肥料分类	肥料种类
有机肥料	腐熟人、畜、禽粪尿（包括厩肥）、堆肥、生物有机肥
无机肥料	氮素肥料：尿素 磷素肥料：过磷酸钙、磷酸二氢钾、磷酸铵 钾素肥料：氯化钾 钙肥：熟石灰 镁肥：硫酸镁 微量元素：硼砂（酸）、钼酸铵、硫酸锰、硫酸锌
复混肥料	专用肥、有机无机复混肥、氨基酸复混肥、腐植酸复混肥

（1）促苗肥   定植 10～15 天长出新叶后，薄施促苗肥，待植株叶片伸展正常，每株施三元复合肥（15 - 15 - 15 或 20 - 10 - 10）或尿素 10 克，对水淋施。每隔 10 天施一次，施用量每株分别为 10 克、20 克、30 克、30 克，共淋施 4 次。以氮肥为主，结合喷杀菌剂，每隔 7～10 天叶面喷施 0.3％磷酸二氢钾。

（2）促花肥   开始现蕾，每株追施三元复合肥（15 - 15 - 15）100 克，加硼砂 5 克，以供花芽分化需要。氮磷钾施肥比例为 1∶2∶1，其中表层土壤有机质含量 1％以下的每株施有效氮 25～30 克，土壤有机质含量 1％以上的施有效氮 15～20 克，并喷施硼砂 0.3％～0.5％。

（3）促果肥   盛花始果期，每月追肥一次。在土壤有机质含量 1％以下番木瓜园地，每株施有效氮 25～30 克、磷（P_2O_5）15～20 克、钾（K_2O）15～20 克、钙（CaO）5～10 克、镁（MgO）5～10 克；在土壤有机质含量 1％～2％番木瓜园，每株施有效氮 20～25 克、磷（P_2O_5）15～20 克、钾（K_2O）15～20 克、钙（CaO）5～10 克、镁（MgO）5～10 克；在土壤有机质含量 2％以上番木瓜园地，施有效氮 10～15 克、磷（P_2O_5）20～30 克、钾（K_2O）20～30 克、钙（CaO）5～10、镁（MgO）5～10 克。每隔 3 个月应施一次腐熟有机肥，每株施

10～15 千克。

三、安全施肥技术

番木瓜幼树采取环施，结果树采取条沟施或撒施于畦面。

1. 基肥　种植前应在种植穴放足以腐熟有机肥为主的基肥，对根系生长、树干充实十分重要。基肥充足的植株，早现蕾，早开花，结果部位低，坐果高，果实品质好。

2. 促生肥　番木瓜营养生长期短，早熟品种在 24～26 片叶开始现蕾，营养生长期只有 40～50 天。一般定植后 10 天开始施肥，以速效氮肥为主，每 10～15 天施肥一次，用量逐次增加，由稀至浓。还应注意固态肥与液态肥相结合，促进根系生长，防止树干徒长，氮、磷、钾为 1：0.5：0.3。还可喷氨基酸叶面肥。

3. 催花肥　当植株进入生殖生长后，每个叶腋都能形成花芽，养分不足时花芽分化受到影响，顶部生长减慢，生长量减少，因此在现蕾前后要施重肥，仍以氮肥为主，增加磷、钾肥。缺硼的地区在花期喷施 0.05％硼砂或每株施 3～5 克硼砂，防止瘤肿病发生。

4. 壮果肥　番木瓜结果特性决定其需要大量养分，当基部果实生长时，顶部仍在不断抽叶、现蕾、开花、坐果，因此 6 月份挂果的植株在 6～10 月份每月施重肥一次，要求氮、磷、钾用量有较高水平，最好有腐熟有机肥配合施用。

5. 越冬肥　主要针对连续多年采收的果园，在 11～12 月施一次腐熟有机肥或高磷、高钾肥，恢复树势，提高抗寒能力，延长叶片寿命。

施肥经验一：整地时将腐熟有机肥施入定植穴，每亩施 100 千克和专用肥 3～5 千克，定植后 10～15 天开始薄施促生肥，以后 2 个月内每隔 10～15 天施肥一次，以速效肥为主，由薄施到多施，由稀到浓。春植树 5～8 月是施肥最关键时期，早熟种一般 24～26 片叶就现蕾（45～50 天），现蕾前后要及时施重肥，供花芽形成需要，仍以氮肥为主，适当增施磷、钾肥。8 月底前把全年肥料的 80％施下，9 月以后，主要施壮果肥，此时进入盛花着果期，增施重肥，以满足基部果实发育和顶部开花着果的需要。6 月挂果的番木瓜在 6～10 月每月施重肥一次，要求氮、磷、钾含量较高，每次每株施氮磷钾复混肥 100～300 克，开花前每株加施 20 克硼砂。8 月还应加施有机肥，如沤熟的花生麸，有利于提高果实品质。为了保证种子发育需要的养分，应重视磷、钾肥施用。据广东经验，每亩果园年产果 3 000 千克，则每亩要施腐熟土杂肥 3 000 千克、腐熟水粪 4 000 千克、尿素 20 千克和专用复混肥 80 千克。

施肥经验二：在台湾，番木瓜施肥一般亩施基肥 667 千克，追肥视实际需要，沙质地每 1～1.5 个月施肥一次，每株每次 100～150 克，壤土每 2～3 个月施一次，每株每次 200～300 克；壤土每 2～3 个月施一次，每株每次 200～300 克，即每株每年约 1.25 千克。幼年树采用环状沟施，结果树采用条沟施或畦沟撒施。

四、专用肥配方

营养生长期专用肥配方

氮、磷、钾三大元素含量为 30％的配方：

30％＝N9.5：$P_2O_5$11：K_2O9.5＝1：1.22：1

原料用量与养分含量（千克/吨产品）：

硫酸铵 100 　　　　　N＝100×21％＝21

　　　　　　　　　　S＝100×24.2％＝24.2

尿素 130 　　　　　　N＝130×46％＝59.80

磷酸一铵 164 　　　　P_2O_5＝164×51％＝83.64

　　　　　　　　　　N＝164×11％＝18.04

过磷酸钙 150 　　　　P_2O_5＝150×16％＝24

$$CaO=150\times24\%=36$$
$$S=150\times13.9\%=20.85$$

钙镁磷肥 15　　$P_2O_5=15\times18\%=2.7$
　　　　　　　　$CaO=15\times45\%=6.75$
　　　　　　　　$MgO=15\times12\%=1.8$
　　　　　　　　$SiO_2=15\times20\%=3$

硫酸钾 190　　$K_2O=190\times50\%=95$
　　　　　　　　$S=190\times18.44\%=35$

氨基酸硼 10　　$B=10\times10\%=1$

氨基酸螯合锌、铁、铜、锰、钼 21

硝基腐植酸铵 121　　$HA=121\times60\%=72.6$
　　　　　　　　　　　$N=121\times2.5\%=3.25$

氨基酸 32

生物制剂 25

增效剂 12

调理剂 30

开花结实期专用肥配方

氮、磷、钾三大元素含量为 30% 的配方：

$30\%=N6：P_2O_512：K_2O12=1：2：2$

原料用量与养分含量（千克/吨产品）：

硫酸铵 100　　$N=100\times21\%=21$
　　　　　　　　$S=100\times24.2\%=24.2$

尿素 35.87　　$N=35.87\times46\%=16.5$

磷酸一铵 183　　$P_2O_5=183\times51\%=93.3$
　　　　　　　　　$N=183\times11\%=20.13$

过磷酸钙 150　　$P_2O_5=150\times16\%=24$
　　　　　　　　　$CaO=150\times24\%=36$
　　　　　　　　　$S=150\times13.9\%=20.85$

钙镁磷肥 15　　$P_2O_5=15\times18\%=2.7$

$$CaO=15\times45\%=6.75$$
$$MgO=15\times12\%=1.8$$
$$SiO_2=15\times20\%=3$$

硫酸钾 240 $\quad K_2O=240\times50\%=120$

$$S=240\times18.44\%=44.26$$

氨基酸硼 10 $\quad B=10\times10\%=1$

氨基酸螯合锌、锰、铜、铁、钼 21

硝基腐植酸铵 138 $\quad HA=138\times60\%=82.8$

$$N=138\times2.5\%=3.45$$

氨基酸 40

生物制剂 25

增效剂 12

调理剂 30.13

附录一　常见肥料混合参考图

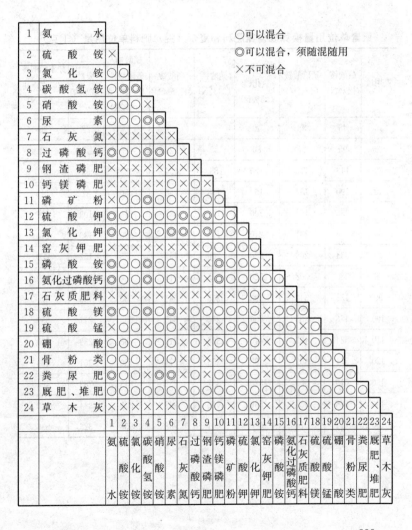

○可以混合
◎可以混合，须随混随用
×不可混合

	1 氨水	2 硫酸铵	3 氯化铵	4 碳酸氢铵	5 硝酸铵	6 尿素	7 石灰氮	8 过磷酸钙	9 钢渣磷肥	10 钙镁磷肥	11 磷矿粉	12 硫酸钾	13 氯化钾	14 窑灰钾肥	15 磷酸铵	16 氨化过磷酸钙	17 石灰质肥料	18 硫酸镁	19 硫酸锰	20 硼酸	21 骨粉类	22 粪尿肥	23 厩肥、堆肥	24 草木灰
1 氨水																								
2 硫酸铵	×																							
3 氯化铵	○	○																						
4 碳酸氢铵	○	◎	○																					
5 硝酸铵	○	○	○	×																				
6 尿素	○	○	○	◎	○																			
7 石灰氮	×	×	×	×	×	×																		
8 过磷酸钙	◎	○	○	◎	◎	○	×																	
9 钢渣磷肥	×	×	×	×	×	×	○	×																
10 钙镁磷肥	×	×	×	×	×	×	○	×	○															
11 磷矿粉	×	○	○	◎	○	○	○	○	○	○														
12 硫酸钾	◎	○	○	○	○	○	×	○	×	×	○													
13 氯化钾	◎	○	○	◎	○	○	×	○	×	×	○	○												
14 窑灰钾肥	×	×	×	×	×	×	○	×	○	○	○	○	○											
15 磷酸铵	◎	○	○	◎	○	○	×	○	×	×	○	○	○	×										
16 氨化过磷酸钙	◎	○	○	◎	○	○	×	○	×	×	○	○	○	×	○									
17 石灰质肥料	×	×	×	×	×	×	○	×	○	○	○	×	×	○	×	×								
18 硫酸镁	◎	○	○	○	○	○	×	○	×	×	○	○	○	×	○	○	×							
19 硫酸锰	◎	○	○	○	○	○	×	○	×	×	○	○	○	×	○	○	×	○						
20 硼酸	○	○	○	○	○	○	×	○	×	×	○	○	○	×	○	○	×	○	○					
21 骨粉类	○	○	○	○	○	○	×	○	×	×	○	○	○	×	○	○	×	○	○	○				
22 粪尿肥	◎	○	○	◎	◎	○	×	○	×	×	○	○	○	×	○	○	×	○	○	○	○			
23 厩肥、堆肥	○	○	○	○	○	○	×	○	×	×	○	○	○	×	○	○	×	○	○	○	○	○		
24 草木灰	×	×	×	×	×	×	○	×	○	○	○	×	×	○	×	×	○	×	×	×	×	×	×	

附录二　化肥单位用量换算表

氮素单位用量换算成含氮肥料和复合（混）肥料单位用量（千克）

氮用量	硫酸铵 (21%N)	硝硫酸铵 (26%N)	硝酸铵钙/ 氯化铵 (25%N)	硝酸钙 (34%N)	硝酸铵 (15.5%N)	硝酸钠/ 硫磷酸铵 16-20-0 (16%N)	尿素 (46%N)	尿素硝酸铵 28-28-0 (28%N)
10	48	38	40	29	65	43	22	36
20	95	77	80	59	129	125	43	71
30	143	115	120	88	194	188	65	107
40	190	154	160	118	258	250	87	143
50	238	192	200	147	323	313	109	179
60	286	231	240	176	387	375	130	214
70	334	269	280	206	452	438	152	250
80	380	308	320	235	516	500	174	286
90	428	346	360	265	581	563	195	321
100	476	385	400	294	645	625	217	357
110	524	423	440	324	710	688	239	393
120	571	462	480	353	774	750	361	429
130	619	500	520	382	839	813	283	464
140	666	538	560	412	903	875	304	500
150	714	577	600	441	968	938	326	536

主要参考文献

全国农业技术推广服务中心.2011.南方果树测土配方施肥技术.北京：中国农业出版社.

全国农业技术推广服务中心.2011.北方果树测土配方施肥技术.北京：中国农业出版社.

张慎举，皇甫自起.2011.果园无公害施肥指南.北京：化学工业出版社.

张海岚.2011.无公害果品高效生产技术.北京：化学工业出版社.

姜存仓.2011.果园测土配方施肥技术.北京：化学工业出版社.

马国瑞，侯勇.2012.肥料使用技术手册.北京：中国农业出版社.

图书在版编目（CIP）数据

果树施肥技术手册/张洪昌，段继贤，王顺利主编
.—北京：中国农业出版社，2014.5（2019.7重印）
ISBN 978-7-109-19075-7

Ⅰ.①果… Ⅱ.①张…②段…③王… Ⅲ.①果树—
施肥—技术手册 Ⅳ.①S660.6-62

中国版本图书馆 CIP 数据核字（2014）第 071198 号

中国农业出版社出版
（北京市朝阳区麦子店街 18 号楼）
（邮政编码 100125）
策划编辑　郭银巧　杨天桥
————————————————
中农印务有限公司印刷　新华书店北京发行所发行
2014 年 5 月第 1 版　2019 年 7 月北京第 4 次印刷
————————————————
开本：850mm×1168mm 1/32　印张：13.25
字数：325 千字
定价：35.00 元
（凡本版图书出现印刷、装订错误，请向出版社发行部调换）